神舟记忆

中国空间技术研究院　　编

李　杰　主编

中国宇航出版社

·北京·

图书在版编目（CIP）数据

神舟记忆 / 中国空间技术研究院编；李杰主编. --
北京：中国宇航出版社，2023.1
ISBN 978-7-5159-2170-9

Ⅰ．①神…　Ⅱ．①中…　②李…　Ⅲ．①载人航天器－
概况－中国　Ⅳ．①V476.2

中国版本图书馆 CIP 数据核字（2022）第 238415 号

责任编辑　马 喆　　　　装帧设计　王晓武

出　版
发　行　中国宇航出版社

社　址　北京市阜成路 8 号　邮　编　100830
　　　　（010）68768548
网　址　www.caphbook.com
经　销　新华书店
发行部　（010）68767386　　（010）68371900
　　　　（010）68767382　　（010）88100613（传真）
零售店　读者服务部
　　　　（010）68371105
承　印　天津画中画印刷有限公司

版　次　2023 年 1 月第 1 版
　　　　2023 年 1 月第 1 次印刷
规　格　710×1000
开　本　1/16
印　张　20.75
字　数　300 千字
书　号　ISBN 978-7-5159-2170-9
定　价　78.00 元

本书如有印装质量问题，可与发行部联系调换

《神舟记忆》
编委会

顾　问　戚发轫　李大明　赵小津　尚　志　张柏楠

主　编　李　杰

编　委　邵慧英　崔伟光　孔延辉　薛继忠　刘济生
　　　　郑松辉　唐伯昶　黄本诚　王南华　李颐黎
　　　　刘之辉　刘海英　武蓬勃　郭兆炜　庞　博
　　　　王晓晨　刘　畅　冯　昊

序言

　　我对"神舟"是充满深厚感情的。

　　1992年，中国载人航天工程正式上马，我被任命为载人飞船首任总设计师，负责飞船总体工作。作为我个人来讲，在59岁即将退休的年龄还要承担这么一个重大任务，心理上还是比较纠结的：一方面自己觉得工程责任如此重大，应该选一个年富力强的同志牵头担起这个重担更为合适；但同时又觉得这是组织的安排，"国家需要，就是我们的志愿"是我们这代人的一个很自觉、很自然的习惯和选择。

　　神舟飞船不同于以往我干过的卫星型号，载人航天是人命关天的大事。我在俄罗斯看过"联盟号"飞船的发射过程，航天员上天之前总设计师对他们讲："一切都准备好了，你们出发吧！一定能平安返回！"并在发射文件上签字。实事求是地讲，当时让我当总设计师，我面临很大的压力，也进行了一些自我思想的斗争。但是带着压力工作本身就是我们这些航天工作者的常态，再一想到这是国家交给我们的任务，是组织对我的信任，我还是接受了这个任务，这一下子就从神舟一号一直干到神舟五号实现首次载人飞行。

　　回头看，从1992年正式立项，到2022年空间站建成，中国的载人航天工程整整走过了三十年的历程，我们这代人是这三十年的参与者，也是很好的见证者。

　　三十年来，让我们最难忘的是几代中央领导的亲切关怀和鼓励支持。每到任务关键的时刻，中央领导人都会亲临现场，给予我们极大的关怀和鼓舞。每到成功凯旋的时刻，中央领导人都会接见祝贺，给予我们极大的肯定和鼓励。2013年，习近平总书记在会见神舟十号参研参试人员代表时指出："载人航天事业的成就，充分展示了伟大的中国道路、中国精神、中国力量，坚定了全国各族人民实现中华民族伟大复兴的中国梦的决心和信心。"这是多么高的肯定和褒奖。我们从事这项工作的人都有深刻的体会——中国载人航天工程每一步的胜利，都离不开党中央的正确领导、科学决策和亲切关怀，离不开中国特色社会主义集中力量办大事这个举国体制的优越性。

　　三十年来，让我们最自豪的是我们走出了一条自力更生、自主创新之路。面对规模最大、系统最复杂、技术难度最高的航天器，我们从零起步，攻克了制约载人飞船研制的17项关键核心技术，摸索和掌握了空间飞行器大系统研制的规律，积累了发展空间技术的重要经验，取得了包括神舟载人飞船、天宫空间实验室、天舟货运飞船和空间站核心舱、实验舱在内的27艘航天器飞行试验成功的优异成绩，将23人次航天员成功送上太空并安全返回。实现了载人天地往返、航天员出舱、空间交会对接、推进剂在轨补加等多项核心技术的突破，掌握了具有自主知识产权的一系列关键技术，实现了核心元器件100%国产化，带动了工程研制和建设水平的整体跃升。

　　三十年来，让我们最欣慰的是我们的事业后继有人，当年的60后现在已经成为领军人物，70后、80后已经挑起工程大梁。还记得刚立项时，我国正处在从计划经济向市场经济转变初期，社会上广为流传的一句话是"搞导弹的不如卖茶叶蛋的"。一些年轻人或出国,或下海,或跳槽到了外企,研发队伍青黄不接,剩下像我一样五六十岁的和留下来的一些小年轻。当时有人就产生了怀疑,说就这样的队伍能搞出飞船来吗?1999年11月神舟一号成功发射,证明了我们这支"老带小"的队伍是能胜任的。今年10月31日空间站梦天舱发射,两天后完成转位,与天和、问天组成三舱T型结构,我和老战友们互相打了电话,为我们国家全面实现了载人航天三步走的战略目标感到高兴。而这些都是当年留下来的这帮年轻人成长起来后,带着更年轻的一批同志干成的。他们从1992年就和我一起干,几十年酸甜苦辣都尝过,这支中青年队伍对我们未来航天事业发展的意义不言而喻。

三十年来,让我们最看重的是我们不仅干成了事业,也孕育形成了载人航天精神和神舟文化。在特殊的历史条件下,完成特殊的任务,需要特别的精神。研发神舟飞船,在当时的条件下需要我们拿出特别的精神来做,这就是后来中央领导总结提出的"特别能吃苦、特别能战斗、特别能攻关、特别能奉献"的载人航天精神。神舟几代人埋首事业,甘于奉献,开拓进取,也孕育出了"祖国利益至上的政治文化、勇攀科技高峰的创新文化、零缺陷零故障零疑点的质量文化、同舟共济的团队文化"。在国家有特殊需要的时候,神舟人总会义无反顾地站出来,以国家需要为最高需要,承担重任攻克难关,取得胜利振奋精神。爱国是这种精神和文化的内核,爱国不是抽象的,神舟人爱航天、爱院、爱岗,把自己一生中最美好的时光献给了航天事业,这些同志历经千锤百炼,不少已经成长为为国分忧的栋梁。

1992年时,按农历的说法,我虚岁60,今年我虚岁90了,从花甲到耄耋,沧海桑田历事甚多,神舟往事总萦绕在我的心头,历久弥新。

我们不能忘记，虽然我和战友们完成了中国第一艘载人飞船的首飞任务，但这也是继承了前人的成果，是站在前人肩膀上取得的成绩，没有"714"，没有"863"，怎能有"921"。为了铭记历史、总结经验，航天五院党委组织成立了编委会，我和五院的老战友们发挥余热，参与编写了这本《神舟记忆》——初心是记录神舟飞船身边的神舟人，回忆神舟人心底的神舟事。

我们将这本书作为载人航天工程立项实施三十周年的礼物，献给那些和我们一起奋斗过的战友，献给那些关心支持中国载人航天事业发展的读者朋友，更献给奋斗的三十年、深情的三十年、永恒的三十年。

戚发轫

2022 年 12 月

目录

第五章　干出神舟人的精气神　　　233

第一章
中国特色飞天路

　　中国人自古以来就怀有飞天梦想。新中国成立后，中国共产党领导中国人民下定"我们也要搞人造卫星"的决心，开启了中华民族向宇宙进军的伟大征程。20世纪60年代，我国开始了对载人航天相关技术的探索研究。进入20世纪70年代，党中央将"714"工程提上日程，决策开展航天员选拔、培训工作，我国载人航天进行了首次工程尝试。20世纪80年代，党中央推动"863"计划的编制和实施，我国载人航天发展问题被再次提上日程。到了20世纪90年代，党中央高瞻远瞩决策载人航天工程立项并明确了"三步走"发展战略。在党中央的坚强领导和亲切关怀下，一幅从载人飞船起步、以载人空间站为目标、按"三步走"战略组织实施，具有中国特色的载人航天工程宏伟蓝图绘制完成。

第一节　中国载人航天的孕育

　　早在 20 世纪 60 年代，我国就开始了对载人航天技术的探索研究，制订了第一个"载人航天"相关系列规划，并于 20 世纪 70 年代开展了中国载人航天的首次工程尝试，进行了为期约 5 年的曙光号飞船研制。

载人航天的萌芽

　　19 世纪末，俄国科学家康斯坦丁·齐奥尔科夫斯基对"火箭""星际航行""宇宙飞船"等问题进行了理论研究。1911 年，他提出的"地球是人类的摇篮。人类绝不会永远躺在这个摇篮里，而会不断探索新的天体和空间。人类首先将小心翼翼地穿过大气层，然后再去征服太阳系空间"，鼓舞激励了一大批科学家投身火箭、卫星甚至是载人航天器的研制实践，造就了 20 世纪后半叶航天时代的伟大繁荣。

　　在"火箭""星际航行""宇宙飞船"相关概念提出后的 60 年间，德国、美国、苏联相继突破并掌握了导弹、火箭技术。1957 年 10 月 4 日，苏联成功发射世界上第一颗人造地球卫星，正式开启人类的太空时代，使"星际航行"成为可能，在世界范围内产生很大的反响。这一新的科技动向，也引起了新中国领导人的注意。

　　1958 年 5 月 17 日，毛泽东主席在中共八大二次会议上提出"我们也要搞人造卫星"，表达了中国人民发展空间技术、向宇宙进军的强烈愿望和决心。为响应这一伟大号召，中国科学院将人造卫星研制工作列为 1958 年第一重点任务（代号"581"任务），开展了卫星及其运载工具的早期探索。

  囿于经济基础和工业水平限制，1959 年 1 月，中国科学院决定调整任务，收缩机构，停止研制大型运载火箭和人造卫星，把力量转到探空火箭的研制上来，改为以探空火箭练兵，进行高空物理探测。1960 年 2 月 19 日，上海机电设计院总工程师王希季带领研制团队成功发射了中国第一枚试验型液体探空火箭 T-7M 的主火箭。5 月 28 日，毛泽东主席来到上海新技术展览会尖端技术展览室，观看了 T-7M 的主火箭。他仔细阅读了产品说明，并询问火箭可飞多高，在得知主火箭全容量加注并加上助推器能飞 8 公里后，毛泽东主席说道："8 公里那也了不起！"并鼓励大家："应该 8 公里、20 公里、200 公里地搞上去。"

  虽然任务调整，但中国科学院仍然开展了一些研究，普及人造卫星、宇宙飞船相关理论知识。

  1961 年 4 月 12 日，苏联成功发射了世界上第一艘载人飞船东方一号，航天员尤里·加加林乘飞船绕地球飞行并安全返回地面，成为世界上进入太空的第一人。苏联航天员上天，再次引起世界轰动，各国科技界对"星际航行"的关注持续"升温"。

  加加林的壮举对中国航天科学家钱学森的触动是极大的。早在他还在美国加州理工学院的喷气推进实验室工作时，就有过"火箭客机"的设想，而今苏联人率先遨游了太空再次引起他的思考。1961 年 4 月 16 日，钱学森以中国科学院力学所所长的名义在《人民日报》上发表文章《宇宙飞行的新纪元》，肯定了苏联航天技术的新发展。

  随着美、苏两国在载人航天领域的相互竞争和迅速发展，载人航天的意义已不仅仅体现在科技和军事方面，而且在政治方面也开始日益显示出重大的影响。

  钱学森同中国科学院应用地球物理所所长赵九章等几位科学家立即进行了反复商讨，决定把各学科的专家们集中起来，以不定期座谈会的形式，搞清"星际航行"技术理论的若干问题，以期为中国人造地球卫星研制工作打下坚实的理论基础。1961年至1963年，中国科学院组织各学科领域专家召开星际航行座谈会12次。钱学森、赵九章、张翰英、郭永怀、钱骥、陆元九、吕保维、蔡翘等专家先后在会上做专题报告，就星际航行中的火箭动力、地外空间环境、卫星遥测遥控、宇宙飞船返回、卫星温度平衡和材料、卫星轨道、无线电波传播、宇宙飞行生物学等问题进行分析研究，编制形成了《星际航行科技资料汇编》。这些研究成果，为我国开展载人航天工程进行了初期的探索研究和知识储备。

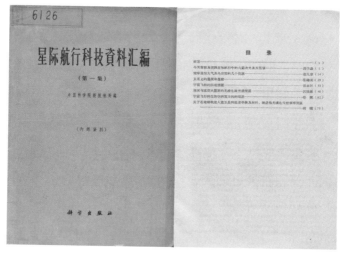

《星际航行科技资料汇编》

1964年，我国导弹、原子能等尖端技术相继取得重大突破。随着国民经济调整任务的完成，党中央开始把加速发展空间技术的问题提上议事日程。1965年3月，中国科学院召开人造卫星规划工作会议，会议主要是研究发展我国人造卫星工作的问题，着手制定人造卫星工作规划。

1965年7月，中央专委收到中国科学院编制呈送的《关于发展我国人造卫星工作规划方案建议》（简称《建议》）。《建议》中提出了发展人造卫星的主要目的、奋斗目标、技术方案、发展阶段，同时也对载人航天的发展进行了初步安排。

《建议》将卫星发展分为卫星研制阶段、卫星发射试验阶段、应用卫星使用和发展阶段，提出"在应用卫星使用和发展阶段进行生物卫星和无人飞船的研制和发射工作，加强航天员的训练，建立和飞船进行联络和连续观测的地面台站，争取在1975年发射载人飞船"的建议。

这个规划方案相当宏伟，所列的卫星计划几乎囊括了当时世界上已经出现的各种用途的应用卫星。其中，被命名为"大跃进"的系列生物卫星、载人飞船计划的主要目标是：考察长期失重对实验动物活动能力的影响，积累长期宇宙飞行中综合因素对生命机体影响的资料，为载人飞船设计和航天员空间飞行的保障提供试验依据。生物卫星是为发展载人飞船和将来载人空间站做准备的预先研究工作，拟以小狗或猴子等动物为实验对象，计划发射2颗，卫星在轨道上停留的时间不少于10天，在完成实验后安全返回。无人飞船则是为上人作直接准备，也计划发射2艘，然后再发射载人飞船。

1965年8月，中央专委做出决策批准了这个《建议》。

曙光一号上马

在《关于发展我国人造卫星工作规划方案建议》得到中央专委同意后，国防科委、中国科学院、七机部等相关单位都开展了载人飞船和宇宙医学等问题的研究部署和规划。但各家单位对中国载人航天的发展到底是先上动物还是先上人一直未能形成一致的意见。

1966年5月，中国科学院召开了我国卫星系列规划论证准备会，钱学森对规划论证十分重视，他尽可能抽出时间参加相关会议，听取载人飞船专题汇报，并与大家一起讨论。经过深入研究后，大家认识到光有热情是远远不够的，不脚踏实地，"大跃进"卫星计划是"跃"不动的。

我国要发射载人飞船，首先要具备推力大、制导精度高的运载火箭，还要掌握可靠的回收技术，还涉及飞船的耐高温材料、隔热材料的研制、再入大气层时的通信、降落伞以及安全着陆等许多问题。另外，还需要考虑生命保障系统以及地面训练航天员所需的整套环境模拟设备的研制周期。为此，中国科学院对《建议》中"大跃进"系列生物卫星、载人飞船计划进行了相应的调整，将生物卫星试验尽可能并入探空火箭试验中。

1967年3月，在七机部八院一室范剑峰等人倡议下，由中国科学院生物物理研究所牵头召开会议，研讨我国载人航天发展途径。七机部八院、军事医学科学院第三研究所和中国科学院生物物理研究所的专家参加了会议。经过讨论，会议最终集中多数人的意见，建议不再进行高空生物火箭的研制工作，越过生物卫星阶段，直接着手我国载人飞船的研制。

建议很快得到七机部和国防科委的支持。这一时期钱学森到七机部八院召开座谈会时，对参会人员提出："先把载人航天的锣鼓敲起来！"

1967年6月，国防科委参谋汪永肃来到七机部落实载人飞船的方案论证工作，宣布成立载人飞船总体方案论证组。随后，论证组负责人范剑峰很快在七机部八院内组织了20多人，开始对载人飞船进行调研、论证。之后，钱学森又多次找到范剑峰，询问飞船论证的事，每次都对他说，你们赶快搞起来，有什么困难和问题跟我讲，这是国家的一件大事情啊。

1967年9月，论证组仅用时3个月，就完成了载有1名航天员飞船的论证工作。论证过程中，关于我国第一艘飞船上几名航天员一直是讨论的焦点。有人主张2人，有人主张1人。经过反复推敲，论证组认为我国载人航天跳过了生物卫星阶段，直接研制载人飞船，已经是很大的"跃进"。因此，第一艘载人飞船，还是上1名航天员为宜。10月6日，飞船论证组在王希季的带领下向钱学森汇报了1人飞船方案的论证情况。听完汇报后，钱学森提出了5人飞船的设想，建议同步开展5人飞船的论证，进行比较研究。这天，钱学森说，根据中央专委办公室建议，我国载人飞船命名为"曙光"。由此时起，我国第一艘载人飞船的名称就叫曙光一号，这让参与论证的技术人员都感到十分振奋，觉得我国的载人航天事业，会像东方的曙光一样，不断照亮前程。

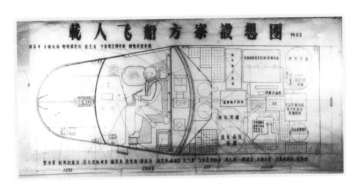

载人飞船方案设想图

汇报结束后，论证组立即投入新方案的论证中。经过两个月论证，论证组又完成了5人方案的论证。

与此同时，为更好地开展人造卫星、载人飞船研制工作，在党中央的关心下，国家开始着手改变原有研制单位各自为战的局面，调整组织体系，着手整合人造卫星和载人飞船研制队伍。

1967年年初，国务院副总理聂荣臻向中央呈送了《关于军事接管和调整改组国防科研机构的请示报告》，提出了组建空间技术研究院的建议。6月，中央军委同意国防科委提出的组建空间技术研究院的报告。其中，空间技术研究院的任务包括：负责卫星、载人飞船及其他空间飞行器的研究、设计、试制、试验、定型及必要的小批生产。9月，聂荣臻副总理向中央呈报《关于国防科研体制调整改组方案的报告》，提出组建人造卫星、宇宙飞船研究院（即空间技术研究院）。10月25日，毛泽东主席对报告进行了批示"此件压了很久，今天看过，很好，照办"。

1968年2月20日，中国人民解放军第五研究院成立，钱学森任院长。1973年划归七机部建制，更名为第七机械工业部第五研究院，按照有关规定对外称"中国空间技术研究院"（以下简称"航天五院"或"五院"）。

航天五院成立以后，飞船论证组向院领导汇报了5人方案论证情况。但研究越深入，5人飞船遇到的问题也就越多。范剑峰等人将这些具体问题反馈到钱学森那里后，钱学森也意识到5人方案的难度，于是组织大家开始重新论证。

1968年8月，航天五院成立了总体设计部，设立载人飞船总体技术室，由范剑峰任主任，王壮任副主任。原七机部八院曙光一号飞船的方案论证和总体设计工作交由五院总体设计部负责继续进行。范剑峰等人组织院内各单位的技术人员对曙光号飞船不同乘员人数的方案，开展了比较研究。

1970年4月9日，航天五院举办了曙光一号飞船工作誓师大会。会议要求大家加快论证，争取将中国的载人飞船早日发射上天。会后，技术人员鼓足干劲，将原有1人与5人方案折中，提出了2人或3人的方案构想。经过半个月的比较，最终确定了2人飞船方案。

1970年4月24日至30日，航天五院举办了"曙光一号总体方案预备会"，航天五院12家单位98人参加了会议。会议经过7天热烈讨论，最终明确了曙光一号的主要技术指标。会议开幕当天，正是我国第一颗人造地球卫星东方红一号成功发射的日子，听到卫星发射成功的消息和顺利传回的乐音，参会人员受到了极大鼓舞。

根据会议讨论意见，范剑峰负责继续组织技术人员开展了飞船分系统设计，三个月后完成《曙光一号载人飞船总体方案》编制，并与北京科学仪器厂共同制作出了曙光一号全尺寸模型。

1970年7月14日，毛泽东主席圈阅了国防科委向军委办事组呈送的《关于航天员选拔、培训问题的报告》。为纪念这一重要日子，同时也因为研制工作中外协、订货等工作的保密需要，曙光一号飞船工程代号被定为"714"工程。

按下暂停键的"714"

"714"工程的立项加速了曙光一号飞船方案的论证工作。1970年11月9日至26日，国防科委委托七机部在北京京西宾馆召开曙光一号、东方红二号方案论证和灯塔一号技术协调会（简称"119"会议）。其中，曙光一号载人飞船论证会的主要任务是邀请有关单位领导和使用、研究、生产单位的代表共同研究、审查曙光一号载人飞船方案，确定研制进度，落实飞船本体各项研制任务，进行技术协调。会上，范剑峰对飞船方案进行了两个多小时的汇报。会议最终同意2人飞船的总体方案，确定曙光一号载人飞船工程由运载工具、飞船本体、地面系统组成。

会议期间，上海益民食品厂将精心制作的航天员食品送到了会场，请专家们一一品尝。北京科学仪器厂更是将曙光一号飞船1:1模型也搬进了会场。会议安排每一位专家都在飞船座舱中坐一坐。专家们为了能尽快体验到"上天"的感觉，每天一大早就开始起床排队，兴致十分高涨。

会议结束前，钱学森在会上做了总结性发言，他特别强调："我们一定要抓紧落实，认真做好，给国家一个好的交代！"与会者纷纷表示坚决服从分配，不争不挑，叫干什么就干什么，叫干什么就干好什么，只要能尽快把曙光一号飞船送上天，怎么都行。

"119"会议后，曙光一号飞船终于由原来的方案论证阶段转入工程研制阶段。国防科委、中国科学院、七机部等数十家相关研制单位迅速启动研制工作。

由于受"文化大革命"的影响，载人飞船的研制工作进展并不理想。从1971年开始，部分单位无暇顾及曙光一号载人飞船的协作生产，包括航天员选拔训练在内的许多工作几乎中断，11月中旬，空军宣布航天员训练筹备组解散。"714"工程陷入了举步维艰的境地。

1973年，航天五院根据各型号任务研制进展情况，对载人飞船研制工作进行了调整。总体设计部飞船总体室的技术人员不甘心飞船任务就此沉寂，于1974年7月24日，给周总理写了一封信。信中写道：

> 1970年7月，伟大领袖毛主席圈阅了国防科委上报的《关于航天员选拔、培训问题的报告》。喜讯传来，我们万分激动，决心以只争朝夕的精神研制出我国的第一个载人飞船。七年多来，广大工人、技术人员和革命干部在毛主席革命路线的指引下，克服种种困难，研制工作已全面展开并取得了一定成绩，初步形成了一支研制队伍。
>
> ……
>
> 据报道，日本计划在1983年发射二人飞船，我们心中万分焦急，天地转，光阴迫，一万年太久，只争朝夕。我们迫切希望改变目前这种状态，请您能指示有关部门抓一下该项工作，早日把我国的载人飞船送上天。

信件送上去后，国防科委和七机部继续积极论证，争取落实研制工作。但曙光一号飞船的研制仍然未能取得显著进展。

最后周恩来总理根据国情做出决策，以当时的情况，中国不跟苏、美搞载人航天比赛，要先把地球上的事办好。这就要求要先做好国家建设急需的应用卫星，再去研发载人飞船。

1975年3月，国防科委主任张爱萍视察七机部研制工作时指出，迫切任务要集中力量，飞船不是不要，但要有个什么时候搞的问题。同月，国防科委正式宣布曙光一号工程暂停，只保留核心技术的跟踪研究。

自此，中国暂缓了载人飞船的研制，而把精力和重点放在了各种类型的应用卫星上。在1975年至1985年间，成功发射了科学实验卫星、返回式遥感卫星、气象卫星和试验通信卫星。

虽然"714"工程被按下了暂停键，但早期的研究工作为载人飞船研制积累了珍贵的经验财富。在飞船外形设计、总体布局、主动段飞船的应急救生、返回再入走廊设计、海上救生船队的布点以及减少飞船返回过载和落点散布等方面进行了深入研究计算，形成了许多总体设计成果。同时，飞船各分系统研制单位也取得了一些关键技术突破。结构分系统对飞船返回防热结构、舷窗变色玻璃以及座舱密封技术进行攻关，制造出部分实物，获得了大量设计经验。热控分系统完成了空间热辐射设计和高效热管研制，研制的热管在后期的卫星型号中得到广泛应用。制导、导航与控制系统完成全姿态仪和船用计算机样机制作。回收系统完成了三伞系统设计与研制，并通过空投试验验证。

曙光一号飞船回收系统空投试验

在工程系统方面，曙光一号飞船提出了对运载火箭、地面测控、发射场、测量船的技术要求，推动了航天工程技术的发展，也激发了相关系统向更高层次规划发展。

第二节 "863"计划催生了921工程

进入20世纪80年代,面对世界高技术飞速发展,我国载人航天发展问题被再次提上日程。1986年,中共中央、国务院转发《高技术研究发展计划纲要》(即"863"计划),将航天技术列为第二个研究领域。由此开始对我国航天领域发展战略进行全面论证与概念研究,逐步形成了从飞船起步到建设空间站大系统的我国载人航天发展思路和建议,为921工程的立项奠定了基础。

"863"计划的提出

进入20世纪80年代,高新技术及其产业的竞争逐渐成为世界各国综合国力竞争的焦点。1983年,美国制定了战略防御倡议计划("星球大战"计划)。随后,西欧的尤里卡计划、苏联的加速社会经济战略、日本的科学技术振兴政策(科学立国战略)和印度的新科技政策声明相继问世。这些计划、战略、纲要,名称虽然不一,但主要内容无外乎都是发展高技术,而这些高技术都侧重航天技术,意在进入并控制空间,迎接空间产业化和军事化的挑战,为21世纪进入空间时代创造条件、打好基础。

1984年4月,中国第一颗地球同步轨道试验通信卫星东方红二号升空,成功定点于东经125度赤道上空,当时中国航天"三抓"任务的最后一个大工程——"331"工程宣告完成。"三抓"任务制订于20世纪70年代,是指当时的三项重点任务,即在20世纪80年代前期,向太平洋预定海域发射远程液体弹道导弹、从水下发射固体战略导弹以及发射地球同步轨道试验通信卫星。

"331"工程完成后，"中国航天的下一个大工程是什么？"萦绕在每一个中国航天人心中。

当时世界航天重大工程主要有两个方向，一个是载人登月，一个是空间站。航天工业部科技委主任任新民认为月球上没有水没有空气，人待不了几个小时就得走。不论是从民用角度还从其他角度考虑，载人登月用处都不大。而空间站是围着地球转的，实用性要强很多。而此时，航天五院的专家们也在积极探索中国航天的未来。航天五院科技委主任王希季在五院内组织多家单位的专家，对载人航天的问题进行了小范围的讨论。航天五院科技委副主任杨嘉墀在参加国务院新技术革命与我国对策讨论会期间，提出利用返回式卫星开展载人航天关键技术试验的建议。

1985 年 7 月 25 日至 30 日，航天工业部科技委在河北秦皇岛组织召开太空站问题讨论会。会上，十余位专家围绕国外空间站和航天飞机的进展、开发空间的经济效益、空间生物技术、空间环境、空间材料、空间站的设想等方面做了报告，对中国发展载人航天进行了初步的技术、经济可行性探讨。

参会专家普遍认为：搞太空站是一个大的国策，其政治意义、经济意义、科技意义都是非常巨大的。

自此，中国的航天专家逐渐形成一个共识：不管是太空站还是空间站，中国下一个航天大工程必定是——"载人航天"。"载人航天"的种子在中国航天人的心中再次萌发，只等一个时机破土而出。

随着我国改革开放，特别是科技体制改革的不断深化，极大激发了广大科技工作者的积极性。1986 年 3 月 3 日，王大珩、王淦昌、杨嘉墀和陈芳允四位著名科学家，联合提出了《关于跟踪研究外国战略性高技术发展的建议》，并上报党中央。仅仅两天后，邓小平对四位科学家的建议作出重要批示："这个建议十分重要，请找专家和有关负责同志，提出意见，以凭决策。此事宜速作决断，不可拖延。"

1986 年 11 月 18 日，中共中央、国务院印发《中共中央、国务院关于转发〈高技术研究发展计划（"863"计划）纲要〉的通知》，批准了"863"计划，并明确"863"计划按生物技术、航天技术、信息技术、先进防御技术、自动化技术、能源技术和新材料七个领域组织实施。纲要规定，航天技术是"863"计划中的第二领域，代号为"863-2"。领域下设两个主题项目，分别是大型运载火箭及天地往返运输系统（代号为"863-204"）和载人空间站系统及其应用（代号为"863-205"），均与载人航天紧密相关。

勾画载人航天发展蓝图

关于搞不搞载人航天，当时有很多争议，既有国际大背景的因素，也有国内的不同声音。

从国际上看，苏联的加加林乘坐东方号载人飞船首次进入太空并安全返回地面以来，美苏两国进行了多次载人航天飞行，并进行了前所未有的空间试验活动。载人航天在很大程度上确立了两个大国显赫的国际地位。但载人航天取得巨大成果的代价，是 20 多年数万研制人员不懈努力和上千亿美元的投入。尽管美苏等国家在载人航天领域付出了如此代价，但人类仍然没能从载人航天上得到与投入相匹配的直接回报。"值不值得搞载人航天"成为世界上旷日持久的激烈争论。

在国内也有两种观点。一种观点认为，中国的航天事业经过 30 多年的努力，已建成了具有相当规模、专业齐全、完整配套的航天研制、生产、发射和测控体系，研制成功了长征系列火箭，先后发射了几十颗卫星，并成为继苏联和美国之后第三个掌握航天器返回技术的国家，完全有能力搞载人航天。另一种意见则认为，搞载人航天投资大，风险大。此时的中国还算不上富裕，还有许多人的温饱问题没有解决，怎么能去搞没有明显效益的载人航天呢。

载人航天工程的研制工作，如同一条不能间断的链条，一旦启动，就要持续不断地投入资金与精力。一旦过程终止，就等于前功尽弃，前期投入都将化为泡影。当时，党中央对搞不搞载人航天的决策是慎重的。在"863"计划航天领域先安排进行主题项目概念性研究，并对载人航天工程整体进行充分的论证，这一做法，足以体现中央在对载人航天决策上的慎重态度。

1987 年 2 月，国防科工委组建了航天领域专家委员会，航天五院科技委副主任屠善澄被正式任命为该领域首席科学家。航天五院 508 所副所长钱振业为"863-204"专家组组长，航天五院副院长韦德森为"863-205"专家组组长。航天领域专家委员会的主要职责就是制定、修改航天领域的中长期战略发展蓝图，制定发展技术路线，确定阶段目标和总体目标。而航天领域的蓝图制定工作，快速聚焦在了载人航天。专家组的工作职责，首先就是要规划中国载人航天的发展。

在屠善澄的主持下，专家们对我国载人航天技术的总体方案和具体途径进行了全面论证。

"863"计划航天领域首席科学家屠善澄（右二）与专家组成员调研

1987 年 6 月 30 日，屠善澄在《发展我国航天领域高技术的蓝图设想》中提出了几个观点："空间站要规模适中，技术先进；空间站蓝图要有限选择目标，突出重点，整体优化，扬长补短，努力创新；空间站的建设过程要循序渐进，分阶段实现总目标，阶段目标要有效益，前一阶段目标要为后一阶段发展开路；载人航天的整体蓝图要精心设计，勤俭节约，在"863"航天高技术内部和外部，尽量做到技术上的通用性和相容性。充分利用已有成果，集中力量突破关键技术。"屠善澄的几项观点，都成为日后制定载人航天总体发展蓝图的原则。

在"863"计划航天领域的论证中，屠善澄带领专家综合各方面的意见及技术、经济上的可能性，初步形成了中国发展载人航天分三步走的设想，即准备阶段、初期试验与配套阶段、各应用试验与开发阶段。关于组成载人航天大系统主要环节的技术途径，以屠善澄为主的专家委员会主张从飞船起步，以尽快实现初步配套的空间试验研究为阶段目标，逐步发展，循序渐进，力争于 21 世纪初建成我国的载人航天工程大系统。

1991 年 6 月 29 日，屠善澄代表该领域专家委员会，向中央专委汇报了《"863"计划航天技术领域的总体发展蓝图》和载人飞船工程的四大任务和七个系统，以及研制经费、进度和组织，并且建议在 20 世纪末建成初步配套的试验性载人飞船工程，实现首次载人飞行，在 2010 年稍后建成自己的空间站。

在屠善澄的带领下，"863"计划航天领域的全面论证为我国载人航天事业酝酿出新的开局。

搞飞船还是搞航天飞机

"863"计划航天技术领域两个主题项目概念研究中，大型运载火箭及天地往返运输系统主题项目论证最为激烈。该主题项目的目标是"20 世纪 90 年代研制出性能先进的、低轨道运输能力为 15 ～ 20 吨的大型运载火箭；研究发展可重复使用的天地往返运输系统"。

"863-204"专家组成立仅仅两个月，便发布了天地往返运输系统方案招标通知。应标单位相当踊跃，粗略统计，就有航天工业部、航空工业部、国家教委、中国科学院、总参谋部、国防科工委等系统的 60 多家科研单位的 2000 多人参加了这场大论证。由于是科学界里的技术概念论证，所以这次讨论思想相当解放，视野特别开阔，是中国航天技术发展史上前所未有的。

通过不断深入论证，"863-204"专家组遴选出了 6 个方案，要求各单位尽快完成技术可行性论证报告，以供评审。6 个方案中有 5 个是航天飞机或空天飞机方案，只有 1 个载人飞船方案。

部分设计方案图

经过一年多的论证，"863-2"专家委员会于 1988 年 7 月 20 日至 31日召开了方案评审会，会议聘请了朱光亚、屠守锷、梁守槃、黄文虎、王树声、王希季、杨嘉墀等 17 位特邀专家对 6 个方案进行评审。会上专家们的主要意见是：可供进一步研究比较的是多用途飞船方案和不带主动力的小型航天飞机方案。

多用途飞船方案，是在我国正在研制的长征二号捆绑火箭的基础上，对火箭进行适应性改进，用于发射一次性使用的载人飞船，作为突破我国载人航天的第一步，之后再建空间站。此方案投资较小，风险也小，把握较大，预期可在 2000 年左右将航天员送入太空，实现我国载人航天的突破。

不带主动力的小型航天飞机方案，是首先研制一种低轨道运载能力为 15 ～ 20 吨的大推力运载火箭，用来发射不带主动力的小型航天飞机和空间站，在此基础上实现我国的载人航天飞行，争取在 2010 年或稍后建成初步配套的载人空间站系统。

载人飞船是 20 世纪 60 年代的事物，作为天地往返运输手段已经处于衰退阶段。中国载人航天的起点应该高一些，航天飞机是一种发展趋势，技术含量高，既能像火箭一样垂直发射，又能像卫星一样在天上绕地球飞行，还能像飞机一样返回地面。航天飞机还可重复使用，比一次性使用更经济、更划算。

搞航天飞机技术复杂，投资大，研制周期长，风险重重，成功概率相对较低，而且中国此时还不具备航天飞机的生产工艺条件。载人飞船既可搭乘航天员，又可向空间站运输物资，还能作为空间站轨道救生艇用，且经费较低，更符合中国的国情。而且中国已完全掌握返回式卫星回收技术，搞飞船，成功率高，有利于确保航天员安全返回。

双方各持己见，方案评分接近，谁也无法说服谁。

面对这种情况，王希季坚持认为我国的载人航天不具备超前发展的能力，也不具备全面跟踪的条件，只有以飞船起步才是切实可行的发展途径，好高骛远只会给国家造成不必要的浪费。为此，王希季专门写出题为《重复使用的并不都是经济的》的论文，并发表在《中国空间科学技术》1988 年第 4 期上。论文对航天飞机的使用费用进行了令人信服的详尽分析，指出期望以耗资巨大的航天飞机实现"廉价航天"是绝不可能如愿的。

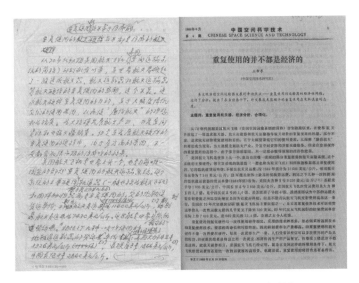

王希季手稿《重复使用的并不都是经济的》

这场学术争论引起了国防科工委和航空航天工业部的高度关注。1989 年，航空航天工业部党组专门委托庄逢甘、孙家栋两位专家，主持召开飞船与小型航天飞机比较论证会。

会上，航天五院 508 所高技术论证组组长李颐黎从技术可行性、国家的经济承受能力和技术风险方面，将载人飞船方案与小型航天飞机方案作了比较。论证认为小型航天飞机不是未来的发展方向，不是经济的运输工具。欧洲发展小型航天飞机凭借的是航空技术优势，而我国航空技术尚不具备优势。欧洲小型航天飞机这条路尚未走完，技术风险大、投资风险大、研制周期长的缺陷已经暴露出来了。

此前，屠善澄已经组织专家委员会调研了几个研制航天飞机的国家，情况确实都不太乐观。除了美国研制成功了几架航天飞机并投入使用外，苏联研制了 3 架航天飞机，其中只有 1 架航天飞机进行了不载人状态下的试飞，之后由于经费紧张，一直没有再进行新的飞行。而拥有航天飞机的美国，在资金的投入上也相当可观，每架航天飞机回来后，光检修就需要半年时间，而每飞行一次就得花费 2 亿～3 亿美元。

这次比较论证后，航空航天系统内逐渐达成共识：在中国载人航天发展的路径上，只有从载人飞船起步。

第三节　载人航天工程"三步走"

在"863"计划航天技术领域论证结果的基础上，航天界的科学家为工程立项积极建言献策。与此同时，飞船的研制分工也逐渐清晰，确定航天五院为总体单位。在多方努力下，1992 年 1 月 8 日，中央专委决定开展技术经济可行性论证。9 月 21 日，中央政治局常委会最终确定中国载人航天从发展飞船起步，按"三步走"发展战略实施。

加快推动工程立项

1988 年 8 月，航空航天工业部部长林宗棠等向中央领导汇报工作。在《关于航空航天工业几个重大问题的汇报提纲》中，提出在 20 世纪末，航天方面要研制一批新型导弹武器和各类应用卫星，研制天地往返系统和试验性空间站，力争在载人航天方面取得突破。由于考虑到经费限制，建议从载人飞船入手，争取在 2000 年后发射试验性载人飞船。

通过这次汇报会，以飞船起步的载人航天工程初步得到了中央领导的认同。但是，在工程上不上马和采用什么途径发展我国载人航天的问题上，一直存在不同的意见。

面对这种情况，航天界的科学家十分着急，通过各种渠道积极建言献策，为工程早日上马贡献力量。

任新民、王希季、杨嘉墀等科学家，只要有机会，就积极呼吁中国载人航天的事。任新民和王希季在参加全国人民代表大会期间，抓住点滴时间，向其他行业的人大代表宣传载人航天，讲解载人航天，希望他们为促成中国载人航天的起步给予声援与支持。

钱振业等技术专家，通过不同渠道向中央专委和国务院呈送关于载人航天的研究报告。1990 年 10 月，钱振业将韦德森和自己以及航天五院508 所专家杨广耀近五年来的研究成果汇编成系列研究报告——《中国载人航天发展战略》，通过国务院发展研究中心呈送李鹏总理，以供参考。

航空航天工业部副部长刘纪原力主载人飞船工程早日上马。他回忆说："历来任何一个国家的航天工程都是高层领导决策的，但是，我国的载人航天议题一直没有上到国家最高层的议事日程。所以我就想，能不能让小平同志知道这个事情，提出意见。"

为了促使载人飞船工程早日上马，航空航天工业部组织一线专家组成课题组，与"863"计划专家组同时对发展载人飞船的可行性进行论证，认为从技术储备上来说，我国完全可以实现载人航天计划，关键是要有国家的决策和支持。1991 年 1 月，航空航天工业部成立了工程领导小组，带领由 19 名技术人员组成的联合论证组抓紧开展工作。同时，航空航天工业部还提出了《关于发展我国载人航天技术的建议》，建议我国载人航天从飞船起步。

1991 年 1 月 30 日，中国宇航学会、中国科学院、国务院发展研究中心联合举办"中国航天高技术报告会"，深入讨论了航天技术在国家战略中的地位和作用，探讨了建立以航天技术为龙头的高技术发展区的构想，提出要抓住机遇，尽快启动中国载人航天，并就真正落实"科学技术是第一生产力"达成行动共识。会后，刘纪原将航空航天工业部编写的《关于开展载人飞船工程研制的请示》和《关于发展我国载人航天技术的建议》两份文件，呈送邓小平。

时隔不久，刘纪原得知邓小平同志十分重视这件事。从此，关于载人航天的争论已经由"上不上"的问题转到了"上什么"的问题。

在邓小平同志的关心下，事情进展得非常迅速。

1991年3月，李鹏总理约见航空航天工业部高级技术顾问任新民，并要求听取飞船情况的汇报。任新民与钱振业很快商定了汇报提纲，在正式汇报中首先分析了我国为什么从多用途飞船起步，并介绍了技术基础和研制条件情况。钱振业介绍我国研制飞船的费用约30亿元；在保证投资及时到位的条件下，工程研制需要6～7年时间。李鹏详细了解这些情况后表示：钱是有困难，但是，对我们这样一个大国来说，还是可以解决的。我们要搞载人航天，从飞船搞起，争取新中国成立50周年载人飞船上天。我国要搞飞船，基点还是自力更生。

1991年3月20日，航空航天工业部收到了中央办公厅秘书局转来的中央领导在《航空航天重大情况》文件上的批示：

"此件江泽民总书记3月9日已阅。"

李鹏总理批示：

"此事由专委讨论后报中央。"

军委副主席刘华清批示：

"最近几年来许多专家都希望中央尽快下决心搞载人航天技术问题，建议中央下决心干起来，似不要再拖延。经济是个大问题，……实在当前财政困难，动用国库存的金子每年出点也得干。"

中央领导的批示下来后，航空航天工业部便着手研究载人飞船工程的研制以及分工问题。航天五院迅速组织优势力量开展技术研究，推动工程论证进入快车道。

飞船总体落地五院

中国载人航天由飞船起步的共识刚刚达成，关于中国载人飞船工程如何分工，谁来搞飞船，就成为下一个论证的焦点。工程各系统中，飞船是最难啃的一块硬骨头。但越是艰难，各单位越要争取，大家都想为工程多做一点工作。

早在 1989 年 7 月，航天五院出于责任所在，对自身承担飞船研制的能力进行了详尽分析，并由航天五院院长闵桂荣致信孙家栋、刘纪原，表达了承担飞船研制工作的愿望。他写道：

> 早在组建五院时，中央就明确该院负责载人飞船任务。按此要求，二十多年来五院配备了相应的技术设施、开展相关技术的预研，组建载人飞船的研制队伍。七十年代还进行了曙光一号载人飞船的研制，至今仍保留着该飞船的研制模型、全套总体方案和分系统技术资料。在任务中止后，五院仍保留了一定骨干跟踪研究和开展预研工作。

> 最近，国家高技术专家委员会决定采纳五院等单位的建议，即发展多用途飞船作为高技术的第一步。……无论从早期中央对五院任务的决定，还是从五院具有研制成功 25 颗人造卫星的经验和技术基础来看，由五院负责载人飞船研制任务是最合适的。

> 现附上五院部分老科技专家的一份材料，供参阅。

随信附上的，正是五院技术顾问王希季的手稿。手稿从五院历史和行政条件、技术力量、设计条件、质量保障体系、试验条件、总体和各分系统研制及生产条件等方面，详尽论述了航天五院承担飞船总体工作的优势。

在中央尚未批准飞船方案前，航天一院、五院和上海航天局（八院）都想承担载人飞船的研制工作。为了拿出最好的方案，航空航天工业部于 1991 年 4 月下发《关于开展载人飞船工程方案论证工作的通知》，以招标形式评审各家方案，以便选出最佳的飞船总体单位。

接到通知后，航天五院立即组织了一个飞船论证组，由范剑峰任组长，李颐黎任副组长。为争取到飞船这个项目，论证组在主管副院长张国富带领下，不分昼夜，加班加点，论证出了三舱方案、两舱方案和硬通道方案。由于航天五院拥有不少有利条件，所以论证组写了很多本论证报告，既有飞船总体的，也有各个分系统的，还有各种专题的，摞起来有 1 尺多高。

1991 年 4 月 1 日至 5 日，航空航天工业部召开会议，讨论载人飞船工程实施方案。会议要求三个型号总体院深入论证，进一步提出各自的实施方案，以便择优选用。

1991 年 11 月，三个型号总体院分别提交了各自的《载人飞船工程可行性论证报告》。

1992 年 1 月 3 日至 5 日，航空航天工业部召开载人飞船工程专家评议会，组织有关专家对三家单位的论证报告进行了评审。

会议首先由三家单位分别介绍各自的论证报告。之后，由专家评审团一家一家地提问，三家单位再一个一个地答辩。

此次会议开了三天，专家们反复评审后认为，三家单位的方案都有可取之处，三个单位都具备搞飞船的能力。这让与会领导与专家们感到非常欣慰。但哪家的方案最佳呢？这三家单位谁来做飞船的总体设计更合适呢？会议并没有得出最终结论。但是，有一个指导思想是大家的共识：飞船总体设计单位的选择，要统筹考虑中国航天各领域的分工布局。不管谁来搞，中国航天既要确保战略武器的研制，又要不影响应用卫星的开发，还要完成飞船的研制任务。

对于飞船总体研制分工，航空航天工业部又用近半年时间进行了酝酿、调研、论证和统一思想等准备工作。载人飞船工程，飞船是核心，考虑到飞船与卫星有更多的技术相似点，航天五院有着十余年研制返回式卫星的经验和人才队伍，在结构与机构、热控、制导导航与控制、回收着陆等专业方面有更好的基础，加之航天五院自"863"计划论证时，就有一批同志一直在搞载人飞船方案论证及相关试验。最终航空航天工业部党组决定，把载人飞船工程总体设计和总装的工作交给航天五院，并责成航天五院汇集各种方案精华，完善飞船总体设计方案。航天五院按照要求进一步集中力量，完成了三舱方案的优化。

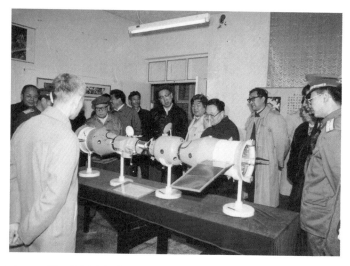

1991年11月，国家计委、国防科工委领导到航天五院观看飞船模型

"三步走"正式确立

1992年1月8日，中央专委召开第5次会议，专门研究发展我国载人航天问题。"863"计划航天领域首席科学家屠善澄汇报关于发展我国载人航天意义与作用的意见，航空航天工业部高级顾问任新民汇报航空航天工业部关于我国载人航天立项的建议，国防科工委科技委主任朱光亚汇报国防科工委关于组织载人航天工程可行性论证工作的意见。

这次会议认为，从政治、经济、科技等诸方面考虑，发展我国载人航天是必要的，我国发展载人航天，要从载人飞船起步。会议决定，由国防科工委负责，组织进行载人飞船工程的技术、经济可行性论证，论证工作要广泛吸收有关人员参加，按照系统工程方法组织进行。论证结果报中央专委初审，并报中央决策。论证工作目标要明确，做法上要实事求是，技术上要论证清楚方案是否可行，经费上要考虑周到，精打细算。

会后，在国防科工委的组织下，载人飞船工程技术、经济可行性论证工作全面展开。

1992年1月18日，载人飞船工程论证领导小组成立并召开第一次会议。会议研究讨论《载人飞船工程技术经济可行性论证工作实施纲要》《载人飞船工程技术经济可行性论证指导思想与初始技术要求》。会议明确，为利于保密工作，确定载人飞船工程代号为921工程。

1992年1月24日，航天五院召开载人飞船任务动员会，宣布成立载人飞船论证组（范剑峰任组长，李颐黎、吴开林任副组长）开展技术可行性论证工作。航天五院发展计划部王渊组织开展经济可行性论证工作。6月6日，航天五院完成《921工程技术、经济可行性论证报告》。

五院"921-3"工作动员会

1992年8月1日，中央专委召开第7次会议，听取工程论证工作情况汇报，汇报内容主要有工程的七个系统、主要技术途径、技术指标、关键技术及解决途径；研制阶段的划分、进度安排，后续任务衔接设想；经费概算及使用。会议认为，发展我国的载人航天事业，对增强综合国力、促进科技进步、培养科技队伍、提高国家威望、增强民族自豪感和凝聚力等，都有着十分重要的意义。8月25日，中央专委向党中央、国务院、中央军委呈报了《关于开展我国载人飞船工程研制的请示》，建议我国载人航天工程计划分三步走，并且建议第一艘无人飞船要争取 1998 年、确保 1999 年首飞。

1992 年 9 月 21 日，对中国载人航天事业来说，是一个具有决定意义的日子。

这天，江泽民总书记主持召开中共中央政治局第十三届常委会第 195 次会议，审议我国发展载人航天的问题。

国防科工委主任丁衡高首先汇报了《国防科工委关于发展我国载人飞船工程研制的意见》。载人飞船工程论证组组长王永志着重汇报了载人工程可行性论证工作情况、我国载人航天的意义和作用、技术经济可行性论证结果，并回答了江泽民总书记、李鹏总理等对有关问题的提问。

会上，李鹏提出，载人航天，我们应当占有一席之地。这是增强综合国力的一个项目，十年后将成为综合国力的衡量标准。

江泽民最后提出，发展载人航天，这是件大事，大家同意，我完全同意，要下决心搞。搞这个在政治、经济、科技上都有意义，是综合国力的标志。因此，建议静静地、坚持不懈地、锲而不舍地去搞。除中央专委外，具体的要有个班子，经常研究些大问题。要抓紧，抓而不紧等于不抓。今天我们就做这样一个决策，发展我们自己的载人航天。

会议最终同意了中央专委《关于开展我国载人飞船工程研制的请示》，正式批准我国载人飞船工程立项上马，确定我国载人航天"三步走"发展战略。第一步，发射无人和载人飞船，建成初步配套的试验性载人飞船工程，开展空间应用实验；第二步，突破载人飞船和空间飞行器的交会对接技术，利用载人飞船技术改装、发射空间实验室，解决有一定规模的、短期有人照料的空间应用问题；第三步，建造空间站，解决有较大规模的、长期有人照料的空间应用问题。会议批准载人飞船工程上马，确定工程基本任务为：突破载人航天技术；进行对地观察和空间科学技术试验；提供初期的天地往返运输器；为载人空间站大系统积累经验。

工程有序推进实施

载人飞船工程是一项极其复杂的系统工程，技术难度大、系统组成复杂、涉及面广，必须采取特殊的组织管理模式。为此，该工程由中央专委直接领导，国防科工委全面负责整个工程的组织实施。航空航天工业部、中国科学院、国防科工委司令部作为三个主要的主管部门负责管理所属系统的研制建设工作。工程立项后，国防科工委专门印发《关于开展921工程研制和建设工作的通知》，明确了工程第一步七个系统组成及任务分工。

工程七个系统分别为航天员系统、飞船应用系统、载人飞船系统、运载火箭系统、发射场系统、测控通信系统和着陆场系统。

其中，载人飞船系统由系统总体和13个分系统组成，航天五院负责载人飞船总体和结构机构分系统、制导导航与控制分系统、数据管理分系统、测控与通信分系统、热控分系统、回收着陆分系统、仪表与照明分系统、应急救生分系统8个分系统。航天八院负责推进分系统、电源分系统2个分系统。航天医学工程研究所负责乘员分系统和环境控制与生命保障分系统。中国科学院归口负责有效载荷分系统。

根据中央专委指示要求，以及航天领域长期实践做法，载人飞船工程在工程总体、各系统设立了行政和技术两条指挥线。工程总体、各系统设立总指挥、副总指挥、总设计师和副总设计师，分系统设主任设计师。

1992年11月10日，国防科工委印发《关于921工程系统行政总指挥、行政副总指挥和总设计师、副总设计师任命的通知》。其中：载人飞船系统，任命航天五院副院长汪国林任行政总指挥，航天八院施金苗任行政副总指挥。任命航天五院院长戚发轫任总设计师，航天五院总体设计部王壮、郑松辉，航天八院李相荣任副总设计师。11月20日，中央专委批准由国防科工委主任丁衡高任工程总指挥，国防科工委副主任沈荣骏、航空航天工业部副部长刘纪原任副总指挥，航空航天工业部科技委副主任王永志任工程总设计师。

在中央专委的直接领导和国防科工委的全面组织下，工程总体及各系统明确了各自的历史使命，捋顺了任务脉络，为全面开展研制工作奠定了坚实保障。

1992年11月13日，载人飞船工程第一次会议在北京召开，在会上，确定了需要建设的基础设施和各系统当前任务和主要节点要求。根据中央领导指示，载人飞船工程是一项大型的保密工程。因此，自1992年年末，载人飞船工程就在全国各有关单位中悄无声息地全面开展起来。航天五院围绕返回再入控制技术、返回舱防热与密封技术、特大型降落伞及着陆缓冲技术开展了热火朝天的技术攻关。

按照"三步走"战略规划，2004年12月20日，中央专委会议审议通过了《关于实施我国载人航天工程第二步第一阶段研制建设工作的意见》，启动我国载人航天工程"三步走"发展战略第二步的工作。工程增设空间实验室系统，工程系统组成增至8个。原飞船应用系统调整为空间应用系统。2010年9月25日，中央政治局常委会批准《载人空间站工程实施方案》，"三步走"发展战略第三步正式启动。工程增设货运飞船系统、空间站系统、光学舱系统、长征七号运载火箭系统、长征五号B运载火箭系统、文昌发射场系统，工程系统组成增至14个。原运载火箭系统调整为长征二号F运载火箭系统，原发射场系统调整为酒泉发射场系统。

30年来，中国载人航天先后突破和掌握了载人天地往返技术、航天员出舱活动技术、空间交会对接技术、航天员中期驻留技术、长时间任务支持和保障技术、货物运输和补给技术、推进剂在轨补加技术等一系列关键技术。成功发射 15 艘神舟飞船，已成功回收 14 艘，目前有 1 艘在轨执行任务；16 名航天员乘坐神舟飞船遨游太空，完成了大量空间应用与空间科学和技术试验，建设起完整配套的载人航天工程体系，孕育出"四个特别"的载人航天精神，谱写下我国航天事业发展的壮美篇章。

第二章
关键技术买不来

　　创新是一个民族进步的灵魂，是一个国家兴旺发达的不竭动力，也是中华民族最深沉的民族禀赋。面对国外对中国人没有技术和能力研制飞船的质疑，五院一大批空间技术老专家和中青年才俊牢记"关键核心技术是要不来、买不来、讨不来的"，充分发扬自力更生、自主创新的优良传统，立足国情和自身实际，独立自主、攻坚克难，探索好、快、省的技术发展路线，通过自己的力量攻克了一道道世界级难关、掌握了一大批具有自主知识产权的核心技术，牢牢把握住了畅游天宇、星海筑家、逐梦九天的技术命脉和发展主动权，从成功走向新的成功。

第一节　让航天员坐最放心的船

"不走跟随、仿制的技术道路，要打造为祖国争光、为民族争气的载人飞船"，在工程研制过程中，神舟团队勇于创新、敢于突破，跨越美、俄从单舱到多舱的研制历程，形成了具有中国自主知识产权的飞船技术路线，打造出兼具天地往返运输工具、空间科学实验平台等功能的神舟系列飞船，使中国直接跻身世界航天前列，大大加快了中国空间事业发展进程。

拿出最优飞船方案

参加过神舟飞船初期研制工作的人都有共同的认识和体会，解决从无到有的第一步是拿出一个飞船设计方案来。方案就是方向，就是后续工作的路线图。

航天五院飞船研制团队深知要竭尽全力拿出最优设计方案的重要性。

早在20世纪70年代，我国曾有过飞船研制的短暂时期。但由于那时的国力不足，刚刚启动的飞船项目不得不被搁浅。

20年后工程立项，但这个时候飞船研制队伍中一些搞返回式卫星的老专家们连飞船是啥模样都没有概念。对于究竟要造一艘什么样的飞船，各路专家的意见分歧很大，并且各抒己见，争论得相当激烈。

那些日子里，负责主持载人飞船总体方案论证的首任总设计师戚发轫食不甘味、夜不能寐，在听取专家们意见的同时，他静下心来认真系统地分析、研究国外载人航天技术的发展。

老专家为飞船方案把关

经过反复的分析、论证，研制的思路逐渐清晰，决心也渐渐下定，设计方案必须突出自主创新，要造出"起步晚、起点高、一步到位，具有中国特色的多功能飞船"。

经过无数次的计算、论证、验证，确定了三舱方案，使中国跨越美、俄从单舱到多舱的历程，直达世界先进水平。

中国的载人飞船有很多独到之处，如从经济性角度出发，考虑一船多用，当飞船完成在轨运行任务后，轨道舱留轨飞行，继续开展科学实验。

又如飞船上的许多系统采用了大量先进的计算机智能管理系统，采用1553B串行总线设计，采用国际统一的测控体制，全面推行软件研制工程化等。

"这些技术方法和管理理念到现在还在各类航天器上广泛应用，没有过时，而且能与国际航天很好地接轨。"飞船系统副总设计师郑松辉谈到这些，仍为当年的设计感到骄傲。

郑松辉负责的是飞船电气系统设计，后来经常有人问他："当时'争八保九'的压力那么大，神舟一号为什么采用这样一种虽然很先进但风险也很大的方案呢？"

他说："如果不是那样，就不是今天的载人航天。"这也源于在俄罗斯考察时的一段经历对他的触动。

那是1993年，俄罗斯航天官员对郑松辉"关切"地说："我们现在劝你们别学我们，联盟号飞船现在这副样子，是受当时特定的历史条件制约，受政治的影响，有相当的局限性。回过头来看，遗憾还真不少。这么着吧！你们和我们合作，你们出钱，我们出方案，搞得更先进、更好一点。"

郑松辉心想，"这么大的事，我可决定不了"，便未置可否地笑了笑。

但俄罗斯航天官员的一席话，却让负责飞船电气系统的郑松辉陷入了深深的思考，到底飞船采用什么样的方案呢？继承返回式卫星的经验，无疑是最稳妥的方式，省工、省力、省钱，也有把握，但航天员的体验感会比较差。

20世纪90年代后期，计算机发展进入了新的阶段，从国外的发展势头和未来的走向看，采用新的方案才能不过时，才能不走俄罗斯的老路。

于是，郑松辉下定决心："要继承，更要立足国情，着眼国际，创新发展！"

飞船上的电视要上数字电视，显示屏要上液晶屏，这在当时无疑是很"奢侈"的事情，而且实施起来也并不容易。

那时的液晶屏、数字电视还没有像现在这样普及，市场上没有成熟的产品，怎么办？那就买芯片自己做。

一个问题一个问题地攻关、解决，遇到再大的困难飞船研制团队也从未动摇过，硬是"拼"出了世界先进水平的电气系统。

1996年，飞船各分系统联试期间，俄罗斯专家前来参观，看到摆满大厅的仪器设备，将信将疑，把插头拔下来一看，都是真的，他们惊讶地感叹道："原来你们的东西已经做出来了！"接着问郑松辉："你们桌面联试以后，如果把这些设备装到飞船上，是否就可以上天飞行了？"

郑松辉斩钉截铁地回答："是的，完全可以做到这一点。"

俄罗斯专家说："我们原来还想帮你们做设计方案，现在你们已经做到了这一步，看来用不着我们帮忙了。"

郑松辉说："飞船上天，从时间上看，比人家晚了40多年，但从技术上看，我们并不逊色。"

神舟一号飞船的高起点起步，为后续的研制工作奠定了坚实的基础，而老一辈神舟人这种追求卓越、敢于超越的精神品质，也激励着一代又一代神舟人一次次地拿出中国方案、做出中国特色，振奋着国人，也震惊着世界。

一步步打造出安全座驾

神舟飞船有结构与机构等13个分系统，并演化出"载人飞船返回控制技术""返回舱舷窗防热与密封结构技术""主用特大型降落伞技术""着陆缓冲技术"等多个关键技术。不仅技术新、难度大、安全性与可靠性要求高，而且系统复杂、协调面广、工作量大。

用总设计师戚发轫的话讲，"一艘飞船所用元器件就多达近10万支，仅飞船的一个返回舱，就相当于一颗卫星的工作量。"

尽管面临着前所未有的"高技术难度、高可靠要求、高质量保证、高工作量"，但神舟飞船研制队伍却"明知山有虎，偏向虎山行"。

神舟飞船返回舱又称为座舱，是整个载人航天工程研制中最关键部位之一。它是航天员天地往返时的"驾驶室"，是飞船的指挥控制中心，也是航天员的太空卧室。

返回舱体积大、外形不规则，发动机安装面及对接密封面精度要求极高，局部焊接时易变形，一旦舱体出现裂缝，将直接威胁航天员的生命安全，它的焊接和加工堪为工艺难题之最。

由于技术要求高，研制之初，许多国内的顶尖技师都败下阵来。

负责结构与机构的副总设计师王壮回忆说："焊制这个舱体真是太难了，完全是摸着石头过河。"

研制队伍废寝忘食地攻关，试验——失败——再试验——再失败……

不知经过了多少个不眠之夜，他们从失败中杀出一条血路，终于啃下了这块硬骨头。

1996年9月，第一个返回舱壳体生产了出来。

然而，类似的难题只是飞船研制攻关中的冰山一角。

飞船的内部空间布局复杂，要装的仪器设备多达600多台，为确保正式实施操作安装电缆和设备时一次到位，需要提前用1∶1的比例做出神舟号飞船的模装。

神舟一号返回舱壳体加工

然而飞船作为全新型号，当时许多研制人员对舱内各分系统仪器、设备的尺寸及电缆走向都还不太清楚，只能结合返回式卫星的研制经验，一步一步地琢磨和摸索，并尽可能按能想到的最好状态进行布局。

为了尽快进行飞船模装，王壮带着飞船结构与机构分系统设计的同志们，从1994年6月开始，连续5个月加班加点工作，终于在当年11

月完成了神舟飞船的模装，抢下了又一个重要的技术山头。

在实现飞船"上得去、回得来、确保航天员安全"方面，回收与着陆分系统也担负着重要的使命。

飞船返回舱重达三吨，但飞船着陆速度要求却不能超过每秒四米。此外，还必须充分考虑到零高度、大气层内、大气层外等各种故障模式下的安全回收问题。所有这些制约条件都给飞船回收与着陆分系统的研制带来一系列难题。

1993 年以来，在有关协作单位的配合下，研制人员奋力顽强拼搏，努力钻研攻关，突破了一系列关键技术，成功地研制出了特大型降落伞、着陆缓冲装置以及程序控制器等上百件关键设备。

从 1994 年始到 2001 年，飞船回收与着陆分系统研制队伍，用 1：1 的返回舱模型，在西北戈壁滩上，从不同的高度，先后做了 70 余次的返回舱空投开伞试验，掌握了大量的关键数据，确保了该分系统工作的稳妥可靠。

为了考核飞船各舱段之间是否能正常、安全地解锁分离，仅飞船返回舱与推进舱连接面的火工锁就进行了 100 次可靠性试验。这些工作都为飞船返回舱百分百安全返回奠定了技术基础。

神舟飞船结构复杂，设备多，如果采用老式手绘图的方式，不仅工作量大，还会带来工作进度的拖延。而且按照经验，飞船结构和布局还需要进行 2 轮以上的迭代优化，手工绘图就更不能满足要求了。1995 年，大家对于计算机制图还很陌生，但时间不等人，结构与机构设计师陈同祥、刘刚、董彦芝等一批年轻人勇挑重担，他们向单位申请特批了 3 台电脑，从学习用电脑开始，一点一点地摸索，不到 4 个月就完成了整船图纸的绘制，大家都很有成就感，而另一个难题——返回舱座椅的曲面设计又摆在面前。返回舱座椅要符合人体工程学，就必须设计成连续变化的曲面，既要轻、又要结实、还得舒服。二维 CAD 已不能满足要求，副主任设计师陈同祥学习了新三维设计软件、设计了上百组的曲线组合、完成了十几项试验，历时 3 个月，终于完成了又轻又结实还舒服的返回舱座椅三大件的三维设计，在 1996 年的时候，首次实现了无纸化设计模型下厂。

必胜的信念，创造了难以置信的速度，技术创新换来频传的捷报，神舟系列飞船连续取得成功。

1998 年 5 月，神舟一号飞船完成总体方案设计工作。1998 年 10 月，用于考核飞船力学性能、机械性能、热性能、电性能的四艘初样无人飞船相继研制成功；同月，飞船零高度逃逸救生飞行试验取得圆满成功。12 月，神舟一号飞船转入正样研制阶段。

1999 年 11 月 20 日 6 时 30 分，神舟一号飞船发射成功并于次日圆满返回。至此，中国成为继苏联、美国之后世界上少数可以成功研制载人飞船的国家。

2001 年 1 月 10 日，神舟二号飞船发射成功。作为我国第一艘按载人飞行要求而采用全系统配置的正样无人飞船，不仅完善了第一艘神舟飞船的舱内温控、系统配合，而且重点考核了环境控制与生命保障、应急救生两个分系统的功能，进一步检验了飞船系统与其他系统的协调性。同时，轨道舱进行了长达半年之久的留轨试验。

2002 年 3 月 25 日成功发射、4 月 1 日安全返回的神舟三号飞船，进一步优化改进了分系统的许多性能，尤其在确保航天员生命安全方面，采取了新的措施，进行了较大完善。

2002 年 12 月 30 日发射成功、2003 年 1 月 5 日成功返回的神舟四号飞船，在充分继承前三艘无人飞船成熟技术的基础上，进一步提高了飞船的可靠性和安全性。神舟四号飞船完善了应急救生系统功能，增加了航天员手动控制系统，增强了整船偏航机动能力。同时，设计人员还改善了舱内载人环境，充分考虑了航天员座椅使用、出舱进舱、操作是否方便舒适等因素，为航天员创造了一个美观舒适的"太空卧室"。

为了验证飞船的各项性能，为神舟五号载人飞行做好准备，2002年，正在训练中的航天员还在神舟四号飞船上进行了为期一周的适应性测试。经过航天员与飞船的人船联合测试、工效学评价试验考核，航天员普遍对飞船的操作设计和工作环境反映良好。

如今，神舟系列飞船的返回舱已经成为不同博物馆里的重器，殊不知其圆润流畅的构型背后藏着多少个攻关攻坚的故事。

从太空安全返回

2003年10月16日6时23分，中国首飞航天员杨利伟乘坐神舟五号载人飞船从太空归来，平稳着陆于内蒙古中部阿木古郎草原，中国人千年飞天梦变成现实。

杨利伟安全返回

通过遥测画面看到航天员安全返回地面后，千里之外的北京航天城指控大厅掌声雷动，航天员系统总指挥快步跑到飞船GNC系统主任设计师陈祖贵面前，紧紧握住他的手，激动地说："陈总，你们GNC系统对航天员的诺言完全兑现了，现在我代表航天员系统也向你许下诺言：第一是请你单独和杨利伟同志合影留念，第二是要送你杨利伟亲笔签名的首日封和纪念画册！"

GNC 系统负责飞船从发射到返回全部飞行过程的控制，是飞船的"神经中枢"，系统的成败直接影响到飞行任务的成败和航天员的生命安全。

2001 年，陈祖贵等专家受邀参观航天员做离心机试验，这是模拟飞船返回再入过载时状态。当看到离心转速增加到过载超过两个 g 时，受试航天员的脸有点变形，到四个 g 时，航天员在高负荷下脸部扭曲、两眼鼓突、非常难受，但他们仍坚持训练，参观人员深受感动。

在当时，尽管我国已成功发射了二十几颗返回式卫星，积累了一定的技术，可这些技术对于载人飞船而言又远远不够，为确保航天员安全返回，必须将再入过载限制在人能够适应的范围内，必须将返回舱精确控制到预定落点附近，落点精度的要求比返回式卫星至少提高一个数量级。

重重难关重重志，全力以赴也要保安全。

当时陈祖贵就对在场的航天员们许下承诺："我们时刻把你们的安全放在心上，凡是对你们安全有利的事，我们都努力去做。我们可以向你们保证：GNC 系统能把你们从太空安全地控制回来！请你们相信，我们 GNC 人说话是算数的！"

这份承诺是向航天员许下的诺言，也是源自经过千锤百炼后对新技术的强大信心。

在工程研制之初，为攻克"上得去、回得来、落得准"，围绕捷联惯导、再入升力控制等返回再入控制技术难点，陈祖贵、王南华、范如鹰、胡军、孙承启、赵键、陆华、陈朝辉、王德钊、黄明宝、郭俊魁等 GNC 研制团队成员开始了日夜奋战、刻苦攻关。

他们在学习和继承了我国研制返回式卫星经验的基础上，查阅了大量的技术资料，进行了无数次繁杂的计算推演，详细地拟订出一个个具体的攻关子课题，分解到组、到人。

在控制理论中，飞船的控制问题是一个多目标的、变参数的、不确定的、非线性系统，仅从理论上研究解决就非常困难。但他们不仅要从理论上吃透它，还必须把它运用到飞船的实际应用中，其困难之大可想而知。

再大的困难也难不住立志于干成中国人自己的载人航天事业的航天人。不眠的灯光映照出他们忙碌而充实的身影，计算机器上的一串串数据记录了他们孜孜以求的思索，激烈的讨论争论印证了他们献身事业的赤诚和追寻真理的纯粹……

他们制定出了以捷联惯性单元和船载计算机为主要部分的系统方案，创造性地解决了惯性导航器件精度、姿态确定精度以及升阻比不确定性等影响飞船落点精度的诸多问题。

1995 年，具有我国自主知识产权的神舟飞船 GNC 系统一次性通过了评审，成为整个载人航天工程中第一个通过评审的重大攻关关键技术。

为了解决航天员在返回再入过程中承受过载的技术问题，兑现"让航天员安全地回来"的承诺，GNC 研制团队不停地钻研攻关，不停地创新改进，他们穷尽所思，自己给自己出难题，尽量多地识别可能遇到的风险，宁愿自己多受几份攻关的苦，也不能让航天员上天后多冒一丝预想不到的风险。

他们进一步识别飞船返回地球时制动发动机发生故障的风险，研制出了发动机的实时故障诊断和自动切换技术，增加了备份发动机，而且主备份发动机还能自动切换。

即使这样，团队还不满足，又制定出了在主份和备份制动发动机同时失效的极端情况下，利用 8 个姿态控制用的发动机联合制动的新方案。

能想到的他们都想到了，能做到的必须都做到。

飞船在太空中如果因某个瞬间发生故障而失去基准姿态时，如何挽救飞船呢？他们将返回式卫星中使用的"卫星全姿态捕获技术"应用到飞船上，继而又研制成功了新的"太阳—地球"式全姿态捕获技术，能够快速准确地重建飞船正常运行姿态。

不存一丝一毫侥幸，不留一丁一点疑点。就连最不可能发生的事情他们都提前做了处置方案。万一自动控制系统全部失效了怎么办？为了保证航天员的安全，他们又研制成功了我国第一个航天员手动控制系统。一旦发生上述问题，航天员可以利用半自动和纯手动两种工作模式，控制飞船发动机、控制飞船姿态、控制飞船安全返回，真是极尽所能地编紧、织密了为航天员保驾护航的安全网。

实施飞船飞行控制

"GNC 技术的难度很高、极为重要，外国人是不会给我们的，只有靠自己来实现突破"，陈祖贵回顾起研制历程时感慨不已。

1998 年，出于稳妥的考虑，上级决定将神舟飞船部分重要系统的方案设计和关键技术请外国专家评审，GNC 系统就在被评审之列，而陈祖贵作为技术专家参加了评审的谈判工作。

外方对 GNC 系统方案评审特别重视，将其放在所有谈判项目的最后。谈判开始进行得比较顺利，一些项目对方要价都不高，一般都不超过 20 万美元，一个项目一个项目的合作意见书纷纷得以签订。到 GNC 系统设计方案评审时，外方给出了 165 万美元的评审报价。按照当时国际航天领域的行情，其实 165 万美元评审飞船 GNC 系统并不算太贵。可是花了 165 万美元我们能得到什么东西呢？面对陈祖贵的询问，外方解释说："165 万美元的价格得到的是英文两个单词中的一个，一个是 YES，另一个是 NO。"

在陈祖贵看来，花 165 万美元只能买到一个所谓 YES，或者买到一个 NO，简直是一种侮辱，但他还是耐着性子追问，"能告诉我们为什么 YES，为什么 NO 吗？"

外方连说："NO，NO，NO。要知道为什么 YES，为什么 NO 吗，那可不行，那是我们的专利，是知识。"外方傲慢的态度刺伤了中国航天人的自尊心，陈祖贵来不及请示汇报，就义无反顾地选择了对外方说"NO"。最后，由于 GNC 系统这一项谈崩了，整个合作评审项目全部终止了。

通过这次飞船的对外合作谈判，研制团队更加深刻地认识到：高新技术是买不来的，只能靠我们自己。怀着"一定要争一口气，自主掌握载人航天 GNC 技术"的满腔热血，陈祖贵和战友们全身心地投身到各项技术攻关中。

担任飞船系统副总师的刘良栋回忆道，为了不断改进系统的可靠性、安全性，GNC 不断改进的项目几乎占到全部技术状态变化的一半。先是在神舟一号飞船研制中，优化了光学瞄准镜的密封方案。到了神舟二号飞船，攻克了姿态角出现很大的波动时影响返回精度的技术问题。在神舟三号飞船 GNC 系统中增加了对轨道舱红外的使用限制等设计，取得良好的效果。研制神舟五号飞船时，对 GNC 系统的可靠性、安全性又进行了全面的复核，新增了多个防护措施。

有问题就改，有需求就改，能提升就改，在完善、创新中增强产品的性能，成为研制团队的共同目标、具体行动。

GNC 的动态闭路测试对测试系统的实时性提出了高要求，为了设计出一套满足 GNC 测试需要、适应飞船"三垂"模式（即垂直总装、垂直运输、垂直测试）的高可靠测试系统，GNC 分系统副主任设计师王南华与研制团队一道在广泛调研的基础上开始了大胆的实践。

用心去做事，全身心投入工作是他们的一贯作风。

研制团队敏锐地注意到 20 世纪 90 年代初国际上新兴的 VXI 总线技术是继 CAMAC 总线之后新的发展形势，他们决心采用以 VXI 总线设备为主，部分功能模块自行研制的方案，来解决任务重、时间紧和经费紧张的矛盾。对于这种新方案来讲，他们算是国内第一批"吃螃蟹"的人，所以在系统的组建和应用过程中，遇到了种种之前没有遇到过的困难。有了问题，没有地方可以请教，有时只能打越洋电话咨询师友或专家。

在经历了一次又一次的尝试和试验后，研制团队终于建成了我国第一套以 VXI 总线设备为主体、由光纤网络连接的前后台分布式测试系统。这套系统功能强、可靠性高，组建灵活，在飞船从初样到正样，从神舟一号到神舟五号的系统试验、整船测试、大型试验、靶场测试及发射过程中，该测试系统均发挥了重要作用。此外，作为航天员手动控制系统技术设计负责人，王南华还主持完成了航天员模拟座舱试验系统，完成了手动控制系统的各项试验，进一步夯实了航天员安全返回的技术基础。

GNC 分系统的软件研制也是一块难啃的"硬骨头"。大量的自主在轨控制都需要靠软件的驱动来实现。

副主任设计师范如鹰创造性地采用了阶段增量模型开展 GNC 控制器的软件研制工作，既保证了产品质量，又满足了任务进度的要求。他和研制团队在神舟一号任务中，攻克了飞船返回控制技术，以及惯性器件在轨标定和故障诊断隔离技术；在神舟二号任务中，优化了再入软件，并增加轨道舱姿轨控软件；在神舟三号任务中，改进了飞船大气层内救生，并增加大气层外救生能力，制动时发动机切换组合控制技术；在神舟四号任务中，增加了手动控制软件。每一艘船都按计划增加功能，逐步达到全部功能实现，直到神舟五号满足了载人的要求。

据统计，GNC 系统在从神舟一号到神舟十五号的 15 次飞行中都出色地完成了飞行控制任务，其中已返回的 14 艘飞船的返回落点精度达到世界先进水平。

飞船研制团队不仅要解决飞行任务中正常状态下的技术问题，还要统筹考虑突发状态下的应急处置。

缓冲发动机是神舟飞船距离地面很近时的减速装置，是确保航天员安全返回的最后一道"守护神"。

"万一缓冲发动机不能正常点火工作，会对舱内的航天员造成怎样的影响呢？"

2002 年，在一次内部问题"预想"会上，一个可能存在的风险的提出，又一次吹响了神舟人创新的冲锋号。

发现问题时也是创新的契机。

"进行着陆冲击试验，再考验一下返回舱能否经受住落地时的最后一击。"戚发轫总设计师、袁家军总指挥锁定了攻坚方向，组建了由张柏楠任组长、王卫东任副组长的"着陆冲击试验专题攻关小组"。第二天，攻关小组就挺进北京大兴的一个试验场。

从一切为航天员安全着想，攻关组精心设置了十几种缓冲发动机不点火的试验条件，分析试验飞船在各种不同的返回状态下，是否会对航天员身体造成冲击，以及伤害的程度。

视野开阔的试验场内有一座高 130 多米的铁塔，吊臂长长的，远远看去就像一个大吊车。返回舱的投放试验，就是将试验专用舱吊上去，从高空施放，落地时砸在塔下一块篮球场大小，被称为"着陆床"的特殊"土地"上，完成返回舱的模拟降落过程。

为了铺这一块篮球场大小、特殊"土地"的"着陆试验床"，攻关小组可没少花费力气，没少动脑筋。

飞船按计划是在内蒙古中部地区着陆回收，为模拟真实环境，试验用土本应取自内蒙古大草原，但那样做毕竟不太现实，路途遥远，运输不便，而且破坏草原植被也不环保。

试验人员请清华大学岩土力学教授前往内蒙古实地考察，甚至不惜用钻机掘地15米进行取样，最终弄清了当地土质的有关参数，然后照"方"配"土"。

但到了取土时也不顺利，先是从北京永定河河滩上拉了几车，可河道管理有规定，不能随便取，只好远赴天津、河北等地取材。这些"配方土"经过多次分层碾压，达到四五米厚，作成一块土质情况与飞船返回舱真实落点一致的理想"试验床"，这样得到的数据才更真实、准确。

然而，天公不作美，这一年雨水特别多。攻关组从"试验床"里挖出土来一看，水分明显大了。为保证试验质量，他们将几吨重的配方土重新挖起来，支起铁板生上火，愣是"一锅一锅"地将这些"宝贝土"翻炒了一遍，直到"达标"为止。

那几天，攻关组的同志自己都笑了，说："真没见过科研人员挥大锹做试验的。""这些'土'真值钱"，大家甚至打趣地喊道："炒花生了，又大又脆的花生。"逗得参试人员一阵哄堂大笑。

着陆冲击试验开始后，攻关组按不同水平速度、不同垂直速度、不同姿态，进行多种组合试验，以此掌握返回舱着陆冲击的相关数据，制订相应措施。

着陆缓冲系统包括：缓冲大底、座椅缓冲器、反推发动机等。为降低着陆时航天员受到的冲击过载，攻关小组根据试验的数据分别对这几个关键环节进行了改进，采取了针对性的措施。他们在缓冲大底与大梁之间了加装了泡沫吸能材料；对航天员座椅缓冲器加以改进，并反复磨合，避免万一出现如卡壳现象而贻误最佳启动时机，使其性能更加稳定，缓冲功能更有保证，可靠性更高。

神舟飞船返回舱着陆冲击试验

在北京郊区试验场这块用大锅炒出的特殊试验床上，攻关小组先后进行了 55 次试验，获取了大量试验数据，检验了缓冲系统在航天员着陆时的缓冲能力，并进行了有效的技术革新，为航天员在极端条件下的安全返回又多系了一条安全绳。

我们的飞船叫"神舟"

美、苏两国的飞船都有自己的名字，如"东方"号、"上升"号、"阿波罗"号、"联盟"号等。

我们的飞船叫什么呢？

早在 1993 年年初，相关部门就向参加研制的单位发出了为中国飞船征集名字的通知。

一时间，"华夏""九州""腾龙""嫦娥"等许多富有中国特色的名字被推荐上来。

五院上报了两个方案，一是叫"新曙光"，表示继承和纪念 60 年代启动的载人飞船工程，二是叫"神舟"。

几经讨论，1994年，经中央批准，中国飞船最终以具有民族特色和寓意的"神舟"命名。

"神舟"，神奇的天河之舟，又是中华"神州"的谐音，既灵奇又气魄。这寓意是何等的浪漫，又是何等的气派，是何等的雄奇，又是何等的神圣。

在五院研制团队心中，取名"神舟"还契合了"同舟共济"的深意，什么样的飞船最好？在强调大协作，讲求系统工程的载人航天领域，大家配合得好，才能打造出整体效能最好、最优的飞船，才能实现安全可靠地运输航天员往返天地的目标。

1996年9月，检验神舟飞船各系统间互相协作效能的第一次桌面联试正式打响了。

桌面联试是为了检查飞船的初样阶段、全船仪器设备电接口的匹配性，并最终确定电性船的技术状态而进行的一次电性能综合试验。联试后要按真实飞行程序进行全系统模拟飞行。

打个比方说，飞船的13个分系统就如同人的"大脑""心脏""四肢"等不同部分，每个部分不仅都要好，具备相应的功能，互相之间还要联通、联动起来，健康、协调运行，形成一个有机的整体。过了这一关，飞船才能转入初样研制阶段，开始其他的大型试验。

飞船副总设计师郑松辉牵头负责这项工作。

万事开头难，研制飞船最难的工作之一就是方案设计。在没有相关资料和现成飞船研制经验可借鉴的情况下，如何拿出一个既具有国际先进水平，又有中国特色，还符合国情的飞船方案，对工程顺利实施起着至关重要的作用。

从1993年到1995年，作为飞船电总体设计师的杨宏被赋予了重要使命：拿出船载计算机系统的方案设计来。面对着这项具有开创性的工作，他没有丝毫畏难情绪，反而产生了一种天降大任的使命感、责任感。

为了确保设计出的方案可行，他开始对国内星载计算机的生产能力进行广泛调研。为了掌握飞船 13 个分系统的工作原理、工作模式和对计算机的需求，他肩挎一个小背包，跑遍了所有分系统承制单位。

为了摸清与飞船有接口关系的运载火箭系统和发射场系统对飞船有关需求的指标，他一趟又一趟地去这两个大系统进行技术咨询和对接。

就这样，凭着之前搞返回式卫星积累的工程经验，再结合飞船自身的需求和各分系统的实际，杨宏开始了船载计算机系统的总体方案设计工作。

当时飞船各分系统需要上的计算机 CPU 加起来约 120 个，而且各家计算机选型、接口、标准五花八门，完全按分系统要求去做，整船的性能很难保证。

针对飞船系统计算机数量多、分布广、技术复杂、功能分散等现状，杨宏提出了船载计算机分布式系统结构方案和构造飞船信息系统设计思想。并根据国内航天计算机工程实际情况，论证了船载计算机软件、硬件选型，规范了船载计算机型号、软件编程、开发和测试等工作，从而使飞船具有了系统优化的船载信息系统，为飞船建立了信息高速公路。

据飞船两总回忆，当时与国际上同类方案相比，我们设计的船载计算机系统方案具有明显的先进性。

桌面联试任务启动后，郑松辉安排杨宏牵头组织飞船总体有关同志进行了精心的研究策划，编写出了《桌面联试技术流程》，这是飞船系统第一份技术流程，也是开展桌面联试的路线图、作战图。

桌面联试设在五院 529 厂的 6 号厂房。那天，30 多张桌子拼成一个大工作台，13 个分系统的 600 余台电子设备依序摆在一起，300 余条电缆编成一组一组的电缆网，将各大部件导通，光电接连点就有 8 万余个，场面很是壮观。

桌面联试现场

面对如此复杂的大系统，各大责任单位、各分系统依次来接受大考，现场解决问题。

万事开头难，联试第一次通电时，"噗"，烧了一台设备，再通电，又烧了一台，一连烧坏了4台。当时"烧"的研制人员心里直发虚，不知道什么原因，联试走不下去了。

型号两总和技术人员凑到一块研究对策。一项一项排查后，终于发现烧坏设备的根源是加电瞬间，地面电源经电缆传输后产生的负脉冲在作怪。解决了电源问题，新问题又冒了出来，各分系统的设备第一次凑在一起，几乎每个系统连接时都遇到了麻烦，联试工作举步维艰。

迎着问题上，对着问题吹响攻坚冲锋号！研制团队同舟共济，全身心地扑在了系统联试上，有问题一起研究，有难点并肩攻克。经过200多个日日夜夜的苦战，就在联试工作快要结束的时候，联试指挥江泽刚却突发脑出血，病倒在他的指挥岗位上。

9个月的奋战，在全体参试人员的共同努力下，飞船最终实现了全系统联通，通过了模拟测试。

桌面联试的成功，不仅验证了飞船方案设计的正确性，也为飞船正样研制的顺利进行铺平了道路。

后来，飞船团队在总结这次工作时，大家都认为："通过桌面联试，锻炼了队伍，摸索了经验，找出了问题，确定了电性船的技术状态，为电性船综合测试积累了重要经验。"这短短的几句话，却不知凝聚了他们多少心血和汗水。

刚刚结束了桌面联试，还没有来得及喘一口气，初样电性船的研制工作又提上了研制团队的日程。

这是飞船队伍第一次将电子设备和结构、机构分系统组合为一个完整的飞船。从1997年下半年到1998年年底，电性船总体技术负责人杨宏牵头与团队一起协调、理顺了飞船总体电子设备和总装、结构间的关系，使得电性船成为首次实现了电子设备与结构、机构相容的整体。

1998年11月，以电性船为载体，研制团队首次成功地进行了整船级的EMC（电磁兼容性）试验，检验了飞船自身以及飞船系统与运载、发射场等其他系统间的电磁兼容性。在这次试验中，飞船队伍第一次拿到了飞船的电磁兼容数据，这为推动飞船正样研制工作打下坚实的基础。

电性船主要是用来验证设备、电路等，而对航天员来说，在太空中飞行的时间非常有限，大部分时间必须在地面训练，日常训练需要在地面建立飞船模拟器。这个模拟器要有真实座舱和人机界面，用数学仿真方法实时模拟飞船数据和指令响应，不仅能够模拟飞船正常工作模式，还可模拟故障及对策。

如果按常规仿真手段研制，不仅需要建立大量复杂的数学模型，而且还不能解决实时动态耦合模型的建模问题。神舟团队自主创新，设计了飞船仿真系统体系结构，创新地采用了数学模型建模和数据等效相结合方式构建飞船仿真系统，从而一举攻克了复杂系统的动态仿真难点，成功实现了动态仿真。经专家评价和航天员训练验证，该模拟器同真实飞船人机界面和数据仿真完全一致。

载人航天的第一要求是确保航天员的安全。万一火箭发生故障，飞船与火箭间的电连接方式直接影响航天员能否顺利逃生。根据任务要求，发射飞船的运载火箭一旦在发射段发生故障，飞船应与火箭协同完成航天员逃逸救生任务，这就需要飞船、火箭间指令和信号接口具有高可靠性，既不能产生误指令，又能在航天员需要逃逸时立即响应。

在飞船方案设计阶段，团队经过认真论证，合理选取技术指标，提出了飞船、火箭间电气接口和信息交换方案，并采用电气隔离、多重冗余、多次判别等措施，实现了安全、可靠的设计目标，首次实现飞船、火箭指令信息交换。

零高度逃逸飞行试验是模拟运载火箭在发射台上出现故障时的逃逸飞行试验。通过试验可以检验零高度状态逃逸系统飞行器的气动特性、逃逸救生系统的救生指标、逃逸飞行器迅速脱离危险区的能力、逃逸程序的合理性、栅格翼释放机构的工作能力，也能验证飞船、火箭间指令和信号接口可靠性。

神舟飞船零高度逃逸试验

1998年金秋时节，明艳的胡杨林将酒泉卫星发射中心装扮得分外妖娆，研制中的神舟飞船，火箭整流罩、逃逸塔也分别运往发射试验场。

到达阵地后，技术人员相继完成了火箭整流罩的对接调整、栅格翼的安装、逃逸塔的对接，以及相应的测试、检查等。

10月19日上午9点，随着震天动地的一声轰鸣，火箭逃逸飞行器腾空而起，尾部的低空逃逸发动机四个喷管与分离发动机的八个喷管在不同的部位喷射出耀眼而奇丽的火焰。飞行到1.9千米高空时，飞船返回舱与逃逸飞行器分离，降落伞开伞……人们的目光一直追随着那渐渐升高的火光，目睹了逃逸飞行器干净利落地完成了程序所规定的所有动作。试验获得了圆满成功，筑起了确保航天员安全的一道重要屏障。

航天员的"替身"

作为航天员驰骋天地的座舱，神舟飞船每一处细节的打造都包含着研制团队对航天员在轨安全和舒适度的关注。如舱内怎么设置布局最合理，各类仪器设备如何安装最为科学，如何才能让航天员更为顺畅、方便地在轨开展工作生活，等等，这些都是研制团队关心的要紧事。

而要做好上边这些工作，就离不开我们的航天员"替身"——飞船工程师。

从神舟四号开始，飞船的技术状态已与真正载人时的技术状态一致，在航天员正式开展产品测试前，航天员"替身"先要进舱进行验证和实际操作，检查仪表、按键的位置是否合适，手控功能是否完备等。同时，还要先学会有关知识，以便向航天员讲解，帮助他们尽快熟悉舱内的各种仪器设备、操作面板和各种按钮以及操纵动作要求。

当时担任飞船副总设计师的张柏楠回忆道："要设身处地考虑航天员在轨的实际操作情况，精雕细琢优化设计方案，所以我们从技术人员中挑选了何宇、朱光辰等与航天员身材相仿的同志来担任首批'航天员替身'。"

当"航天员替身"可是个苦差事。何宇还记得第一次进舱的时候，是跟在总装工人师傅的身后，小心翼翼一点一点"挪"进去的。飞船的"门"就像开在楼房上的一个天窗，挪进去后，从轨道舱到返回舱，差不多有一层楼高，"楼道"直上直下窄窄的，里面布满了仪器设备，还有许多电缆线。哪儿能踩，哪儿不能踩，下脚相当有讲究，而且手脚得协调，弄不好就会损舱、伤己。与此同时，每一步还得牢记心中，像躲地雷似的，不能踩到产品和设备。有一次，何宇进舱时，脚下没踩好，身体顷刻间向下滑落，幸亏手里抓着助力拉绳，才没撞着设备，他自己的手脚却被划伤了。

进到舱里测试，首先要忍受密封舱的环境，空气不流通、闷热、噪声干扰……虽"贵"为航天员替身，但他们可没有半点航天员的"待遇"。

如果是航天员进舱，他们会穿着可调控温湿度的航天服，不会感觉到很热，会带着通信头盔及抗噪耳塞，阻断噪声传入耳中。"替身"却什么装备也没有。平时进舱，他们是穿普通工作服，但在特定情况下，比如要体验一下航天员穿着航天服进舱操作时的感觉，他们也得穿上航天服进舱。这种压力服分两层，一层特殊布料，一层橡胶，正常使用时压力服内有通风管道，但不加压时就跟身上裹了一件厚雨衣似的。既然是测试，自然是不会加压，航天服不透气，一捂一身汗，冬天连毛衣秋裤都湿透，出舱时浑身冒蒸气，貌似刚洗了桑拿。

这种进舱测试，一次的时间少则两个小时，多则五个小时。连续在舱内待上三四个小时，会感觉特别累，脑袋嗡嗡响，好久都缓不过劲来。

在航天员进舱测试前，他们已经提前做了许多工作，进舱后把自己想象成一名真正的航天员，束缚带怎么紧才舒适方便？指令怎样发才更快捷灵活？要把一些问题提前想到位，反复调适到最佳状态才放心。

何宇他们还为航天员试过手持仪表板的安装位置是否合理、手持操作杆的使用体验是否舒适。被束缚在座椅上的航天员，需要发指令时，将手持仪表板抱在怀里操作。这个仪表板放在什么地方能让航天员需要时伸手就能够得着？一开始安装的地方还真让航天员够不着，但理想位置都已装好设备了，想调整很困难，只能再找位置。他们就装一次、试一次、调一次，终于为这个仪表板找到了合适的位置。手持操纵棒的长度是可以调节的，由复合材料制成，就放在航天员的座椅旁，最长可达到 80 厘米左右，它就像加长了的航天员的手臂，在航天员够不着某个按键时可以发挥作用。

航天员"替身"的作用，就如同飞船两总和设计师们的眼睛，发现哪里有问题、哪里不合适就提出来，为设计师据此改进提供参考依据。

从飞船轨道舱到返回舱，相应的位置都安有扶手、脚蹬子，便于航天员经过时使用。沿途还有几个脚限制器，就好比固定的舱壁上的"拖鞋"，供在太空中处于飘浮状态的航天员使用。在返回舱内，设计有一个金属材料的脚蹬子，原来跨度太大，穿着航天服的航天员腿打不了弯，一步跨不上去。飞船工程师进舱体验时发现了这个问题，提出了改进意见。神舟五号飞船上为此进行了调整，把脚蹬子改为两个，不用时还可以折叠起来，方便了航天员的进出。

飞船发射前的几个小时，还是这几位飞船工程师，将最后一次进舱，检查阀门、按键、照明灯、仪表显示等是不是都能正常工作，以及座椅上的束缚带是否已放到合适位置。一一查过后，他们将郑重地填写一张舱内状态确认单，只有状态确认后航天员方可进入飞船。

神舟四号的人船联合测试进行了四次。人船测试当天，何宇第一个陪航天员进舱，此次测试的内容较多，需要 5 个小时。因为舱内不能"方便"，也不能半途出来，他从起床后就没敢喝一滴水，当然更不敢吃一口东西。从发各种指令到走完一遍程序，整个过程必须专心致志。期间，航天员不清楚的地方，他得一一给航天员解答，航天员找不到某个按键了，他要帮助航天员熟悉位置。航天员可以坐在座椅上，而他没有座椅，累了就蹲一会儿，蹲累了就找个不怕挤压的地方虚靠一下，想舒坦地站起来是不可能的。当他下午两点从舱内钻出来时，整个人都快虚脱了。

神舟五号人船地联合测试

经过航天员与飞船的人、船联合测试和工效学评价试验考核，航天员已熟练掌握了动作要领，熟悉了舱内的仪表仪器，他们普遍对飞船的操作设计和工作环境反映良好。

神州第一伞

每当神舟飞船返回舱回归地面时，最引人注目的恐怕要数那顶五彩缤纷的特大型降落伞了，飘飘扬扬宛如飞天仙女的霓裳羽衣。

这顶大伞伞衣面积为 1200 平方米，若在地面平铺开来，大约可覆盖三个标准篮球场。如果将引导伞、减速伞和主伞全长拉直，其总长度已超出足球场的尺寸。

如此庞然大物，包装后的体积还不到 200 升，薄如蝉翼的伞衣展开后，大约要承受高达 100 千牛左右的气动力冲击，且要保证不受损坏。载人飞行的因素对产品的可靠性及开伞动载、稳定性、下降速度等性能指标提出了极为严苛的要求。由此可见，要研制这种大伞并非易事。

曾有人想走捷径，提议能否从国外引进有关降落伞方面的技术。经过试探，外方报出了1500万美元的天价技术转让费。除了价格高昂，引进的技术也不等于拿来就可以直接使用，仍然还需要做大量的试验验证工作，技术能不能行、可不可靠也都是未知数。

"自己的事情自己干，吃透技术才能托底"，本着最为稳妥、可靠的原则，飞船回收系统研制团队打消了技术引进的念头，开启了艰难的"平安伞"攻关之路。

五院研制队伍虽在返回式卫星回收方面积累了不少经验，但面对载人飞船回收着陆的高要求，仍深感技术储备不足和技术装备落后。当时的研制条件也无法满足1200平方米环帆伞的制作和包装要求。此外，用作着陆缓冲发动机点火控制的无线电高度表或噪声雷达，经几年预先研究未取得实用的成果；利用大气压力控制开伞高度，仅知其理论尚无实践经验；与卫星相比，飞船的多种状态回收要求和高可靠性、高安全性指标更是前所未见。

在诸多困难面前，回收着陆分系统主任设计师李惠康等老同志带领一批年轻人，开始向"特大型降落伞研制""着陆缓冲""开伞高度控制""多模式回收程序控制""非电传爆弹盖开伞"等新技术高地发起了冲击，并与空军第八研究所协同作战一举攻克了"飞机高空开后舱门投放全尺寸返回舱"的空投技术难关。

在方案论证、方案设计和关键技术攻关的3年艰难攀登过程中，他们克服了重重困难，使回收着陆分系统取得了从"蓝图"到"实物"的重大突破，又使年轻人在老同志的无私帮助下，在实践中得到了锤炼和成长。

回收着陆分系统是以开展各种地面试验和大量空投试验为特点进入初样阶段的。从四川绵阳的风洞试验、湖北襄樊的火箭橇试验到大漠深处的空投试验，不管是烈日炎炎还是寒风飕飕，在每项试验现场总能见到李惠康的身影。用他的话说，"作为主任设计师不到试验现场，怎能掌握第一手资料呢？"无论是小试验还是大试验，作为分系统主任设计师的李惠康十分清楚自己的职责，每一次试验都是对他的考验，越到后来压力越大，越接近实战状态，越是紧张，越要投入百倍的专注与努力。

为了向祖国和人民交上满意的答卷，回收研制团队众志成城，百折不挠。面对"拦路虎"，他们主攻"要害"，顾不上过年、放假，面对成千个零件细细梳理，他们一个一个清查、一点一点细察，不放过一丝一毫可疑的痕迹。分系统指挥葛玉君带领团队对产品的工作过程开展了故障模式和影响分析，做出了故障模式、影响及危害分析可靠性框图，以及故障树分析等。通过上述工作，明确了单点失效的技术环节，从而采取各种有效措施加以防范。这个过程也强化了设计人员对产品可靠性设计的理念。

神舟飞船降落伞

按可靠性设计准则，在降落伞系统设计过程中，尽可能采用成熟技术，如：主伞和减速伞的伞型、伞衣结构形式、缝合部的设计，以及开伞方式和开伞程序等，均沿用或移植成熟的技术。小引导伞就直接借用已定型型号的减速伞。

为了提高产品的可靠性，在降落伞关键部位都尽可能地采用了冗余设计。从总体方案来看，采用主、备降落伞装置。其他诸如各种吊带和收口绳切割器等，都采用了并联装置。

由于飞船返回段工作过程不可逆，任何一个零部件发生质量问题都会给飞船安全返回设置障碍，甚至造成灾难性后果。神舟团队把满足指标要求视为最低的要求，从蛛丝马迹的小细节上入手，审慎行事，杜绝小概率事件，力求尽善尽美。

为了对火工装置子系统进行彻底的复查，研制团队从档案室借来两摞半米多高的文件，用了两个月的时间，将火工装置子系统从模样、初样到正样的全过程进行了解，重新审视过去的设计，并通过数据对比进行各批次产品间的差异分析，思考在满足指标的基础上怎样才能达到最优设计。

功夫不负有心人，他们发现了很多细节上的不足，写出了几十页的复查报告，进一步提高了产品的成熟度。

降落伞产品作为神舟飞船回收着陆分系统关键产品，加工、包装、装配过程均为手工操作，操作过程复杂，关键控制环节多，半点都马虎不得。

拿包伞来说，包伞前，神舟团队对包伞大厅的照明设施、监控设施、包装台进行了改造，对包伞机、压力机等使用的工具一一进行性能确认，对包伞过程中使用的技术文件进行了全面的检查，对以前出现过的问题进行了细致的清理。

包伞准备会上，分系统专家强调一定要注意多余物的控制，为此每天开始包伞工作前，操作人员都必须经过严格的"搜身"，手机、手表、首饰全部上缴，才能通行上岗。

包伞时，每一道工序都由一岗操作、二岗互检、检验员检验，在关键工序，还增设了三岗复验。为了使包伞过程受控、可追溯，降落伞包伞大厅中有九个摄像头分别对准各关键部位进行监控，对部分工序和全部关键工序还同时进行照相，并在照片上加以文字说明，记录包伞的技术状态。全程无缝监控的做法得到了飞船两总的认可，被推广应用到别的型号、分系统质量过程控制上。

　　1200平方米的神舟飞船主伞是迄今为止国内最大的航天器降落伞，制作工序多达30多道，缝线总长10千米，需要十几个工人密切配合加工4个月才能完成，一针一线都苛求完美。但做完这些并不意味着降落伞就可以上天了，还必须通过严格的检验，才能拿到"上天"的通行证。然而，降落伞可不像其他部件一样可以用仪器检测，只能完全依靠人来检验。

　　多年下来，降落伞的检验团队练就了一副"火眼金睛"。

　　工序检验员深知自己手中那枚小小的检验章重于泰山，每完成一道工序，都要一一查看材料使用、线迹形式、线迹密度、缝纫质量是否满足要求，关键工序数据还要记录备查，发现的疑点更要记录在案，不让任何一个细小的隐患从眼皮下溜走。一旦发现问题，立刻与设计人员和审理人员沟通，及时研究处理方案。

检查验收降落伞

神舟五号和神舟六号降落伞的主岗检验是严格得让人有些"发怵"

的高大全，在他眼里，没有比产品质量更大的事了。为了一个数据、一条线迹，他拿着尺子、戴上花镜，一环一环地看，就连捆扎伞衣、伞绳所用线绳打结的方式和预留的长度这些细得不能再细的问题，也验得一丝不苟，目的就是确保万无一失。

这种严慎细实的工作作风让降落伞切实成为确保神舟飞船进入大气层后安全返回的"守护伞""平安伞"。

神舟五号和神舟六号载人飞船飞行圆满成功，航天员安全返回，我国掌握了返回再入升力控制技术、环境控制与生命保障技术、仪表与照明技术、手动运动控制技术、着陆缓冲技术、应急救生技术、回收着陆技术和多人多天空间飞行技术等载人航天基本技术，标志着我国成为世界上第三个独立掌握载人航天技术的国家，我国载人航天工程"三步走"发展战略第一步圆满收官。

第二节　迈出太空第一步

出舱一小步，创新一大步。2008 年 9 月 27 日，全世界的目光再一次被中国载人航天工程任务的新突破所吸引，16 时 35 分，中国航天员翟志刚开启轨道舱舱门，穿着我国研制的"飞天"舱外航天服实施出舱活动，中国航天员出舱首战即胜，赢得了广泛赞誉，这离不开神舟人脚踏实地、锐意进取、集智攻关的拼搏努力，更依靠的是神舟人通过突破并掌握飞船气闸舱、中继传输等核心关键技术，铸牢了太空出舱坚实的技术基础。

首创"一舱二用"

神舟七号飞船作为我国载人航天二期工程的首次飞行任务，将突破航天员出舱活动技术。

"出舱活动"，虽然仅有 4 个字，却意味着中国载人航天技术将又有一个极大的跨越，需要一系列的新技术支持。诸如增加气闸舱功能、舱外航天服支持、相关出舱程序设计、首次三人满载返回等。

"干一项工作立起一个标准，完成一项攻关任务打造一个精品。"神舟七号飞船总设计师张柏楠给研制队伍定下了规矩。

为了确保任务的完成，张柏楠带领团队细致梳理了技术需求、风险隐患与可靠性保障措施，主动出击、严上加严，本着"只要有利于航天员安全的就做，只要能提高任务稳妥、可靠性的就干"的理念，厘清、确定了200 多项的技术状态更改点，锁定目标、咬紧牙关，一个接着一个攻关。

"要首先拿下轨道舱研制这座最难的山头"，张柏楠主持制定和优化了飞船总体方案，制定出气闸舱、生活舱一体化设计方案，解决了同时满足出舱活动及在轨生活需求的关键问题。这就是说神舟六号上的轨道舱仅是太空生活舱，而到了神舟七号，轨道舱要一舱两用，使其成为生活舱和气闸舱的结合体。一舱两个名，支持航天员太空生活时叫轨道舱，支持航天员出舱行走时叫气闸舱。

好的方案要经得起千锤百炼、反复推敲，还要在实战中不断磨砺完善！

拿神舟七号的舱门研制来说，舱门在轨打开与关闭的时候处于真空环境，并且所处的温度在零下几十摄氏度到零上几十摄氏度之间。因此，要充分考虑和模拟在轨真空高低温环境下的开关门，并检测其密封性和开关力的变化，因为这将直接影响航天员的生命安全。为此，研制团队为保证舱门的密封性专门研制了舱门压点开关和舱门快速检漏仪。神七的舱门旁边分布着几个压点开关，可别小看了这几个小小的开关，它们关系着航天员的生命安全，围绕它们的研制颇费了一番周折。

由于所有的仪器设备都要在真空环境下工作，如何检验这些开关的可靠性就成了关键的大问题——所有的仪器设备都要在真空罐里模拟真空环境验证、检验，但人不能放到真空罐里做开关门的试验，怎么办？问题一个接着一个，研制队伍"兵来将挡，水来土掩"，针对这一情况专门研制了一套像机械臂一样的开关机构，人在真空罐外面控制"机械手臂"来完成航天员要做的解锁、开门、关门、锁门等一系列动作，完美地解决了这个问题。

怎样才能确定舱门关闭严密呢？舱门快速检漏仪应运而"制"。它像一个反应灵敏的"安全卫士"，通过内部的传感装置，感受压力和温度的变化，在短短几分钟之内就能判断出舱门是否关闭完好，并及时向航天员发送出"舱门关闭好了，可以脱下航天服"这样的确认信息。

有一次，在做可靠性试验时，现场人员发现舱门快检仪在低温失重情况下突然失效了!

研制队伍并没有乱了阵脚,大家分析认为此前在常温常压的情况下是可以正常工作的,那么这次失效很显然是由于环境因素改变引起的。按着这个思路,研制队伍刨根问底找根源,最终把问题锁定在了一个密封圈上。

这个密封圈用在舱门快检仪减压阀上,这种减压阀广泛应用于飞机上,也曾连续应用于神舟四号到六号飞船上,是比较成熟的产品。

但是,大家深知在飞船研制上,一切"惯性思维"都要不得——一个小小减压阀上的密封圈出了问题,就难以准确检测出舱门是否泄漏,这将直接影响到航天员出舱活动回来后轨道舱的复压,对航天员来说是致命的影响!

经过反复的观察和研究,研制队伍识别出,神舟六号任务时航天员始终处于舱内运动的状态,也就是说,始终处于常压的环境下,因此没有发生问题,而密封圈一旦到了低温下就出现了收缩!问题找到了,研制队伍重新调整了舱门快检仪减压阀的尺寸,对其结构也进行了微调,彻底解决了这个问题。

问题攻克后,还要进行大量的地面试验验证,张柏楠带领团队从系统功能、模式进行分析,确立了89项地面验证试验,其中的很多试验在国内都是首次。

"问题在一线发现、第一时间解决",飞船两总带领研制队伍扎在试验现场,经常工作到深夜,在出现问题时,大家一起讨论积极提出解决方案,保证了试验的顺利进行,达到了方案验证目的。

飞船的防火安全性是经过严格设计的,以往的设计针对的都是正常大气环境。在出舱活动过程中,一方面,舱内压力在降低,对防火安全是有利的;另一方面,舱外服进行大流量冲洗导致氧浓度升高,对防火安全是不利的。在这种新的环境条件下飞船是否仍然安全是必须回答的问题。由于整个航天领域当时都没有这样的专业，在这种情况下，张柏楠带领团队另辟蹊径，请来武警学院消防专业的专家做指导，专门组织了试验进行验证。

试验遇到的第一个问题是如何制造出所需的试验环境。以往的防火试验都是在正常大气环境下进行的，没有进行过低压环境下的试验；常规真空试验用的真空罐可以制造出低压环境，但不允许进行燃烧试验。经过大量调研，终于找到了一个进行火箭发动机真空试车的单位，具备试验条件。

第二个问题是如何点燃试样，由于试验是在低压环境下进行的，常规点火源本身的点燃都成了问题，更谈不上点燃试样。经与试验单位反复协调和摸底试验，终于找到了恰当的点火方式，能够满足试验要求。

第三个问题是试验的组织，试验规模虽不大，但参加单位有好几个，为此，张柏楠先组织大家一起制定了详细的试验大纲，明确了试验内容和各单位分工关系。试验现场在远郊区，试验进行了大约一个月时间，而且每天研制队伍都要往返几十千米。功夫不负有心人，经过反复试验终于得到了各种压力环境下的氧浓度安全曲线，为出舱活动过程中飞船的防火安全性设计提供了依据，有效地保障了航天员的安全和任务的完成。

"设计、试验、优化设计、再试验、再验证"是五院飞船系统研制团队对待每条攻关项的标准化流程，也是确保创新稳妥可靠的重要法宝。

有了这一法宝，很多问题得以解决。

为了解决生活和出舱空间需求问题，研制队伍拿出了灵活可变的布局设计，将返回舱和轨道舱里的500多套设备及大量的仪表、电缆进行科学安排，尽可能多地装在返回舱的三套座椅下面，为航天员活动腾出了空间，还避免了航天员无意中触碰设备，确保了运行安全；他们还设计出了适应舱外航天服机、电、气、热的控制接口，实现了对舱外航天服运输、在轨组装、测试、训练、出舱的支持。

惊心动魄的泄复压试验

气闸舱泄复压技术的工作原理类似于潜水艇的闸门装置，通过泄压和复压过程实现空间环境和飞船载人环境的过渡。可以说，气闸舱是航天员进行太空出舱活动的必经之路，气闸舱的泄复压技术是突破整个气闸舱研制的重中之重。

飞船研制团队虽在载人飞船密封舱环境控制系统研制和应用过程中积累了一定的泄复压设计技术和经验，但气闸舱的泄复压技术是进行整舱的泄复压控制，而且各项技术指标极为严苛，较飞船密封舱环境控制的要求要高得多。

技术指标严、研制难度大，主要还是因为需要确保航天员的安全，确保万无一失。拿泄复压的速率指标来说，在整个泄压出舱、复压回舱过程中，泄复压的速率既不能太快，要低于人体的生理承受能力；还不能太慢，要满足舱外航天服工作时间、地面测控区覆盖时间等限制因素，气闸舱泄压和复压时间分别不能超过 18 分钟，如何精准选取一个合理的速率指标让大家挠头不已。

"要想摸清出舱的技术细节、确保彻底托底，就一定要在地面充分测试，还必须是有人参与的真实模拟试验"，回想起当时的攻关场景，神舟七号副总设计师潘腾印象最深的就是泄复压试验。

神舟七号的泄复压试验可以用"惊心动魄"来形容，热真空试验是将产品放置在热真空模拟器中来验证产品在太空真空、冷黑环境中的性能试验，这次试验不同于以往，是首次有人在真空环境中的地面热真空试验，由航天试验人员身着航天服处于热真空模拟器中，真实模拟在轨飞行的工作状态。

"人要在真空环境试验"几个字重若千钧，沉甸甸地压在了五院研制队伍心中，大家深知有人参与的热真空试验的危险性和挑战性。

　　"一定不能在正式试验中出岔子、掉链子"，憋着一股劲儿，研制队伍首先从无人泄复压试验开始进行技术攻关，可试验中各类状况频发，犹如"兜头一盆凉水"让研制队伍的心都提了起来。

　　据试验现场技术指挥魏传锋、袁伟峰和许忠旭的介绍，先是在泄复压状态下出现了电弧放电的情况，俗称"低压打火"，这个危险性很高，尤其是在真空泵出口富氧情况下，很可能会引发火灾，危及试验员的生命安全。

　　到底是哪里出了问题？研制团队用起了"麻雀解剖法"，全面梳理了整个技术流程，逐一变换技术变量，不断缩小着对问题的"包围圈"。功夫不负有心人，终于找到了在某个压力状态下，真空放电的特定区间，识别出了关键技术细节，并形成了相关试验标准。

　　爬过一条沟又遇一道坎。在一次试验中，原本只需几十分钟的泄复压试验，足足花了八九个小时压力也没泄下去。轨道舱泄压时间大大超过了预计值！

　　这个问题立刻引起了各级领导专家的高度重视！

　　为了查找问题源头，飞船总体技术负责人贾世锦带领飞船有关技术人员集智攻关，抽丝剥茧找根源，先分析了各种可能性，再逐一评估、研究论证、排除，一点一点排查"病灶"。通过反复推演、测算，终于锁定到了"水"这个不起眼的小细节上——由于轨道舱在作为气闸舱的同时还作为生活舱使用，舱内人体代谢产生的水分、热控材料、航天员食品等在低压条件下挥发出的气体都会对泄压过程产生意想不到的影响。对此，魏传锋回忆道，原来水具有三个相点，泄复压过程中，当压力降到一定数值的时候，原先"隐藏"在设备、器材、物资中的水就会从液体或固体直接变为大量气体，因此对泄压产生了影响。

　　为验证这一分析，飞船总体进行了专项验证试验，将水、热控材料、罐头、袋装食品等分别放入真空罐进行抽真空试验，终于摸清了泄压过程的影响因素，并从产品防护、泄压目标值选择等方面提出了应对方案。为验证最终方案的正确性，利用真实轨道舱进行了模拟试验，并在舱内装入了水、食品、航天服面料等物品模拟有关生活物资，并用加湿器对舱内进行加湿模拟舱内空气湿度。经过试验验证，轨道舱泄压时间终于达到了预期值，试验获得了成功。

一个个疑点在试验中被挖出来，虽然都一一被解决掉，但这也让研制团队对即将到来的有人参与的正式泄复压试验更为紧张。

飞船系统总指挥尚志把研制人员组织到一起，给大家做思想动员："与时间赛跑，每多做一次试验就可能发现一个风险，消灭一个出舱安全隐患，在不断消除风险中提高飞船安全可靠度。"

正式试验的前100天里，五院研制队伍夜以继日，为了把有限的热真空模拟设备用到极致，采取三班倒，人歇设备不停，一拨同志在进行方案设计，一拨同志在按照方案准备设备、工装，还有一拨同志盯在试验现场。

一般的大型试验，从方案设计到实施，再到试验总结需要四到六周的时间，而在备战有人参与的泄复压试验的前100天里，五院研制队伍交出了26次专项和综合验证试验的超额答卷。

在这100天里，研制队伍不仅全面验证了各种工况下泄复压试验的试验机理，利用泄复压试验对气闸舱的泄复压功能进行验证，获取泄复压过程中气闸舱内的压力、温度、噪声等环境参数，充分验证了气闸舱中的传感器类产品、风机类产品、废物收集类产品、液体工质容器、贮箱类产品等支持设备历经泄复压后的工作性能。

试验还针对有人参与试验时可能会出现的航天服泄漏、泄压阀关闭故障、气闸舱失火、被试人员昏厥、被试人员失去心跳或呼吸困难等7种应急情况，有针对性地设计并反复验证了4种地面紧急复压模式下开展试验员紧急救生的工作流程。不同的紧急复压模式，意味着与正常泄复压模式迥然不同的泄复压速率指标，而这一切都需要综合复压系统来实现。

为了确保综合复压系统的可靠性、安全性，满足泄复压速率指标，研制人员投入了大量精力，对系统上百个设备、阀门、管路的选型和布局合理性、可靠性、安全性进行了反复的验证。根据两总"认真检查，确保万无一失"的要求，承担试验任务的团队对 KM6 水平舱真空抽气系统进行了针对性改装，更换了大量老旧管路，确保了系统具有安全可靠抽除水蒸气、富氧气体的能力。为了确保试验的顺利完成，团队还设计了上百份试验实施细则和各种故障应急操作预案，这些文件后来都成为十分宝贵的财富。

2007 月 6 月 26 日，我国第一次正式有人在真空环境中的泄复压试验在航天城 KM6 水平舱打响！

为了确保现场各项工作的稳妥可靠，五院研制团队拉出了实战的最强阵容，在测试厂房的二楼布下了临时指挥所，综合复压、真空、低温控制、消防、照明等各个分系统全线上阵，测控电脑、设备一字排开，每一个操作岗位上都有具体的一个岗位代码，方便快速通报信息、进行调度决策。袁伟峰回忆说："测试现场二楼那个有透明窗户的指挥控制间里阵容很强，各岗位人员都有一个具体的代码，我记得魏传锋是 71 号，我自己是 76 号，现场还坐了不少领导和专家，工程大总体的张建启副总指挥，航天科技集团的张庆伟总经理也都在。"

当天下午，随着现场指挥一声口令，两名测试人员身着白色航天服被吊入放置在真空模拟舱中的气闸舱中，试验正式开始。

"航天员生命体征正常。"

"泄复压工况运行正常。"

"遥测信号正常。"

"气闸舱设备运转正常。"

……

在一个小时的试验中，各类报"正常"的声音此起彼伏，但参试人员的心却始终提着，大家都紧紧地盯着电脑监测屏，生怕漏掉一个数据、一个口令。

"泄复压试验成功结束"，直到标志试验顺利完成的最后一条口令从指挥岗口中报出，大家才长舒了一口气。偌大的试验厂房响起了雷鸣般的掌声。

泄复压试验的成功意味着航天员出舱的最后一块拦路石被扫清了！

天地之间架桥梁

提到航天员出舱，就不得不提为出舱活动提供天地信号保障的天链一号中继卫星，它也被称为"卫星的卫星"，是连接神舟七号和地面的数据中转站，是建立天地信息桥的基石。

在天链中继卫星投入使用前，我国长期依托一系列陆基测控站和远望系列远洋测量船支撑卫星、飞船和探测器的发射测控与在轨通信任务，由于受地球曲率的影响，地面和海上测控对中低轨道航天器的轨道覆盖范围非常有限，载人飞船约 90 分钟绕地球一圈，多数时间无法和地面测控系统实时联系。2003 年，航天英雄杨利伟搭乘神舟五号飞船在轨飞行期间，数次与地面控制站进行天地通话。但这些通话都有着严格限制，必须在地面测控站收到飞船信号后，利用极短的时间窗口抓紧进行通信。其余时间，杨利伟只能默默等待下一个通信周期的到来。

2008 年，我国首颗数据中继卫星天链一号 01 星成功发射，这意味着我国的中低轨航天器开始拥有天上的数据"中转站"，而神舟七号飞船既是我国中继卫星的首个受益者，也承担了中继卫星首次在轨试验的重任。

为了把天地信息桥架稳架好，五院研制团队为神舟七号配置了中继卫星用户终端，可根据飞船和中继卫星位置信息、飞行器姿态信息实时计算天线指向角度，并驱动中继天线，捕获跟踪中继卫星建立与地面的前、反向链路，利用中继卫星系统提高神舟飞船的通信和测控覆盖率和实时性，实现遥控指令、常规遥测、话音数据、图像数据、星务管理数据等信息的高质量传输。

在轨测试的结果令人欣喜，天链一号卫星总指挥兼总设计师王家胜回忆道，通过神舟七号任务的实战检验，神舟飞船的在轨测控覆盖率从18%提高到50%，科研人员一个半小时内有将近50分钟可以观察到航天员的在轨情况。

中继卫星

天地信息桥虽然建好了，可要确保信息流在这条桥上畅通地运转起来，还有很多困难需要克服。

如何才能保证航天员在飞船舱外复杂的通信环境下能够完成与舱内航天员和地面支持人员的实时联系，如何才能将这个辉煌的时刻记录下来并传递给全世界，如何才能充分展示中国航天员在太空行走的壮丽景象？主任设计师何宇带领陈晓光等团队成员一道投入了新技术攻坚战中。

测控与通信分系统在出舱活动中承担着飞船跟踪测轨、遥测遥控、天地通信和图像话音传输等任务。在测控与通信分系统的试验过程中，通过飞船传输和下行的两套舱外服话音质量不理想，噪声、失真、啸叫等现象都凑全了，很难分辨出受试者说的是什么。出舱活动时，两名航天员以及地面控制中心的配合非常重要，而协调配合的关键在于话音的通畅，因此，这个问题必须尽快解决。

何宇组织技术人员积极与航天员训练中心沟通，统一思想，在繁忙的舱外服研制中抽出设备和人员配合查找问题。在此基础上完成了大量的图纸分析、接口复查和联合测试，终于发现了整个话音回路中增益过大、隔音度不够、音频变压器失音严重等问题。问题找到后，大家一起想办法完成了更改方案。后续的联试中，当清晰的话音从经过更改完善的话音通道传下来时，大家悬着的心终于放下来。

出舱时的实时通信是摆在测控与通信分系统面前的另一道难题。由于要克服多径效应对通信带来的影响，同时考虑到通信信号可能会被短时间内遮挡，航天员要在无线状态下进行出舱活动就必须采取与以往不同的新手段，才能保证航天员的数据通信和话音通信的顺利进行。为此，分系统经过调研、试验和仔细地研究比对，决定采用 CDMA 扩频通信方案，通过大量的试验和摸索，选择合适参数，最终获得了较好的通信环境。此外，研制团队采用了先进的图像压缩编码体制，同时将单路图像传输模式提升为双路图像传输模式，新增了舱外摄像机，大大提高了图像传送质量，保证了航天员舱外行走的画面清晰同步地传回了地面，让全世界人民都看到中国航天的这一壮举。

然而，大家面对的困难却远远不止这些。

相比于飞船其他分系统来说，测控与通信分系统的接口特别多，与外系统的接口也特别多，因此，分系统对外的大型试验也特别多。当时分系统共有 68 个装船设备，其中新增和改进的图像子系统、出舱通信子系统等设备就有十几个，分系统要完成这些设备和系统的方案设计、技术流程设计，还要负责分解到每一个技术要求的提出和把关、技术状态控制、转阶段验收和整船的测试等，而分系统的骨干也就五个人，其工作难度和工作强度可想而知。

测控与通信分系统一项很重要的任务就是整船的测试，60 多个设备装上船以后要进行轮番的测试试验，以确保设备的完好和顺利应用，花费时间比较长，又不能放过任何的疑点和隐患。

2008 年 3 月底，测控与通信分系统设计团队在陈晓光副主任设计师的带领下，到江阴市远望号测量船上进行飞船天地对接试验。这次试验要连续完成对 4 条测量船的对接，他们却只有一队人，预计从早上 8 点一直要测试到晚上 10 点。时间紧，任务重，工作量大。然而，越是进度紧张怕出问题，越是出现问题。测试过程中，远望船上忽然发现飞船数据异常情况，大家一阵紧张。经过检查，基本锁定是一台地面辅助设备出了问题，这对短时间内完成测试任务提出了挑战。测试队员们远在外地，要设备没设备，要工具没工具，完全凭借经验和对设备的熟悉程度，利用现场的有限条件进行排查，最终找到了问题的症结所在，并顺利地解决了问题，保证了飞船试验的顺利进行。当他们放下手上的工作准备稍作休息的时候，大家发现海天连接处已露出鱼肚白，新的工作日开始了。

问题一个一个被解决，难关一个一个被攻破，他们付出了辛劳和智慧，他们收获了成功和喜悦。当中国航天员在舱外行走的风采被清晰地呈现在世人面前的时候，他们笑了，那些压在他们心底不为人知的辛苦、委屈也一去不返了。

把问题解决在地面

关注和留意神舟飞船发射任务的人会发现，神舟七号与神舟六号相比，从外形看，轨道舱的帆板没有了，之前的飞船发射升空后，轨道舱要停留在天上工作一段时间，这次由于有航天员要出舱活动，所以把留轨这项任务取消了。除了帆板取消外，因航天员要从轨道舱出去到太空，轨道舱增加气闸舱功能，要把两套一百多千克的出舱航天服装到轨道舱里去，需要增加舱外服支持设备和出舱活动辅助设施。返回舱内比之前要增加一个航天员座椅，也相应要增加一个人的配置，在舱内比较拥挤的环境下，把座椅等新增产品再装上去，难度是比较大的。这些变化给总体布局和实施带来种种难题。

"要解决的问题层出不穷"，飞船副总设计师，负责神舟七号总体、总装、大型试验等方面技术工作的白明生深感要保证航天员太空行走之路的顺畅，责任重大，挑战巨大。

对于神舟七号任务，人们无一例外地会将目光投向航天员出舱活动，确保人的安全是首要任务，其中试验验证尤为重要。

2006 年 5 月，在青岛进行的中性浮力水槽试验，就是在巨大的水池中放入轨道舱，通过浮力把水下航天服的质量平衡，模拟出一个失重环境，进行航天员出舱程序和工效学验证。航天员怎么走，路线如何，怎么出舱门，舱内布局和出舱辅助设施是否合理都需要验证。

在预试验过程中，发现在轨道舱出舱活动辅助设施方面存在一些不足之处，如部分设备布局不合理、手脚限位器材质偏软、助力扶手数量偏少等。这些问题不解决将对试验的有效性产生不利的影响，但是要在正式试验前解决这些问题存在诸多困难。因为试验时轨道舱已放置在水下，在水下进行更改难以实施，必须把轨道舱从水中吊出。但是由于室内吊车载重有限，虽然在试验用的轨道舱舱壁上开了一些出水孔，但在轨道舱吊出过程中舱内必然还会有部分水留存，这将给起吊带来风险。

根据上述状况，研制队伍制定了详细的方案。按照这个方案，轨道舱出水前需把池水放干。这样一来，浪费暂且不说，单是放水、再注水就得需要几天的时间，原定的试验计划就得推迟，而试验场地已在后续安排了其他的试验项目，场地方面又不允许推迟。这一系列实际困难让飞船系统试验负责人白明生和团队陷入左右两难的境地：一方面，为了达到预定的试验目的必须对轨道舱实施更改，另一方面也要保证试验计划和试验安全。

如何做呢？白明生和大家一起苦苦思考着。多年来形成的勤于思考、善于解决问题的特点，此刻再次使他迸发出了灵感。他立刻组织试验队和试验实施单位，认真查对了吊车的相关数据，分析了在不放水的前提下吊出轨道舱过程中每一个环节可能出现的风险，制定了详细的吊装程序和故障预案，经过精心准备，做到了胸有成竹，最终轨道舱成功安全吊出。

刚刚解决了一个难题还未及松口气，另一个难题又摆在了面前：更改方案所需的材料在当地找不到。当时正值五一放假期间，为了保证材料按时到位，白明生他们决定采取两条腿走路的策略，先紧急与北京联系反馈情况、请求帮助，同时就近和烟台的五院513所联系协调，连夜找人、找材料，第二天所需材料就被送到了青岛，保证了试验任务圆满完成，也保证了进度。

此次大型试验基本确定了出舱程序，并对设计上不完善的地方提出了改进，最终落实到正样飞船上。

研制试验过程中遇到磕磕绊绊的事时常会发生，此时需要的是站在总体的角度通盘考虑，要在保质量、保进度的前提下解决问题，绝不能只顾一点而不顾全局。在神舟七号飞船整船真空热试验中，技术人员发现装在轨道舱、返回舱和推进舱的三台热试验专用测温单元都出现了数据紊乱的现象。研制人员马上对测温单元进行了检查和分析，认为需要彻底"归零"，从根子上消除隐患。难题又摆在眼前，试验迫在眉睫，彻底归零需要相当长的一段时间，就这么等下去吗？

别人可以等，但身为试验负责人的白明生却在等待中动起了心思。他发现出问题的设备是新厂家，也是新设计，于是想到：是否可以用神舟六号的设备替代呢？想到就做，他立即组织相关人员，找到神舟六号的产品，复查了产品的技术状态。经过认真的测试和检查，确认神舟六号的测温单元满足试验要求，产品装船检测正常，试验得以顺利完成，保证了进度。试验结束后，他又继续组织完成了故障测温单元的归零工作，为后续型号大型试验奠定了基础。

"地面测试验证多一点，上天的风险隐患就会少一点"，神舟飞船研制队伍总是不停地挖风险、做试验、搞电测、查问题，对他们来说，只要不到发射的那一刻，就要在地面上把技术做得扎实再扎实一些。

神舟七号飞船测试

神舟七号飞船设备多达几百台，技术状态变化大，这需要对整船的技术状态进行严格的控制，才能保证飞船研制的顺利进行。于潇是总体技术状态控制负责人，作为第一次参与整船研制工作的他承担起这项既重要又烦琐的工作。为了控制好状态，他总是深入现场，向总装工艺师傅们了解实际情况，并将最新的结果记录下来，以便随时掌握最新状态。另外，他还负责神舟七号正常飞行程序的设计。他多次向老同志请教，并反反复复复核程序，保证设计的正确性。整船模拟飞行结果出来后，他第一个关心测试结果，当结果显示程序完全正确时，他和大伙一起开心地笑了。

　　应急救生分系统是一个总体性质的分系统，当时由马晓兵担任应急救生分系统副主任设计师。他除了负责把关分系统产品研制质量，还负责系统总体故障模式与对策的设计工作。由于神舟七号新增出舱任务，马晓兵新设计了与出舱活动有关的 30 种故障模式与对策，还设计了 4 种应急处置程序，并一一进行验证。在面临航天员出舱及轨道舱泄复压可能对飞船飞行产生干扰的情况时，他又进行了大量的分析计算，沉下心来刻苦研究，确立了干扰源及干扰量级，并与 GNC 分系统设计人员进行了大量的仿真工作，以保证飞船控制的正确。

　　神舟七号飞船临近出厂的日子快到了，所有出厂前的研制工作都已完成，但参与研制的队伍并没有丝毫的放松，每个人都在反复思考还有没有什么没想到的问题。在飞船两总的倡导下，负责飞行程序设计、故障对策设计、总体布局设计、飞船测试的同志和 3 名作为"模拟航天员"的飞船工程师围坐在一张大会议桌前，将各种技术文件和图纸摊开，像军事演习一样一起进行了一次飞行程序"沙盘推演"，各方面人员分别从不同角度通过"推演"寻找在设计中是否还有不协调或没有落实到位的问题，直到大家都放心为止。

　　在神舟七号研制队伍里，除了经验丰富、充满激情的中青年同志，还有那些已经退出一线岗位的老专家们——张建、李雨庆、徐焕彦、孙悦年等。他们为中国的航天事业奉献了自己毕生的心血，他们为航天事业的每一步发展都做出了应有的贡献，他们用无悔的岁月书写了"用卓越铸就辉煌，用成功报效祖国"的豪言壮志。这些老专家们虽然退出了一线的岗位，却无时无刻不在发挥着光和热，他们渊博的学识、求实的工作作风、严谨的治学态度、为人师表的高尚品格在整个团队里传承。

　　用自主创新的甘露培育成功了科技进步的果实。神舟七号载人航天飞行首次完成了航天员出舱活动、数据中继传输等一系列重大科学试验，标志着我国空间技术发展实现了具有里程碑意义的重大跨越，使我国成为世界上第三个独立掌握空间出舱活动关键技术的国家。

第三节 万里穿针一线牵

空间交会对接技术与载人航天器天地往返技术、空间出舱技术一起并列为载人航天的三大基本技术,掌握空间交会对接技术是建设空间站的先决条件,也是确保空间站建设和正常运行的重要基础,至今世界上只有少数几个国家掌握,是业内公认的发展载人航天的技术瓶颈。神舟团队以更加昂扬的斗志继续向着更高的科技高峰奋勇攀行,用持续不断的创新实现了神舟八号、神舟九号、神舟十号与天宫一号交会对接的连续成功,承载航天员的飞船返回舱均成功安全着陆,中国载人航天工程"第二步"取得阶段性重大胜利,中国人离实现在浩瀚宇宙中"筑家"的梦想越来越近。

造一个目标飞行器

交会对接好比"太空穿针",两个航天器在太空中的飞行速度非常快,如果控制不准,就会发生航天器相撞的事故。

难上加难的是,与国外试验空间交会对接技术时所采取的飞船和飞船对接不同,为了又好又快地攻克载人航天三大基础性技术中的最后一项——空间交会对接技术,神舟团队不走寻常路,在国际宇航领域独创性地提出了"N + 1"交会对接模式。

意思是,如果要进行 N 次交会对接,就发射 N + 1 个航天器,让一个目标飞行器支持多次交会对接,相比国外模式,中国方案可以减少发射次数,大大降低成本。

这就在技术上提出了新的挑战。天宫一号目标飞行器与飞船相比，要具备在轨道上比较长时间飞行的能力。对接完成后还将为航天员在轨进行工作、训练、生活提供支撑，为将来空间站的建设运营打下基础。

创新，就意味着选择了一条从未有人走过的路，没有经验可以参考，一切都要靠自己。

天宫一号目标飞行器总设计师张柏楠回忆道："天宫一号突破了很多关键技术，也验证了很多创新尝试，这些都足以让它在历史长卷中留下浓墨重彩的一笔。"

在交会对接任务中，天宫一号扮演着一个引导者和指挥管理者的角色，始终掌控着工作进度和进展，张柏楠形象地将它比作交会对接的"班组长"。

当神舟飞船进入预定轨道，并开始搜寻和探索天宫一号的倩影之时，天宫一号就会相应地向对方提供引导信号，告诉对方"我在这里"，并始终给追踪飞行器提供引导信息。

交会对接过程，分为远距离导引段、自主控制段和对接段三个阶段。安装在神舟飞船和天宫一号目标飞行器上的各类敏感器、传感器是飞船、飞行器的"眼睛"和"耳朵"，能让它们在茫茫宇宙中找到对方。微波雷达承担着船、器远距离导引段的测控任务，等到船、器之间的距离到达20千米之内时，激光雷达就可以作为一种辅助手段，对二者之间的距离进行更为精确的测量。进入150米近距离自主控制阶段，CCD相机取代微波雷达、激光雷达接过了测量的"接力棒"，与之相备份的是人工手动控制。

除了测量设备外，飞船的控制系统也进行了更为科学的改进。不同于以往地面发指令，飞船照着做，进行姿态调整的传统方式，神舟八号、神舟九号、神舟十号飞船的在轨控制更为智能，它可以通过所携带的敏感器获取与目标飞行器之间的相对距离、相对速度、相对角度等数据，来计算出相对变轨的脉冲，再依据分析出的脉冲大小、方向进行自主变轨，正是凭着这种"技高人胆大"的自信，它甚至能根据船、器之间的距离远近，来调整计算的精确度，距离越近，精度越高。而传统的地面控制只是作为自主导引的备份，充当起监视和保护的"配角"。

执行交会对接的新一代神舟飞船的执行机构更为灵活、机动。为了保证对接的严丝合缝，飞船不仅要控制好自己的位置速度，还要把与目标飞行器之间的相对位置、相对速度、相对姿态角速度调整到最佳，所以新一代神舟飞船在原有姿控发动机的基础上，还在正反双方向安装了平移发动机和反推发动机，作为实现多角度、全方位自由控制的备份动力源，以实现飞船能进行各姿态、各角度的灵活多变。

当神舟飞船与天宫一号对接完成后，两个独立飞行器也就组合成为一个飞行器，相应的姿态控制，热度、温度、湿度和环境控制，信息处理等都要集中到一起，由这个组合体统一调度。此时，神舟飞船就将"大权"上交，安心地停靠在天宫一号身边，按照其指令和控制来飞行。

这时，天宫一号就义不容辞地承担起了"班组长"的职责，不仅要控制好自己，还要照顾并控制好神舟飞船的状态，也就是突破组合体控制技术。

当时主持天宫一号研制关键技术攻关的杨宏经常挂在嘴边的一句话是："不能只是造一艘船，而是要想着造一对。"天宫一号的特殊使命还衍生出了"空间段"这一全新的概念，也"逼"着神舟团队在设计、研制方法理念方面进行创新。

从天宫一号开始，目标飞行器、飞船已经不是各自为战，而是要相互配合，大到系统规划、发射窗口、飞行轨道的设计，小到传感器、敏感器等载荷产品的研制，研制团队要全面考虑神舟八号、神舟九号、神舟十号飞船与天宫一号目标飞行器之间的匹配性。

拿交会对接这个过程来说，当神舟飞船距离天宫一号很近的时候，神舟飞船就会通过其携带着的主动测量设备、通信设备与天宫一号目标飞行器携带着的相应的"配对设备"建立起相互联系。

具体来说，就是神舟飞船带着微波雷达，天宫一号有应答机来配合；神舟飞船有激光雷达，天宫一号装有反射器来接收信号；神舟飞船有CCD相机，天宫一号就安装着标志灯来做靶标。

"各分系统在研制时，不能像以前一样，各系统之间的界面分得很清楚，只需按照接口环节所提出的要求，对照着指标设计就行，而是要在每一个环节中都考虑到船、器之间的匹配性。就好比神舟飞船和天宫一号各是一个大房子，两个组合起来就是一套两居室，而在设计之初，就要全面考虑，不能只单独考虑一个屋子的设计。传统的各自为战的工作模式已无法应对'空间段'这一概念所带来的挑战。"

"用'协同攻关'新模式应对'空间段'新挑战，创新是必须的，而且要求真务实、与时俱进的创新。"神舟团队从来不惧挑战，用持续不断的创新解决遇到的一个个难题。

在任务中，张柏楠时常嘱咐研制团队要有"大系统"思维，这也成为神舟八号、神舟九号、神舟十号和天宫一号研制团队的一种"硬性习惯"。

用设计师自己的话来说就是"以前只需要想到1就可以了，现在要求我们站在更高的地方，要想到2、3，要全盘考虑、不留死角"。"协同设计"的工作模式也成为神舟团队的新常态。

在研制过程中，交流、研讨对设计师来讲就是家常便饭，在航天五院交会对接楼的走廊里，用玻璃门围成的、几平米见方的简易会议室，一张圆桌、几把卡座组成的座谈区随处可见。

白天，神舟飞船、天宫一号目标飞行器的设计师们把精力最充沛的阶段用在问题的研讨上，围坐在一起，反复推敲着飞行方案中的每一个细节，互相争论着各种解决措施孰优孰劣。

到晚上时，大家再抓紧时间编写报告，处理日常的工作，这白与黑的颠倒中，开会、研讨成为设计师每天工作的主业。遇到关键问题时，还会组织"集同工作"，大家吃住在一起，抛开其他干扰，全身心地对某一项问题展开攻关，往往是连续十来天都不能回家。

为了确保整个交会对接过程的"无懈可击"，两总带领团队在本已完美的飞行实施主方案的基础上，又设置了多套备份，为任务的成功加上了"多保险"。

天宫一号里有500余台大小设备，它们对于"天宫"的在轨运行和正常工作无疑都十分关键。对此，神舟团队经过大量试验，在参考同类设备实际飞行结果数据的基础上，针对各种可能出现的故障提前制定了几百种预案，从系统、到分系统、到单机，各级、各层面上都做了备份，保证天宫一号各部件的正常运转。无人期间设备自动控制，有人时还可以让航天员参与进行人工控制。

在一些关键设备的控制上，都采取了"双保险"的设计。拿CCD相机来说，实际上共有主、备两套，每套CCD又分远场、近场两台，不仅这两套CCD可以互为备份，远场、近场两台CCD也可以互为备份。

"空间段"的新概念也对神舟八号飞船、天宫一号目标飞行器上敏感器的研制提出新难题。研制过程中，既要考虑到产品之间的匹配性，还要避免、降低不相关产品之间的干扰性。对此，研制队伍对待每个产品的每个细节都要做到全力以赴。

在研制神舟八号所携带的CCD敏感器时，研制团队研究发现，其性能不仅要考虑到与其配对的标志灯的性能，还要避免包覆在标志灯上的热控层的光干扰，这一细节如果处理不好，会直接影响到交会对接时敏感器的测量精度，甚至会造成神舟八号飞船"找不到"天宫一号目标飞行器。对此，研制队伍进行了大量的匹配性试验，在半年多的时间里，尝试了十多种改进方案，最后，选定了把天宫一号目标飞行器的前锥端的热控层"染成"全黑色这一创新方案。

在神舟八号飞船、天宫一号目标飞行器上，需要像这样互相"斤斤计较"、环环相扣的器件很多，仅产品级的器件就多达数十项，都需要研制队伍用百倍的细心，高超的智慧——为它们配对。

此外，还要时刻对太空中随时可能遇到的危险保持高度警惕。针对长期在轨飞行过程中，太空中的微流星，以及卫星和火箭产生的空间碎片可能会对航天器碰撞所造成的损坏风险，神舟团队专门制定了应对措施，在天宫一号的舱体上设计了特殊的防护装置。较小的太空垃圾几乎不会对天宫一号造成多大影响，遇到体积较大的太空垃圾时，天宫一号会提前启动预警机制，通过紧急制动、调姿等方式躲开危险物以保证自身安全。

科技创新不是轻轻松松、敲锣打鼓就能实现的，关键技术的突破也非一朝一夕。为了彻底吃透交会对接的各项技术，神舟团队"分秒必争"和时间赛跑。

在进度管理中，他们想尽一切办法，省时间、挤时间，以便抽出更多的时间多研究几个问题、把技术吃得再透彻点，多测试几轮，确保不留下任何隐患。

正如一名参试队员所回忆的，"我们这么干，就是为了时刻提醒自己，要抓住一切能够利用的时间，把各环节做到最好！确保一次成功！"

升级飞船为对接

从神舟八号开始，神舟飞船增添配备了对接机构、交会对接敏感器和控制装置，以及用于平移运动的发动机等设备，并进行了继承功能产品的优化和换代研制，拟通过神舟八号、神舟九号、神舟十号以及天宫一号飞行任务的实施，进行充分验证。

"可以说神舟飞船升级换代了，研制神舟'二代'，对我们队伍来说，是站在前辈肩膀上的一次跨越不小的挑战"，时任神舟八号副总设计师李卫对研制神舟八号那段艰辛且充实的"磨砺"记忆深刻。

神舟八号初样阶段前期进行设计复核时，系统总体遇到了一个棘手的问题：飞行过程交会对接阶段，系统的电能量平衡没有裕度。神舟八号方案设计之初为减重而设计了太阳翼配置，是增大太阳翼面积，且重新安排投产？还是增加电池作为备用，不伤大"雅"？另外，对于再次浮出的系统超重问题该如何处置，怎么满足运载对起飞质量的约束？

能源，是保障航天器可靠安全飞行的重中之重。新增设备的能耗是否还会有突破？未来在轨长期停靠，电池储存寿命会不会面临问题？……对此，李卫主张"增大太阳翼面积，一劳永逸"。

系统总体做出了"增大太阳翼面积"的决策。大约半个月的时间，总体和电源分系统便拿出了总体方案和分系统设计方案，并完成了能量平衡和系统总重再复核。

电能充裕了，但系统再次超重两位数，比之前的超重数据有过之而无不及！电缆优化、单机设备再减重，还有多少"油水"可榨？当前的绝大部分数据可都是与正样产品偏差不大的实测数据！

怎么办？技术进步以及先进技术产品的运用，或许才是解决问题的唯一途径。有哪些是技术长足进步的领域？有没有可以再被改进的设备？研制队伍系统梳理后发现：人控以及仪表系统仍有不小潜力可挖。随之就提出了"将返回舱人控用潜望镜光学设备由摄像设备替代；利用二代仪表系统配置多功能显示器且备有视频通道的设计，实现人控'潜望观测'功能，进而达成减重目标"的思路。

方案设计完成后的再复核结果显示，减重目标得以顺利实现。其显著"减肥"效果不仅因为用小巧的摄像机替代了体积大、质量重的原光学系统，更因为省去了返回舱内老式潜望镜的配重。

神舟飞船的升级换代是全方位的，体现在内部布局、产品设备乃至研制生产工艺等方方面面上。

　　神舟八号飞船和神舟七号飞船相比，不仅质量增加了200多千克，所携带的产品数量也比神舟七号多了不少，除了新增对接机构及交会对接任务所需要的CCD相机、可视相机、激光雷达、微波雷达等设备外，还携带了支持航天员在太空生活60人天所需的食物、水、工作服等物品。可神舟八号飞船的轨道舱较之以往却没有太大的增加，这就对神舟八号飞船的布局设计、总装设计提出了新的挑战。

　　如何在有限的空间内安装更多的设备呢？为了拿出最佳的总装方案，朱光辰和同事们扎根在单位，几十天不着家，带领总装人员，反复计算设备安装余量，通过电脑模拟的方法不断改进着总装方案，再用实物比对来修正方案。功夫不负有心人，经过大小数十次的不断优化，朱光辰他们找到了设备安装的最优组合，并把原来的2层仪器安装面增加到了3层，这一巧妙的改进有效解决了新增设备安装难的问题。

　　团队还用内装饰材料把人工操作的仪表、显示器及一些设备包了起来，用不同的颜色对飞船内部空间进行了划分，并在警示区粘贴了警示标识。航天员只需按照指示拉开相应的挡板，就能进行操作了，整个神舟八号轨道舱变得更为整洁。

　　研制团队在研究以前航天器在轨测试数据时，认识到航天器上天后所处的真空环境会对密封的轨道舱产生压力，而这会使轨道舱发生形变，而这一天、地环境差异就会造成设备在地面的测量数据和在轨工作时的微小差异。为了提高测量精度，总装团队在设备总装这一步骤上动起了脑筋，能不能模拟在轨环境进行总装？这一新的想法慢慢在他们脑海中成形。可是这样一变，也就给飞船总装带来其他一些新挑战。大家反复权衡着总装方法变动所引发的问题，一遍遍试、一次次改，对总装流程进行了多轮的调整、优化，最终明确了新的装配流程。

　　"新的工作流程确实更复杂了，但也更为精准科学了。"升级飞船后，每次安装、测量设备前，总装团队都要把飞船垂直停，以减少重力对结构的形变影响，用特制的密封堵盖把轨道舱口封闭后，再严格对舱体进行充气，等舱体压力值与在轨飞行的压力环境一致时，才能进行测试。这样一来，之前几个小时就能完成的工作，现在要花 3 天时间，整个总装周期都延长了。面临紧张的节点压力，总装团队没有怨言，他们用超常规的工作默默付出着，"不经砺炼，何来跨越"已深深烙印在大家的心里。

六类试验托底交会对接

神舟一号到神舟七号任务的顺利推进都是建立在充分的地面试验的基础上，而交会对接任务的特性，使得很多技术很难在地面上充分验证。

天宫一号目标飞行器、神舟八号飞船总指挥尚志回忆当时研制攻关时，深有感触，"举例来说，天宫一号上有一项激光雷达威力测试，但是受重力和大气等众多因素的影响，太空上的 20 千米和地面上的 20 千米不是一个概念。所以这就对我们试验验证提出了更高的要求，不仅要验证世界级的关键技术，还要采取新的方法，验证两个航天器的交会对接。"

"全面试验，科学验证，一个疑点都不放过"，尚志带领交会对接团队迎难而上。

天宫一号、神舟八号的试验验证与神舟七号相比，"有过之而无不及"，专门列出了一个共计 117 项的待验证清单，分交会对接专项、互换性、可靠性安全性、寿命试验、拉偏试验和其他专项六个类别进行了"地毯式"的梳理，确保试验验证能覆盖到飞船的每一个疑点。

对于交会对接方案的验证是此次试验验证的重中之重。神舟八号飞船副总师王翔带领研制团队对照交会对接过程中远距离导引段、自主控制段和对接段三个阶段，想尽办法，克服天地差异对试验带来的挑战，把各类敏感器装在了改装后的两架"运八"飞机上，来模拟太空中的神舟飞船、天宫一号飞行器，进行联合校飞试验来验证中远距离导引段的方案。在天津通过车辆的模拟演示，来进行中近距离的试验。通过高精度的九自由度平台来验证对接段的方案。这三个验证阶段彼此间还有交叉的部分，这样就确保了对整个交会对接飞行过程验证的全覆盖。

两个飞行器交会对接

在做到对过程全覆盖的基础上，团队还通过计算机仿真、半物理仿真、全物理仿真相结合的方式，实现对各种工作情况验证的全覆盖。拿"运八"飞机进行联合校飞试验来说，需先进行计算机仿真，得出试验会出现什么结果这样一个模型，再通过十多架次实际飞行，得出典型工况、极端工况下敏感器的工作数据，以此来检验、修正模型的误差，继而再得出新的模型，再通过实际飞行来验证。这样反复的过程中，就能实现对各种工况的全面演绎、验证了。

互换性试验是为交会对接"量身定制"的一种试验类型。按照飞行流程，神舟八号和后续的两艘神舟飞船要相继和天宫一号目标飞行器完成对接，可是天宫一号飞行器的研制进度要快于神舟九号、神舟十号，等神舟九号、神舟十号整装完毕时，天宫一号早已畅游在太空了，对此，团队专门设置了互换性试验，在天宫一号发射前，就先把计划安装在神舟九号、神舟十号上的十多套产品与之进行验证，以确保配对的敏感器上天之后能"友好相处"。

光照、重力、辐射等天地差异性等给交会对接中技术、方案的验证带来了很大麻烦，用现有的技术无法在地面复现太空中的一些场景。面对这一挑战，研制人员用科学的精神，理性对待，抓住问题本质，优化试验方案，在不降低试验标准的基础上，调整试验方式，化一个个不可能为可能。

神舟八号飞船和天宫一号目标飞行器在交会阶段的速度达到每秒数千米，这样的高速根本无法在地面进行模拟，针对这一问题，研制团队经过研究发现，可以略去绝对速度这一值，通过模拟二者之间的相对速度来简化试验方案。此外，二者在太空的位置关系是呈三维变化的，这点在地面用传统的方法也不好实现，研究人员通过大量的计算，得出其中的两个轴向相比是对调的，并根据这一理论简化了数学模型，使得地面验证成为可能。

在地面，要验证数吨重的两个对接机构，多角度、方向的交会到对接的过程，对技术要求、试验精度的要求非常高。团队经过仔细分析发现，在神舟八号飞船和天宫一号目标飞行器即将对接的一刹那，飞船处于停控状态，这就给对接机构创造了一个输入条件，从技术角度来说，可以以这个瞬间为界线，把整个"一气呵成"的交会对接进行解耦，也就是分成两个独立的阶段去看待，这极大降低了对交会对接流程的验证难度。此外，试验队还针对解耦这一瞬间，设置了很多极端工况的验证，以确保解耦验证的科学性。

"扎实有效，试验就要验到'点'上。"为确保试验验证的扎实有效，不走过场，研制团队对整个试验流程、标准进行了统一。每次进行试验前，都要进行大量的准备工作，先要设计出完整的试验大纲，细化清楚要做哪些工况，每个工况要达到什么目的，要验证哪些指标，为了实现这个目标要配哪些产品，这些产品是什么状态，对相应的地面设备和船、器来讲有哪些具体要求等每个细节。试验完成之后，要按照相应的流程，仔细判读每组数据，并把实际的数据曲线和仿真曲线进行比对。

"试验中最重要的一条就是判读的有效性，我们最终目的是要确保真实试验数据和仿真值严丝合缝，不达这个目的誓不罢休，所以在比对时，要一个尖峰、低谷地逐一查找，分析其中的微小差异所包含的信息，如果是干扰的话，得有确切的证据证明是干扰，每一个细节都要解释清楚。"

正是抱着这种负责任的态度，交会对接的百余次试验实则是研制团队吃透技术的练兵场，通过设置关卡，来发现问题、分析问题，解决问题。

"尽管我们采取了很多的方法进行可靠性验证，但是交会对接对我们来说毕竟是首次，系统复杂，技术难度很大，任务风险大，没有成熟的经验可以借鉴，同时，好多技术细节在地面是没法完全试验、验证的，这些压力总是压在心头。所以我们总是憋足一口气，绞尽脑汁找问题，挑毛病，只要不点火，我们就能完善的必须完善，争取做到不留下遗憾。"尚志回忆道。

2010年，在交会对接任务进展最为紧张的时候，尚志带领队伍抽出时间，组织了模拟推演，再一次针对飞行流程的"完美性"挑毛病。演练安排设计师分别扮演起航天员、地面飞控、飞船、目标飞行器和中继卫星等角色，把整个飞控各指挥和参与的环节都分别指定一个人来扮演。从飞船零秒起飞开始模拟演练，该是谁，执行什么动作了，相应的扮演者就讲述下动作的要领。比如飞船的扮演者要执行什么动作，执行完以后有什么样的问题，故障情况下会转换到什么情况。航天员的扮演者，就要说清楚飞船有哪些信息，哪些信息是要给航天员的，这些在设计上有没有做，支持不支持。再比如要起飞了，作为航天员要和地面通什么话，需要知道什么信息，以此类推来模拟交会对接中的实际场景。通过这种"身临其境"的演练，又完善了一些设计中的不足之处。

尚志还引导大家把整星电测作为发现问题、暴露问题的有效手段，鼓励队员用第三方的视角审查电测数据，敢于质疑任何一点数据异常，不怕反复，并制定了科学完整的电测工作流程。

班前会，测试指挥详细介绍一天工作计划，各分系统电测人员说明关键测试项目及注意事项；班后会，指挥汇报一天测试完成情况，各分系统说明测试结果及判读结果。从大系统联调，到热力学大型试验，综合测试及分系统测试人员轮班上阵，思考注意事项和测试要点，认真细致编写交接班记录表。

"常规的试验验证都做完了，还有哪些疑点没有暴露出来？"一次讨论中，有同事提出如何验证交会对接极端条件下可靠性的问题时，尚志又提出和确定了"矫枉过正挖掘疑点"的工作思路，这就是"拉偏试验"。

拉偏试验是采取试验的方法，通过摸底拉偏试验边界条件，进而验证产品裕度的一种试验方法。

通过拉偏试验，能发现很多常规试验所发现不了的问题，拿飞船上常见的数管设备来说，通过拉偏试验，把它的工作状态、工作中所受到的载荷以及相互间工作接口的协调性进行了加严，这样一来就能发现产品工作中存在的不协调情况，通过仔细分析这些现状、比对数据，继而识别出设计中的薄弱环节和缺陷，而这些缺陷在常规试验中根本无法被发现，只有当产品在极端条件中，才会露头。

尽管试验大纲中没有明确要求每台产品都做拉偏试验，可是研制团队对天宫一号、神舟八号上符合试验要求的关键产品都进行了拉偏试验处理，共计进行了近五百项，基本实现了对风险点的完全覆盖，做到了对设计和产品心中有数、心中有底。

瞄准"十字靶标"

2011年11月3日1时36分，一场曼妙的太空之舞在距地球343千米的轨道上演。两位"舞者"分别是神舟八号飞船和天宫一号目标飞行器。

对接结构的前端摄像头显示"十字靶标"精准吻合，12把对接锁准确启动，上千个齿轮和轴承同步工作，天宫与神舟牵手相拥，开始了12天的"双人太空之舞"。中国成为世界上第三个掌握空间自动交会对接技术的国家。

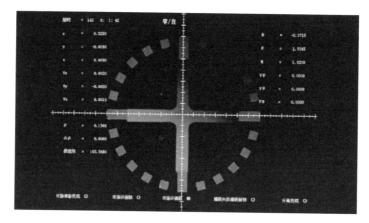

十字靶标

2012年6月18日下午，在太空飞行的天宫一号迎来首批航天员访客。3位航天员乘坐神舟九号飞船通过自动交会对接入驻。6月24日，从天宫一号撤离的神舟九号，再一次向天宫一号追赶，最终由航天员刘旺手动控制，又一次与天宫一号对接成功。这意味着载人航天三大基础性技术中的最后一项——空间交会对接技术已被全面掌握。

"不突破和掌握空间交会对接技术，建设空间实验室、空间站的设想，都只能是空中楼阁。"中国载人航天工程总设计师周建平把空间交会对接列为建设空间站必须要突破和掌握的关键基本技术。

在载人航天工程启动之初，五院林来兴研究员、王旭东研究员、孙承启研究员、吴宏鑫院士等率先将目光锁定在交会对接技术上，围绕交会对接的概念和控制方法开展了探索性的研究工作。1999年起，逐渐进入可行性论证阶段。

在一片空白的技术基础上，要想摘得交会对接技术这颗"创新王冠上的珠宝"，难度可想而知，也注定会饱含着心酸与痛楚。在论证初期，中方参加国际交流学习时，外方还多次指出我方对交会对接工程缺乏有效认识，思考问题太"幼稚"……

面对巨大的挑战，面对异样的眼光，研制队伍没有气馁，而是坚定了自力更生、突破交会对接技术的信心，拿出了当年搞东方红一号卫星的劲头，白手起家、自主创新。

要想实现两个航天器在轨交会对接，首先要能够获取航天器之间的相对位置、速度、姿态的准确信息，这就需要不止一种相对测量敏感器，而我国当时根本没有符合要求的产品，一切得从头做起。

孙承启等研制人员在型号两总的支持下，到全国各地调研，组织优势单位竞争，开展原理样机研制。经过多轮的研讨、评审，确定了微波雷达、激光雷达、光学成像敏感器的方案，也明确了承制单位。在此基础上，研制队伍进一步细化了交会对接各段方案设计，研制了各相对测量敏感器正样产品，建立了九自由度交会对接实验室，为型号工程实施奠定了有力的基础。

"吴宏鑫院士经常教导我们要敢啃硬骨头、能坐冷板凳，交会对接技术就是个硬骨头，当然不是一年、两年就能搞出来的，要有坐十年冷板凳的精神才行。"神舟八号交会对接控制团队领头人解永春回想起当时的攻坚历程，仍对导师吴宏鑫院士的话印象深刻。

2004 年 12 月，载人航天工程第二步第一阶段任务立项，突破交会对接技术，实现跨越式发展，赶超世界先进水平，成为当时最紧迫的任务之一。

从论证研究到工程研制，压力陡增，但再难也要干。在前辈科研人员十余年艰苦攻关的积累基础上，五院研制队伍集合精干力量，组建攻关队伍，解永春和战友们正式开始我国交会对接方案的工程化实施。

他们只有不到 6 年时间，但面前的问题多如牛毛——

交会对接用的成像敏感器的目标标志器光点个数和布局对成像敏感

器测量精度有何影响？

仅凭图像如何由人判断两个航天器的相对位置和姿态？

受条件限制，靠地面指令变轨如何在 50 千米以内实现控制？

……

"敢啃硬骨头，能坐冷板凳"，这支队伍从不畏难怯战。仅交会对接的工作模式与自主切换逻辑，他们就花了半年时间一遍遍绘图、一遍遍修改，改好之后就找各位专家提意见，根据意见再一遍遍研究、一遍遍完善，在点滴前进中积聚着创新突破的力量。

神舟八号飞船和天宫一号目标飞行器对接，这是我国航天史上第一次空间交会对接。可是，鲜为人知的是，在任务前一天，解永春团队的方案才获得专家评审通过。

2011 年年初，神舟八号交会对接任务已经进入了倒计时。但恰在此时，随着仿真试验的推进，交会对接控制系统的技术问题不断暴露出来。在一次测试试验中，飞船姿态控制出现了振荡现象。

交会对接是差之毫厘谬以千里的精细活，姿态振荡如产生不停的抖动，势必要对对接的精度产生影响，甚至导致任务的失败。

当时，飞船的控制参数纯靠人的经验手工进行调试，参数确定了之后，还得进行大量的打靶仿真。仿真试验是航天器上天的通行证，打靶必须每次都通过，才能确保交会对接万无一失。但当时，解永春与团队在做针对太空恶劣工况的打靶仿真试验中，做了近千次的试验，始终有几次通不过。

飞船控制参数设计在理论和工程上都是难题，国内外都没有现成的解决办法，只有依靠自己、自主创新，才能解决问题。交会对接技术研制过程中，吴宏鑫院士是技术指导专家。吴院士鼓励解永春把她博士论文中的"黄金分割系数"理论应用到飞船控制参数设计上。但眼看着离发射日期越来越近，解永春带领的团队打靶依然没有过关，上级领导把吴院士找来坐镇指挥。

当时临近发射，有领导提出，仿真试验再不通过就换人！

吴宏鑫回忆道："当时，我说不能换人，临阵换将是最大的忌讳，马上就要上去对接了你这时候换人，开玩笑嘛，换了人能比她强吗？所以我说，我相信解永春是能够做出来的，放心。我说做不出来我负责。"

这份自信是源自对学生的了解和信任。吴宏鑫把解永春叫到办公室，用上了"激将法"，"我让我的一个硕士生做了仿真，究竟问题出在哪里，做完仿真就知道了，你的理论方法是对的，没错，但是问题你没能解决，你都不如我的一个硕士生？！"

"不服输、好强，你要说她不行，她绝不罢休"，这是吴宏鑫对解永春的评价。事实也恰是如此，被"批评"一通的解永春，心里憋着一股劲，当晚就想出了解决问题的办法。

2011年10月31日，解永春团队的参数设计方案通过了专家组评审。

"硬骨头要一直啃、冷板凳要坐到底"，解永春回忆说，神舟八号、神舟九号任务圆满成功，研制团队没有止步于自动、手控交会对接技术突破的胜利，而是着眼减轻航天员的负担，减少对地面站过多和过高的依赖，提高整个空间交会对接过程的稳定性和可靠性，从2013年开始，他们又踏上了自主快速交会对接技术研究的新征程。

"使我磨难者，必使我强大"，创新路上，解永春他们很感激吴宏鑫院士当年的严厉，也始终用这句话激励团队前进。

从太空漫步到"万里穿针"，从自动交会对接到"手自一体"……中国神舟的每一次飞行，都在刷新着一个民族在世界民族之林的高度。助推神舟团队飞天寻梦的力量中，有这样一种动力尤为强大——这就是创新，连续不断的自主创新。

第四节 进入空间站建站新时代

习近平总书记强调："建造空间站、建成国家太空实验室，是实现我国载人航天工程'三步走'战略的重要目标，是建设科技强国、航天强国的重要引领性工程。""建造空间站，是中国航天事业的重要里程碑，将为人类和平利用太空做出开拓性贡献。"在党中央的坚强领导下，五院研制队伍高举自主创新的旗帜，扎实推进研制攻关，通过天宫二号、天舟系列货运飞船、新一代载人飞船试验船等任务验证了空间站建设的关键技术，并于 2021 年建党百年之际，将中国空间站天和核心舱送入太空，推动我国空间站建造进入全面实施阶段，中国人迎来了首个自己的太空家园。

第一艘空间实验室

"这是一次最为接近我国空间站要求的载人飞行，我们从未这般离实现拥有自己空间站的梦想这么近。"

2016 年 11 月 18 日，神舟十一号飞船搭载着两名航天员安全返回地面，标志着天宫二号和神舟十一号载人飞行任务取得圆满成功，也标志着我国第一艘真正意义上的空间实验室"试航"成功。

"天宫二号和神舟十一号完成空间交会对接所形成的组合体，是中国人'太空之家'的雏形，开展了航天员中期驻留任务、在轨维修技术试验任务，以及一系列空间应用科学实验、航天医学实验、空间站技术验证试验等任务，考核了组合体对航天员生活、工作和健康的保障能力以及航天员执行飞行任务的能力，夯实了中国人进驻浩瀚星空、建设空间站的基石。"

天宫二号空间实验室

　　国际公认，30 天相当于中期驻留的门槛。此前，中国航天员在外太空最长的驻留时间纪录为神舟十号乘组在天宫一号上创造的 15 天，此次天宫二号使这个数字翻了一番。在外行看来，这也许只是数字上增加了 15 天，而在载人航天的发展中，这个数字却意味着巨大的跨越，对飞行器设计等诸多方面都提出了更高的要求。

　　航天员在外太空驻留时，主要是在天宫二号实验舱工作和生活。为成功实现中期驻留，五院研制团队从提高生活质量、降低工作负荷、改善睡眠环境、丰富娱乐条件等几个方面对实验舱进行了全新设计，这也是我国载人航天史上首次系统开展载人宜居环境设计。

　　天宫二号总设计师朱枞鹏回忆道："宜居技术主要分为内部装饰、舱内活动空间规划、视觉环境与照明、废弃物处理、物品管理、无线通话等几大方面。这些创新设计的目的就是为航天员提供人性化的空间家居环境。"

　　在内部装饰方面，研制团队结合航天员的建议和对国外飞行器的调研，用地板取代了地毯，让地面变得更受力。白色地板上还分布着些许灰点，以避免航天员产生视觉疲劳。在舱内活动空间规划方面，天宫二号将实验舱空间分为睡眠区和工作区，并安装了多功能平台，航天员可以在这个平台上用餐、看书、工作。天宫二号还采取了降噪技术，以提高航天员睡眠环境质量。在视觉环境与照明方面，舱内灯光采用米黄色的色调，亮度可以手动调节，设计师还为每位航天员安装了床前灯。

在外太空，失重环境会给航天员工作和生活造成很大不便。天宫二号做了诸多针对性设计：增加硬质扶手，方便航天员在舱内借力活动；设计了腰部扎带，扎带两头设有固定环，能解放航天员四肢；设计了无线头戴，实现无线通话等。

本着"以人为本"的设计理念，研制团队为航天员配备的蓝牙音响，可以让航天员在外太空聆听音乐。这个音响还能发挥应急作用，当航天员睡觉比较沉的时候，它可以放大语音单元的报警声。同时，天宫二号的天地通信能力也得到了优化。以前天宫一号通过电子邮件只能接收简单的文本信息，现在航天员可以观看地面上的电视电影节目等。

在睡眠区，每位航天员都有一个语音插座，戴上耳机以后就能跟家人通话。此外，为了确保航天员中期驻留的需要，天宫二号环境控制与生命保障系统也做了升级，确保能为航天员提供舒适的温湿度和压力环境。

空间站要长期运行，实现推进剂在轨补加、在轨维修是重要基础技术。验证这两项技术，是天宫二号的重要任务。推进剂加注是个"慢工出细活"的过程。

在地面加注推进剂尚且困难而又危险，在茫茫太空进行无人操作的推进剂补加更是难上加难，为突破在轨补加技术，天宫二号研制团队进行了为期三年的刻苦攻关，成功研制出在轨补加系统。通过这一系统，天宫二号可以实现在太空边飞行边"加油"，这将极大地提高它的在轨运行时间。有了在轨补加技术支撑，它发射前没有和天宫一号一样把"油箱"加满（携带一吨多的推进剂），而是只加了半箱"油"，节省的质量可以携带更多的载荷产品和航天员的生活物资。

"创新无止境，持续创新才能更有力地保成功。"

神舟十一号与天宫二号交会对接后，组合体姿态和轨道的控制权将交由天宫二号负责。对此，研制团队集智攻关，用各类"创新神器"武装天宫二号，在软件算法、智能控制、硬件性能、抗干扰等方面进行了创新和优化，大大提升了组合体控制的性能和效率效益。

组合体在太空运行中，其携带的很多设备工作所需要的电力能源需要太阳能的支撑，对此，在绕地运行的过程中，为了确保组合体上的太阳能帆板始终对准太阳，尽可能多地接受阳光的照射，组合体需要时刻调整姿态。

研制团队结合天宫一号的飞行经验，精益求精，优化了帆板实时调速控制算法，减小了帆板跟踪误差，进一步提高了太阳帆板跟踪精度。

此外，为了应对组合体长期在轨运行可能遇到太阳方位不好的情况，天宫二号和神舟十一号组合将首次在轨实施组合体整体的连续偏航机动，以确保太阳帆板最大效率跟踪太阳，使组合体可以持续接收到来自太阳的能量，保证了组合体更长时间的稳定飞行，尤其为后续空间站建设，需要组合体更长期的飞行奠定了坚实的基础。

研制团队还研制了可用于大型变结构组合体控制的控制力矩陀螺（CMG），针对系统特性，设计了最优的控制参数和算法，进一步提高了系统的运行效率，不仅可以大大节约推进剂的消耗，该算法还将直接应用于后续空间站大型变结构组合体的控制。

在复杂的太空环境中，万一遇到突发情况该怎么办？研制团队继续创新为组合体的高风险托底。控制系统在硬件配置和软件设计层面均采用了多重备份的系统配置，制定了十余种正常和安全飞行模式，保证了当出现任何一重故障时，组合体可以完全正常工作。此外，当同时出现任何两重故障时，组合体依旧能够保证安全状态。

　　团队还设计了完备的部件级和系统级的故障诊断和自主重构策略，具备在轨自主或者航天员手动参与、并与地面配合完成系统的安全状态转换，可谓是又为组合体加上了一道安全护栏。即使飞船分离时，对接结构解锁分离产生巨大姿态干扰，姿态出现剧烈晃动，设计出的轨迹规划依旧可以保证天宫二号在任何状态下的有效控制，并在一分钟之内回归到正常稳定对地飞行状态，同时还可以实现飞船在分离和撤离过程中、在太空中游离时也可以一直"盯着"天宫二号，以防发生分离后的碰撞，从而最大限度地保证了飞船分离和撤离过程中的平稳和安全。"给力"的控制系统可以使飞船只需要一分钟即可回到对地状态。

　　尽管载人航天从研制至今始终保持着100%的全胜战绩，可研制队伍始终以"如履薄冰"的态度对待每次新任务，以"首飞、首战"的标准和行动来要求自己。从严要求开展各项工作，精益求精持续提升产品的安全性和可靠性，打造让自己、让航天员、让祖国和人民放心的航天器。

　　为了达到高可靠性、高安全性，"研制不止、试验检验不停"成为"太空之家"诞生过程中的新常态。天宫二号、神舟十一号由数以万计的零部件组建构成，研制团队按照整个产品研制过程，有重点、有针对性地设置了试验检验体系，并运用表格化管理、产品数据包管控的方式实现了对每个零部件全生产周期质量信息的可监控、可审查、可追溯。

　　由零部件组成单机产品后，团队专门开展了鉴定测试试验，甚至会用在极端工作条件下破坏性试验的方法，摸清产品的性能底线，彻底吃透技术；单机产品组成分系统后，除了本身的系统测试外，团队还通过信息化的手段，模拟各系统间的接口关系，进行系统联试，检验"太空之家"各功能模块间的协调作战性；各分系统组装成整船和整器后，团队还开展了各设备通电工作测试，通过超长时间的地面模拟测试，来排查隐患。

　　在天宫二号研制过程中，研制团队考虑到"太空之家"中长期在轨、在轨加注等任务的特点，专门进行了连续 100 小时模拟飞行试验、航天员中长期驻留地面 1 ∶ 1 试验等，在整船累计电测时间上更是突破了 1500 小时，刷新了天宫一号创造的纪录。

"真金不怕火炼"，为了确保天宫二号质量过硬，确保可靠性研制团队充分发挥自身在空间环境试验领域的雄厚实力，打造出集力学、热真空、噪声、电磁兼容等各类试验于一体的"质检神器"，通过近百道各类实物试验、数千次数字化模拟仿真试验，确保每一个上天零部件、产品的质量都过硬。

在不断加强试验检验力度的基础上，团队还与时俱进，充分发挥信息化效能仿真的技术优势，针对"太空之家"两人乘组的新特点，用三维模型的数字化方法，对航天员在太空开展灭火处置程序、泵更换验证装置操作、机械臂操作、通用计算机维修和智能配电单元维修等开展了虚拟化仿真，从操作流程的科学性、各类程序的协调性、可操作性进行全面分析，进一步改进了产品设计方案和安全性，完善了在轨飞行程序和故障处置程序，为航天员在太空圆满完成各项既定任务再上一道安全锁。

从电脑屏幕到实体生产

2022 年 3 月，在轨飞行 10 个月后的天舟二号收到了撤离指令。它和天舟一号一样，以主动离轨的方式光荣谢幕。天舟二号陨落的第二天，航天五院发布了一封天舟二号全体队友写给天舟二号的信，信中写道："你就像我们亲手带大的孩子，所有的参研人员倾注了心血甚至亲情，你以凤凰涅槃的方式结束了自己的太空之旅，那一抹绚丽的光辉虽然短暂，但必将成为我们心中的永恒。"

信中所指的"孩子"，就是天舟系列货运飞船，被广大国人昵称为"快递小哥"，承担着为空间站"加油"和运输货物的重任。尤其是作为货运飞船中"长子"的天舟一号，饱含了神舟团队的心血，更饱含着神舟团队创新研制模式、大干快干推动空间站建设的豪情。

天舟一号总指挥金勇回忆道，天舟一号不仅要验证推进剂在轨补加技术，全面考核货运飞船功能和性能，开展货运飞船控制组合体、绕飞至前向交会对接、快速交会对接等试验，同时还验证航天器研制从设计、生产检测、再到总装虚拟仿真的"数字化三维"研制新模式。

众所周知，空间站系统复杂度高、工作量大。仅空间站核心舱就有金属结构壁板 80 多块、主结构框近 20 条，各类零件共计 400 余件，这几乎是载人航天二期飞行器同类产品体量的三倍。

面对紧迫的研制进度和质量形势，研制团队选择一条与以往不同、效率更高、准确性更佳的设计研制方法——"宇航智造"。基于国际宇航设计研制趋势和国情实际，研制团队果断选择了采用全三维设计、研制、总装的思路，并在 2011 年成立了"全三维数字化协同设计实验室"，在天舟一号的研制中率先开启了数字化协同研制模式的探索。

全三维协同设计研制模式的核心是设计真实的"数字样机"。"数字样机"好比以往二维设计模式中的一套套图纸，是设计、制造、装配的全部依据，集成了一个产品的所有要素。三维设计的重点便是对数字样机的建设和维护，这个建设和维护过程所对应的，是设计师协同设计的环境和流程，从而也彻底改变了以往设计师个体设计的工作模式。

"创新就是要闯出一条新路"，研制团队建立了四层协同设计模型，制定了机械总体模型体系，打造了机械总体协同设计流程，首次实现了载人航天器总体和各分系统、制造厂、总装厂间的全三维协同设计，摸索实践了机械总体全三维设计、制造、总装的研制模式。

"模式新、处处新"，研制模式的变化激荡起研制效率、效益的跃升。以构型布局设计为例，传统模式中，设计人员在二维图纸中进行设备布局、调整、送审，货船单舱段的设备布局需要 30 人天；而采用全三维数字化设计后，只需要 15 人天，工作效率提高了约 50%。货船的管路系统、电缆网、直属件和总装设计采取三维设计后，工作效率提高了约50%，整船的总装详细设计研制周期缩短约45%。

更令人欣喜的是，通过天舟一号的实践，五院科研人员编写完成了包括总体、信息传递、质量控制等50多份三维设计规范，已经在空间站工程等航天器研制上获得推广应用，为数字空间站建设奠定基础。

"三维数字化"的力量不仅体现在设计上，更体现在具体的研制生产过程中。

2015年，凌晨，一阵热烈的掌声从总装大厅里传出，首次采用三维柔性数字化制造技术研制的管路系统，在天舟一号上一次试装成功，这标志着我国空间飞行器管路制造技术跻身全球领先行列。

直径3.35米、高10.6米的天舟一号，消耗管路的总体长度几乎相当于标准操场跑道10圈，不仅量大，复杂性也特别高，例如给发动机输送推进剂的管路分支多达几十个，且为三维空间走向，其复杂程度已经可以比拟人体的动脉系统。

传统的管路制造属于飞船制造的一个串行环节，只有等到飞船舱体研制完毕，各类设备仪器安装好了，才能进行管路的安装调试，直接影响型号的生产周期。能否将管路生产从串行变成并行，从生产主线中脱离出来独立研制？随着"三维下厂"工作的不断推进，这个想法在天舟一号上变成了现实。通过采用航天器管路三维柔性数字化制造技术，天舟一号的"血脉"能够体外成型，届时就像在商店买的组合家具一样，按照"说明书"一组装就能精准到位。

理论上说起来很简单，应用于实践却并非易事。科研人员以往都是根据二维图纸进行生产，现在唯一的参考是三维数据模型，如何保证数据模型看得懂、用得好？

"没条件创造条件也要干出来"，研制团队开展了一系列技术攻关，终于打通了三维生产的技术关卡，使虚拟的三维数据能够直接转化成数控设备的生产程序，不需要厚厚的图纸，车间的工人师傅就能"从电脑屏幕到实体生产"完成管路生产过程。

借助三维柔性数字化制造技术，如此复杂的管路从看得见摸不着的三维模型变成了看得见摸得着的产品。然而这只是三维制造的第一步，还必须保证组装完成的管路系统能够完美契合舱体的形状。

试想，如果一根导热的管路因为几毫米的误差，距离某个怕热的设备过近，那产生的后果将是灾难性的。为此，研制团队开发了具有自主知识产权的管路柔性装配平台，可自动提取管路坐标和调整空间位姿；利用多目视觉测量技术进行管路快速测量及对比，确保每一根管路的三维角度都与设计模型严丝合缝。其中，利用多目测量系统，只需不到十秒，设备就能将拍摄的产品照片逆向转化成三维数据，直接与设计的三维模型进行对比，1.5 米范围内测量精度能够控制在 0.1 毫米。

此外，天舟一号作为五院航天器数字化总装下厂首个"吃螃蟹"的型号，首次将三维结构化工艺系统应用于型号总装研制全流程，成为首个应用完成数字化总装并出厂的载人航天型号平台。在这个过程中，总装研制队伍实现了从图纸到屏幕的飞跃，以往开展总装工作前，先由工艺人员画出图纸，操作人员对照图纸，像看说明书一样开展总装工作，每一道工序，都会配备厚厚的图纸。如今，屏幕上的三维图像代替了平面的二维图纸，操作人员可以在电脑上先进行模拟和演练，然后再进行实际操作，这一突破性改变，能够节省总装操作准备时间 15% 以上。

随着三维数字化总装快速发展的，还有基于三维仿真的地面机械支持设备（MGSE）配套规划工作。以货运飞船工艺研制流程为基础，五院开展了天舟一号的 16 种典型工艺装备在虚拟现实环境下的使用流程、配置需求、功能设计、人机工效、场地匹配等方面总体规划和分析，具体包括从总装开始至电测为止，覆盖天舟一号经历的总装、精测、质测、力学试验、热试验等所有工况，展示了各工况对地面支持设备需求及各套工装配合使用情况。

虚拟仿真技术为后续地面机械支持设备的研制工作提供了关键的指导依据，增强了航天器工艺装备研制与数字化总装的无缝衔接，为后续型号工装的研制与应用开创了新模式。

"用创新为空间站建设注入新动能"，经过天舟一号的推动，作为空间事业国家队和主力军的五院，数字化三维制造能力大幅提升，为载人航天工程后续空间飞行器的三维制造提供了技术保障，更开创了我国航天智能制造的"天舟速度"。

到了天舟二号货运飞船研制时，研制团队又全面加强了平台方案和货运方案的系统优化设计和可靠性设计，实现了高效多能、高度自主、高可靠性和高安全性设计目标，总体性能达到国际先进水平。

天舟二号货运飞船总指挥冯永指出，作为货运飞船，运载能力自然是其第一评估要素。目前世界上运载能力超过 5 吨的现役货运飞船只有两型，中国的天舟货运飞船就是其中之一。

太空筑家今日成

2022 年是党的二十大召开之年，也是载人航天工程立项实施三十周年。作为"航天强国建设引领者、空间事业发展领导者"，五院更加深刻认识到发展航天事业、建设航天强国，在党和国家的工作全局中的重要地位，而载人航天工程是实现中华民族伟大复兴的中国梦必须要抓好的一项重点工程。

2022 年 4 月 12 日，习近平总书记到文昌航天发射场视察时强调，按照既定部署，年内我国将完成空间站建造任务，要精心准备、精心组织、精心实施，确保发射任务圆满成功，以实际行动迎接党的二十大胜利召开。5 月 2 日，习近平总书记在给中国航天科技集团空间站建造青年团队的回信中提出殷切期望，希望广大航天青年弘扬"两弹一星"精神、载人航天精神，勇于创新突破，在逐梦太空的征途上发出青春的夺目光彩，为我国航天科技实现高水平自立自强再立新功。

继 2021 年 4 月 29 日中国空间站天和核心舱成功发射后，2022 年 6 月 5 日 10 时 44 分，承载 3 名中国航天员的神舟十四号载人飞船挺进太空，中国空间站任务转入建造阶段后的首次载人飞行任务正式开启。2022 年 7 月 24 日，五院抓总研制的问天实验舱成功发射，中国空间站在轨组装建造迈出了承前启后的关键一步。2022 年 11 月 3 日，中国空间站梦天实验舱顺利完成转位，标志着中国空间站"T"字基本构型在轨组装完成。

中国空间站三船三舱组合体示意图

中国空间站在分析借鉴国外空间站的设计理念及经验教训的基础上，突出强调多舱段航天器的系统统一，按照天和核心舱、问天实验舱、梦天实验舱三舱组合体进行一体化设计、统筹研制、集成验证，通过 3 次发射完成在轨组装建造。换句话说，三个舱段都是不可或缺的，通过各自资源、能力的集成，共同构成了性能强大、功能完整的 70 吨级"天宫"。

这种创新实践使得中国空间站能够在适度规模条件下取得更高的研制效益，实现高效率资源利用和更强的系统冗余。

为实现长期载人可靠飞行并开展有人参与的多领域空间科学实验与技术试验，中国空间站全系统以"1=1+1+1"的方式构建，即整站功能被系统分解至三个舱段。

其中，天和核心舱负责空间站平台的统一管理和控制，并作为目标飞行器支持来访飞行器交会对接、转位与停泊。由于天和核心舱是第一个发射并独立运行的空间站舱段，它拥有完备的平台功能和少量载荷支持能力。

问天实验舱可以对天和核心舱平台功能进行系统级备份，具备对空间站组合体姿轨控、信息管理、能源管理、载人环境、热管理等功能进行统一管理和控制的能力，能够在应急情况下"整体接管"空间站。

梦天实验舱具备平台重要功能和关键设备的备份能力，可以为航天员在密封舱内工作、开展舱内及舱外空间实（试）验提供保障条件。

由上述功能分配可见，中国空间站不同舱段功能各有侧重，既能相互补充，又具备适度冗余。顺次发射的三舱在平台功能上逐个减弱，而在载荷支持能力上越来越强。

三十载创新不止，三十载砥砺前行，从神舟一号一路走来，神舟团队在自力更生、自主创新的艰难跋涉中，爬坡过坎，推动载人航天技术踏入世界领先行列，空间站工程更是建设航天强国的重要标志之一。

谈起这些，空间站系统总指挥王翔感触颇多："为什么说空间站是航天强国的标志之一？因为空间站它不是自己一个站在飞行，而是背后有一个完备的、强大的航天体系的保障，所以空间站能在天上飞。而且我们作为一个国家能独立自主实现让空间站在天上飞，就意味着你真的是一个航天强国。"

从梦想变成现实，离不开几代航天人的创新接力。

在天和核心舱总装测试完成后，五院专门把一些早期参与过载人航天工程的老前辈们邀请到了现场。其中一位老先生提到他在出访美国时，见到当时的"自由号"空间站，曾感慨自己可能一辈子也见不着我们自己国家的空间站。但是在这里，他看到了中国空间站一步步成为现实，特别激动、特别感动。

站在老一辈航天人的肩膀上，五院研制团队信心十足、不畏挑战，五院研制团队依靠自立自强打破技术封锁，着眼于国情实际，在国际上创造性地提出"利用舱段交会对接和转位机械臂进行平面转位、研制大型组合机械臂并与航天员协同进行舱外大型设施构建"的建设方案。

空间站五舱联合测试

这一独具中国特色的总体设计方案，可以使我国在没有航天飞机等大型运输工具的情况下，完成积木加桁架混合构型的大型空间站在轨组装建造。未来，还能够在机械臂的辅助下进行扩展舱段的组装。

"把中国空间站建成我们心中最理想状态就是我们的理想。"在中国空间站基本构型完成之时，对于怎么提高空间站应用支持能力，怎么最大程度提高应用试验开展的效率和效益，研制队伍创新攀登的脚步没有停滞，那就是一定要把中国空间站建得越来越好，为人类和平利用太空贡献更多的中国智慧、中国方案和中国力量。

第三章
全力以赴为载人

　　"要善于运用系统科学、系统思维、系统方法研究解决问题，既要加强顶层设计又要坚持重点突破，既要抓好当前又要谋好长远。"神舟飞船研制队伍始终牢记"要保持严慎细实、精益求精的工作作风"，着眼工程实际，运用系统工程理念和全周期管理方式，建立起科学高效的矩阵式项目管理网络，将严慎细实的工作标准贯彻在全要素、全流程、全寿命的管理过程中，有效化解了一系列重大风险，夯实了连战连捷的成功基石，为重大航天工程任务的顺利实施探索出了一套有中国特色的系统工程管理体系和管理方法，并随着工程任务的不断推进，持续优化、完善和丰富。

第一节　99分都叫不及格

"上天的东西，99分都叫不及格"是神舟团队对待工作和产品质量的态度。本着对党和国家负责、对事业负责、对航天员生命负责的态度，神舟团队践行"零缺陷、零疑点、零故障"的质量文化，"严"字当头，强调严谨的作风、严密的策划、严格的要求、严肃的处理，严格对待每一个环节、每一张图纸、每一颗螺钉，确保不漏过一个细小隐患，不留下一个遗憾。

冒着风险"拉大底"

1999年9月下旬，举世瞩目的50周年国庆阅兵大典即将在北京举行，此时神舟一号飞船试验队正在酒泉卫星发射中心进行紧张的测试工作。

神舟一号飞船进场后，测试工作就不是一帆风顺，到了飞船进行船箭联合测试合练阶段，又出现了新情况。9月18日，飞船供电测试时，返回舱环控生保分系统发生了未能加上电的异常情况；9月25日，GNC分系统在集中精力整理核对测试数据时，又发现一个液浮陀螺的马达电流数据不稳定，经分析判断，故障定位在马达交流电源。

此时船箭组合体已在发射区，怎么办？！

首飞任务是无人飞行，主要进行飞船返回技术试验，退一万步讲，即使环控生保分系统真的有问题，也不会影响整个飞行任务的实施，但是GNC分系统的液浮陀螺就不同了，它是惯性测量单元的组成部分，承担着飞船姿态测量和返回过程中实时导航的重要任务，它的好坏直接影响飞船能否安全返回。

发生异常的设备都安装在返回舱密封大底上，如果要彻底查清问题排除故障，就必须先拆下分离火工锁，再拆下返回舱部分仪器及座椅，才能把出问题的设备拆下来。

这一切都必须将飞船运回总装厂房，然后将侧壁与大底拉开才能完成操作。

这样不行。当即有人提出反对意见，这样的话，推进舱和返回舱的环控生保分系统软管就要受到牵拉，舱内电缆网也要受到牵拉，拆下的火工锁也不能再次使用。另一方面，"拉大底"也将给飞船发射场试验队总装分队带来很大的操作风险，吊装时因头重脚轻，飞船侧翻怎么办？拉高分开时碰伤仪器怎么办？拆卸、插接仪器插头损坏怎么办？

这一连几个怎么办，使大家都沉闷了。总装分队有的师傅甚至都急出了眼泪。

此刻，GNC 分系统的试验队员承受着巨大的心理压力。有人提出飞船设计时采用了设备冗余的方案，这一台陀螺发生故障，不会影响飞船的正常飞行。但是，一个更强大的声音在每个人耳边响起：为了实现载人航天"一个故障工作，两个故障安全"的可靠性目标，我们用了七年时间，精心设计并研制出了这个高可靠的冗余系统，但是绝不能在地面就把这个冗余用掉啊！

"地面已经发现的问题，必须在地面解决！为了成功，绝不能留下任何隐患，只能坚决排除故障！"

总设计师戚发轫虽然没有参与争论，但已与型号两总和相关技术人员多次在私下里沟通、分析，大家达成一致意见，要百分之百地保证上天产品合格，必须拉开大底才能解决问题。这样既能确保不带任何疑点上天，也有利于培养队伍严慎细实的作风。

现在要考虑的是，如何在拆除火工锁的过程中严防火工品爆炸，确保人员和产品的安全；想的是总装分队在返回舱分解拉高、探明故障时会遇到的技术难题。

对总装分队来说，"拉大底"的工作量之大、难度之大、责任之大、风险之大都是史无前例的。

戚发轫说："找总装分队的同志谈谈，让他们把困难估计得足一点，充分论证好，有的难点要多演练几次，确实有把握再上船。"

对于这突如其来的故障，各级领导和专家都非常关注，工程领导沈荣骏、胡世祥、谢名苞、王永志、张庆伟、张建启、张宏显以及飞船型号两总多次开会分析研究。

10月7日，指挥部召开紧急会议，正式确定进行第三次总装，也就是把船体分解拉高，排除故障后重新组装。

确定进行实际操作的日子仅剩下两天，921工程总设计师王永志对总装分队队长张志礼说："拉大底的困难和风险，你心中最有数，你表个态。"

此时，张志礼对如何解决飞船的排故问题在思想上已有了准备。从发现问题那天起，在飞船与火箭分离转回总装厂房之前，他就在心里默默思考着拆卸仪器的方案。他知道，要完成这次复杂、逆流程的拆装任务，光凭热情和信心是不够的，要靠周密的计划和一套完整的、科学的操作程序，更要靠试验队同志的高度责任心。他多次把设计、工艺和操作工人召集在一起，研究分析操作中易出现的问题，对18个技术难点逐一吃透，并一一采取防范措施，编制出详细的工艺规范。

现在面对众多领导和专家期待的目光，他很有底气地回答："经过这几天的分析研究，我们已初步拿出了一个返回舱分解拉高排除故障方案，今明两天再进行细化、完善。对完成这一任务，风险和困难我们已有了充分的估计，我们会全力以赴，攻克难关，按照总体的要求去做。"

10月9日上午，航天五院在酒泉卫星发射中心的试验队食堂里召开总装分队动员会。

袁家军在动员时说："用分解状态来排除故障，对于其他设备风险很大，但这是万不得已而为之。921 工程飞船研制已经 7 年了，这次试验是神舟飞船进行的首次飞行试验，因此，这次排故，你们的责任重啊！经过大家 7 天的紧张工作，已经有了一个确保成功的方案，并得到了各级领导和专家的一致认可。完成这项任务，困难很多，风险很大，我相信总装分队的同志们只要把各岗位的工作做好，就一定能够战胜困难，降低风险，用自己的实际行动证明我们有能力完成这次艰巨的任务。希望大家要以饱满的精神，确保操作万无一失，确保质量、确保安全，我们全院干部职工等着你们胜利的消息！"

戚发轫语重心长地提醒大家："我知道，大家将冒很大的风险排除故障，许多同志有压力，但千万不要背包袱。只要我们把工作做到位了，有问题及时与工艺人员、设计师商量，就能够把没有把握的事变成有把握。"

"我代表集团公司十一万干部职工拜托大家啦！"航天科技集团公司副总经理张庆伟也在会上给大家鼓劲，"你们所承担的任务光荣而艰巨，打好这关键的一仗，直接关系到神舟一号发射的成败，我相信同志们一定会不辜负重托，一定会优质安全地完成任务。"

像送战友出征一样，各位领导眼含热泪一个个和总装分队的同志们挥手，送上一句句真诚的祝福。

当天下午，他们就开进了总装厂房。

战前的准备工作是严密细致的。

飞船起吊由专人指挥，为总装工程组组长郭宝江。

操作定岗定员，实行双岗制，组员有杨祖红、张伯寅、王树杰、杨夕呐、董国栋等。

起吊口令化，并要求精确规范。

起吊各类操作人员实行责任制：升降车、气垫车操作人员，工作场地技安人员，拉产品保护绳人员都实行了定岗定位，无一疏漏。电装操作更是指定专人插拔插头，专人铺设电缆。进舱人员携带工具、物品，也指定专人记录，出舱时再逐一清点核对，防止遗漏。

为了防止起吊时因重心上移造成侧翻，他们紧固了三根防侧翻的绳子。王永志和戚发轫一根一根都摸摸，看看系得牢不牢，强度够不够。

10月10日上午8时，战斗打响了。

"拉开返回舱大底！"郭宝江发出了指挥口令。

技术人员和工人们各司其职走向岗位。

拉高工作需要进行25项操作，每一项都必须心细如丝。其中返回舱抛底火工锁的拆除是最关键的一项工作，也是最危险的工作。因为它已正式涂胶测力，操作中稍有差错就会爆炸。型号两总就一直站在操作人员身边，鼓励他们轻装上阵，提醒他们注意安全。

张志礼盯着轨道舱与返回舱侧壁组合体在一毫米一毫米地被起吊拉高，他觉得时间是这样的漫长，仿佛是他一生中最漫长的一次等待；他觉得时间又是那样的快速，一个白天过去了，一个夜晚又过去了……

现场是那样的静，静得连一点声音都没有，人人都屏住了呼吸，仿佛生怕一声沉重的呼吸会吹动那几吨重的船体。

10月11日中午12时，轨道舱和返回舱被成功地吊起，拉高了360毫米，大底被移开，露出了内部的"五脏"。

直到这时，大家才长长吐了一口气。才知道了累，才知道了困，才知道了饿。

为了这360毫米的拉高，总装分队的同志连续工作了28小时。

胜利冲过了这第一关，后面的各项工序才能全面展开，更难更复杂更具风险的工作还在后面。

小心翼翼地拆卸各种仪器，防止拉伤各种电缆和接口……

查找锁定故障，解决了环控生保分系统供不上电的问题；更换了液浮陀螺的元器件，解决了陀螺马达交流电源的问题。

再次组装……

10月31日，飞船又一次走出了总装厂房，重新回到了垂直测试大厅，高高地被托到了火箭上方，接受新一轮的测试。

这21天不容易啊！

这21天的辛苦和艰险被航天人牢牢地储存在记忆里。

这21天的拼搏和鏖战，也为神舟飞船未来巡游太空，铺平了道路，架起了天梯！

捕捉神秘信号

"开始加电！"2000年12月11日上午10时许，神舟二号飞船与运载火箭对接检查开始了。

11时08分，数管分系统突然收到"船箭分离"的错误信号。测试人员打算按流程进行完其他测试内容后再来查故障。

14时08分，神秘的信号却悄悄地溜走了。

船箭分离信号是一个非常关键的信号，在火箭起飞初期一旦出现，飞船将提前执行飞船入轨后的动作，推进剂将喷到火箭仪器舱内，太阳帆板将提前展开，产生灾难性后果。

此时，现场的空气仿佛凝固了。

型号两总立刻召开紧急会议，成立了以副总设计师郑松辉为组长的排故小组，迅速组织力量，分析故障。

试验队员们立即开始行动，在故障出现的同一时间里，从地面总控台、船上的数管、电源、热控、GNC等各相关分系统的技术状态入手，查找故障原因。

总体副主任设计师张庆君、数管分系统主任设计师王九龙首先"引火烧身"，从设计原理上查找自己系统内部的可靠性，还请来外单位的专家帮忙挑毛病。

　　总体副主任设计师申小存虽然对自己所做的工作非常放心，仍然带领小组人员仔细梳理飞船外部的电缆，反复核查与信号有关线路的接口，测量有关数据，查了一遍又一遍。

　　夜很深了，数管分系统测试间的灯光仍然亮着。王九龙在一遍又一遍地做试验。由于设备采取了三机冗余设计，故障又是在主、备份机切换过程中出现的，于是，他反复进行了60多次试验，结果都没有发现问题。但他仍不放心，第二天，又在飞船上进行了12次同样的试验。这些试验，证实了该系统的工作是可靠的。

　　郑松辉和张柏楠两位副总师整天盯在现场指挥，与技术人员一起，分析研究机理，并按出现故障时的模式进行了一次又一次供电测试，可是那个魔鬼似的信号却不知躲到哪里去了，再也找不到了。

　　"故障到底在哪里呢？"发射在即，全体试验队员心急如焚，夜不能寐，饭菜不香。

测试现场

　　由于电缆成为"嫌疑犯"，申小存一直在冥思苦想。突然，她想到了压点分离开关，会不会绝缘处理有问题呢？这一想法，与排故小组初步确定的故障点不谋而合。

根据在故障出现时测量电阻获得的珍贵结果，排故小组经过几天的反复排查，认为故障点可能是电缆绝缘不好或飞船内部压点分离开关部位有多余物。

此时，调度组立刻与北京联系，副总指挥尚志第二天就火速托人乘飞机带来了压点分离开关实物。看到这个比拇指粗一点的小东西的造型，更坚定了大家对故障的判断。

排故工作，把大家的心拧在了一起。

为了使排故工作做得严密细致、万无一失，连日来，试验队副队长刘济生每天都和调度组一起研究协调计划，叮嘱他们要认真仔细，不出任何闪失，并蹲在现场对工作进行检查落实。分管横向调度工作的王卫东每天都工作到深夜，安排计划节点，做好周密的协调。分管协调的李虎负责调车派饭，做好各种保障工作。质量技安组孟庆达、段继红在航天五院质量部长冷欣章的带领下进行现场排故指导和质量安全跟踪。

试验队临时党委召开了支部书记会，临时党委书记傅国泰提出参加排故的人要集中精力，其他人提供精神支持，后勤部门提供优质保障的要求。他每天都跟班在现场，及时做思想工作。

在那段时间里，后勤的同志常常送饭到现场。

故障也牵动了载人航天工程高层决策者的心，一时间，询问的电话一遍又一遍响起，任务指挥部的领导和总师亲自坐镇指挥。

上千人在看着，故障不排除，整个工作都无法进行，搞不好还可能延误发射。在那些日日夜夜里，型号两总所面临的压力是可想而知的。

"无论如何也要准确确定故障部位，彻底归零，确保成功！"戚发轫对每个参加排故的人员发出了号召。

判断了故障部位，仅仅为解决问题提供了思路，真正排除故障不能仅仅靠推断，还必须通过试验验证。特别是由于压点分离开关设计和绝缘处理不是一个单位完成的，此时飞船已与火箭对接，操作需在火箭仪器舱里进行，难度较大，稍有不慎，还将给火箭的安全带来威胁，因此，进行试验验证并不容易。

14日晚，试验队召开专题研究会，大家达成一致意见：不能停留在原地，必须向前走，迅速与有关单位联系，明天抓疑点，抓薄弱环节，派人上船检查压点开关。

为了做到言之有据，不漏一项，不留死角，郑松辉要求技术组迅速列出"故障树"，逐条分析排除，结论要符合科学，经得起检验。

当晚，张庆君、王九龙等连夜绘制"故障树"，写出故障分析报告。

15日上班后，操作人员钻进飞船推进舱内，对压点分离开关周围进行了仔细的检查。由于该部位已被包扎，无法检查，于是，现场人员提出建议："轻轻活动一下电缆！"

当操作人员的手刚在电缆根部轻轻一碰，放在平台上的万用表的指针就跳了起来。指针的跳动，加速了对故障的分析和判断，大家看到了彻底排除故障的胜利曙光。

12月15日下午，基地测试中心一间宽敞的会议室里，笼罩着严肃、紧张的气氛，69名各路专家和有关人员参加了正在这里举行"三国四方"故障分析会。王永志等几乎所有要员都参加了会议：雪白色的大投影屏幕投下了"故障树"，图中15个可能导致故障的因素一目了然。

张庆君宣读着故障的初步分析报告，得出的结论在许多内行看来已经是证据确凿，但挑剔的专家还是从不同角度提出各种各样的意见和疑问。

"故障树是否全面，还有没有其他可能性？"

"故障树是你们自己定的，我看很有必要经过评审。"

"故障可能是几个原因同时作用造成的，要联系起来考虑。"

这些意见和问题充满了对科学真相的执着追求，试验队的同志听了后感到很受启发。

会上，王永志等领导指示要开阔思路，把"故障树"再排一下，组织专家评审，在排故的同时，要组织研究对策。

会后，试验队马上召集人员在小会议室进行讨论，落实各位领导专家提出的意见。

"请大家把当时的操作情况做认真的描述，分析有无相关时间内的相关动作，请数管分系统再认真研究'故障树'，逐条分析。"

"建议按框定人，每个框都有结论，整个故障就清楚了。"

……

"现在开始兵分三路，一路组织'故障树'的分析，另一路进行故障预案的准备，最后一路继续组织现场电缆等相关复查。"很快，他们开始分头行动起来。

一场对"故障树"的"三堂会审"开始了，在专家们挑剔的目光中，他们的"故障树"被顺利通过了。而接下来的工作就是按框定人，拿出令人信服的结论，向指挥部汇报。

经过连日来紧张的工作，他们将15个可能导致故障的因素排除了13个，最后，故障仍然聚焦到两个问题上：电缆和压点分离开关。大家明白，真正解开谜团的办法只有一个，拆！

下午，指挥部做出决定：再进行一次加电检查，故障复现与否都得拆。

经过了几天来的痛苦徘徊后，排故工作终于有了实质性进展。

12月17日，模拟11日技术状态、测试步骤和环境的供电检查开始了，而令人兴奋的现象也随之发生——13时50分，那个千呼万唤不出来的"神秘来客"，先是来到GNC分系统，接着，又溜到了数管分系统。工作人员将电缆插头拔掉了一个又一个，可是"神秘来客"仍待着不走。

不走就好了，这说明神秘的信号与地面设备无关，与操作无关，与数管系统无关，也与船外电缆无关。

得知故障复现的消息，试验队员们"哗"地一下拥向地下室的测试间去观察数据，以至于在现场的领导不得不让大家都回到工作岗位。

是的，经过6天的苦战，结果终于被证实，胜利的曙光就在眼前，有什么比这更值得高兴的呢！？

18日上午又一次进行加电试验，"神秘来客"又来了，这个现象再一次证实了问题出在压点分离开关的绝缘性不好。

中午，排除故障的最后时刻来到了。随着飞船被缓缓吊起，只见操作人员小心翼翼地爬进推进舱内，将压点开关处的电缆一层一层剥开，重新按规范进行了包扎。

舱内、船外，照相机劈里啪啦地响个不停，整个操作过程，都被收进照相机、摄像机的镜头里。接下来的通电检查表明，故障被彻底排除了。

此时，压在大家心中的石头落了地。走出厂房，试验队员们感到今天的太阳格外明亮。

含泪撤离发射场

2001年下半年，发射神舟三号飞船的工作进入倒计时。

神舟飞船构形复杂，系统复杂，一艘飞船就有元器件10万多只、电缆网节点8万余个，计算机软件语句几十万条。每个焊点、每根导线、每条语句都不能出错。

9月底，神舟三号进入酒泉卫星发射中心。10月4日、5日，在连续两天对执行飞船关键指令的某型接插件进行测试时，都出现了某一点不能导通的故障，更换了接插件之后，测试就正常。他们又对同一批次的产品接插件进行测试，发现返回舱分离密封穿舱接插件第七点不能导通。

举一反三查问题，是试验队的硬规矩和老传统。尽管他们采取的是"双点双线"的冗余设计，有一个点不能导通也可能不会出现问题。但这一次是对飞船全系统进行考验的飞行试验，是按有人状态来进行的全系统飞行试验，容不得有半点马虎和丝毫侥幸。发射场试验队还是立即将这一异常情况向航天科技集团公司领导做了汇报。

集团公司的领导非常重视，立即派专家组赴酒泉协调解决。换不换这种元器件，有两种意见在激烈交锋。

不用换。这种意见的理由非常充分，因为这种元器件在神舟一号和神舟二号上都使用过，并且都发射成功。再说我们的飞船采用的都是"双保险"的"双点双线"设计，一千个点中只有一个点不通，出现问题的概率也只是千分之一。如果换接插件，没有现成产品，也没有替代品。重新设计生产最快也得三个月。这样，发射时间要推迟，试验队员要撤离，将给工程造成巨大的经济损失。

必须换。这种理由更是理直气壮。质量是生命，出现质量问题时不能存有万分之一的侥幸和幻想。这种接插件存在着设计上的缺陷，虽然现在是一个点不通，但很难排除不是批次性问题。神舟三号是一艘改进型的飞船，技术状态与载人飞行的技术状态基本一致。如果这艘不换，拖到神舟四号，如果再出现问题，那么到载人的神舟五号将冒很大的风险，就不能确保载人飞船的可靠性。

换与不换，真难决断。小小"一个点"的问题，却让飞船系统的领导们人人都感到肩上的压力有千斤重，各协作单位在关注着他们，火箭、发射场等工程各大系统在等待着他们。总设计师戚发轫的压力大啊，他内心的自责和痛苦在不停地翻腾。承受巨大压力的还有飞船副总设计师、试验队技术组组长杨宏。他乍一听到元器件有批次性问题时，脑袋"嗡"的一声，作为技术负责人的杨宏真希望元器件问题只是一个偶然事件，千万不要让大批人马撤回去。

安全第一，质量第一，"零故障，零缺陷，零疑点"不能只喊在嘴上，要落实到每一项工作中。

10月7日，指挥部联席会议做出决定：对飞船上77个接插件进行改进设计，重新生产，全部更换。神舟三号飞船拆除旧接插件、电池、计算机及其他设备，封存于基地，等新的接插件生产完成后，试验队再进行接插件的安装和状态恢复工作。

拆除元器件由杨宏具体负责。一个件一个件地拆，可没有想得那么简单。装了火工品的飞船要进行逆操作，风险很大。元器件安装位置还非常分散，涉及船上许多设备，而且往外拔时，稍有不慎，就会对飞船造成损伤。尤其是插头和分离密封板在凹舱部位，凹舱旁有仪器和电缆、管路，上面还有载荷支架。眼睛看得见的，手却够不着；手能够得着的，眼睛又看不见。

实际操作时，工人只能凭着经验和感觉拔电缆、拧螺钉。螺钉都非常小，哪个掉到舱里都会成为致命的"多余物"。舱内操作空间又非常狭小，人们只能在又闷又热的舱里蹲着、跪着、仰着、趴着、侧着、扭着干活，还必须保证汗水不滴在舱内……

面对这一连串的难点，杨宏和总装分队队长张志礼等人连夜制订方案，他们根据接插件更换的批次、更换的位置及更换的难易程度制定出了八种排故流程和八个排故预案。

厂房里，飞船返回舱的大底被拉开了，座椅的有关部件被拆下吊出舱外，工作人员谨慎地将一个个接插件拔下……神舟三号飞船试验队的200多名队员含泪撤出发射场。发射时间从2001年12月推迟到2002年3月下旬。

撤出发射场，对航天五院来讲，这还是第一次。发射时间这样大幅度推迟，在航天史上也极其罕见。

2001年11月1日，中央领导批示："要绝对保证安全，既然发生了问题，就一定要彻底解决，切勿抢时间。"以此为契机，航天系统开始了以"抓质量、促进度、保成功"为主题，举一反三找问题的大会战。各级领导和各领域专家去生产厂家督战。经过一个多月的潜心攻关，终于搞清了接插件的故障机理，生产出了新的产品，并进行了可靠性试验。

2001 年 12 月 7 日，改进后的密封接插件通过了元器件鉴定委员会的审查。试验队又重新开进了大漠戈壁，这年的春节是在发射场度过的。2002 年 3 月 25 日晚上 10 时 15 分，神舟三号飞船划破夜色，直上浩瀚苍穹。

从 0.999 到 0.999999

"载人航天，人命关天"不仅贯穿于型号研制各环节中，更体现在每一次风险隐患的处置中。

2003 年的初春，神舟五号飞船的研制和试验到了最后关头。

春节过后，飞船就进入了整船综合测试阶段，要求各系统严格按载人标准，开展"双想"工作，并把"双想"出的 100 余条问题，全部归零。

在做返回舱综合空投试验时，现场工作人员突然在返回舱里闻到一股异味，经检查发现，舱内有害气体超标了。

有害气体超标，将对航天员身体健康产生不利影响，严重时甚至会危及生命安全。

飞船系统的又一次紧急会议在这个非常时期召开了。

面对突发的问题，总设计师戚发轫鼓励大家，"提前发现问题好，只有发现了问题我们才能根除问题，才能确保飞船在出厂前达到零缺陷。"

7 月 30 日，飞船将出厂参加载人飞行试验，"一定要确保神舟五号不带疑点和问题发射"，大家心里都憋着一股劲。为了解决有害气体超标问题，经过两总系统研究，成立了由张柏楠任组长，王卫东、张书庭、张利新任副组长的专题攻关小组。

当天下午，专题攻关小组就集中起来，向着突发问题发起了冲锋。

他们首先要分析并锁定舱内的有害气体到底从哪里来的？

经过反复检查和试验，攻关小组终于抓住了有害气体的源头——抛底火工锁、座椅缓冲装置、反推发动机、回收电爆阀等多种火工装置工作之后，产生大量气体，并泄漏到了返回舱。

问题的根源找到了，攻关组成员就分头到有关厂家调查，督促制定改进方案，并反复通过部件试验来验证。

2003年6月，经过改进后的飞船返回舱进行了综合点火试验，经检验达到理想标准，有害气体超标问题被彻底解决。

2003年7月18日上午，五院邀请30多名资深且权威的载人航天专家，对神舟五号飞船进行出厂评审。

这是一次大考，只有通过这次大考，飞船才能拿到通向发射场的"通行证"，才能获得载人航天的"资格书"。

专家们提出的问题看起来十分古怪可个个都点中要害。

"航天员头晕时，能不能割断伞绳？"

"为防止航天员误操作，采取了什么措施？"

"航天员的生存环境评判有没有得到航天员系统的书面认可？"

……

面对问题，飞船"两总"都如实地一一作了应答，并笃定地宣读了《质量保证书》：

我们从十个方面，完成了神舟五号飞船的技术流程和计划流程规定的工作，出厂前待办事项均已落实到位。我们保证神舟五号载人飞船的性能功能和可靠性安全性满足工程总体本次载人飞行的要求，飞船系统与航天员、应用、火箭、测控通信和着陆场接口匹配。我们着重承诺：飞船系统将在集团公司试验大队的统一指挥下，认真做好发射前"双想"和各项工作，完成首次载人飞行这一艰巨而光荣的历史任务。

任新民、屠守锷、黄纬禄、梁守槃四位高级专家和载人航天工程的"大两总"们给出了最终的评审结论：

神舟五号飞船的性能和功能满足总体首次载人飞行任务的要求，评审组认为神舟五号已具备出厂条件，同意出厂。

2003年9月16日，在酒泉卫星发射中心的垂直测试厂房内，神舟五号飞船已经与神箭对接完毕，58米高的船箭联合体巍然耸立，现场的人们脸上都挂着灿烂的笑容，因为这里刚刚完成了胀环式座椅缓冲器的更换。

对于所有参加胀环式座椅缓冲器研制的同志来说，这是一个永远值得纪念的日子。经过结构与机构分系统技术人员近4个月的连续奋战，凝聚着全体研制人员无数心血的胀环式座椅缓冲器替换下了原来的拉刀式座椅缓冲器，使缓冲可靠度由原来的0.999提高到了0.999999，航天员胸背向的冲击过载降到了安全区域内。

座椅缓冲器是神舟飞船着陆缓冲系统的关键设备。在缓冲发动机万一出现工作不正常情况时，座椅缓冲器将用来缓冲返回舱"硬着陆"时对航天员的冲击，保护航天员的生命安全。

两总检查航天员座椅

2003年4月，在北京着陆试验场进行返回舱着陆冲击试验时发现，返回舱着陆时，如果水平速度过大，座椅上特征评价点的冲击响应无法满足航天员医学安全评价指标。为此，结构与机构分系统针对拉刀式缓冲器提出了多种改进措施，这些措施尽管都起到不同程度的改善作用，但试验结果与航天员的医学安全评价指标仍有差距。怎么办？在大家一筹莫展之时，飞船结构机构主任设计师娄汉文提出了一个大胆设想：在保证原拉刀式座椅缓冲器的提升功能、密封功能以及外形和接口尺寸不变的前提下，对其中的缓冲功能做彻底的改进，即用胀环的塑性变形来吸收能量，替代用拉刀通过切削金属的方式来吸收能量。这种方式具有缓冲性能易于控制，加工、装配、调试简单的优点。

"座椅缓冲器的缓冲方案要彻底改进"，这句话立刻引发了一场火山爆发式的大争论。座椅缓冲器到现在为止搞了八年之久，用了八年的时间终于取得了现在的成绩。尽管不能在所有情况下满足航天员医学安全评价指标，但是原因是多方面的，只改进座椅缓冲器未必能有作用。座椅缓冲器只有在反推发动机发生故障时才能起作用，而发动机工作的可靠度已经很高，所以，使用拉刀式座椅缓冲器导致致命后果的概率很小很小。

用胀环的塑性变形来吸收能量，这一方案早在 1994 年就研究过，但得出的结论是工程应用的难度很大，还有许多难题要攻克，所以后来才放弃了这一方案。现在马上面临出厂，离发射也不过 4 个月的时间，这么短的时间内是根本不可能搞出来的。

另一种认识认为，正是因为我们搞了八年拉刀式座椅缓冲器，所以，我们对它的认识已经非常清楚，如果已有的缓冲方式不改变，那么当前存在的问题就不可能解决。作为主份的反推发动机功能可靠，就可以不要座椅缓冲器这个备份方案吗？关系航天员生命安全是头等大事，必须保证万无一失，不能有丝毫的侥幸心理。正是有了 1994 年的研究基础，再加上对拉刀式缓冲器的研究经验，发现胀环变形吸能比拉削吸能可靠性高，因此才又一次提出用胀环的吸能方法代替拉刀切削吸能的方法。胀环式座椅缓冲器是在原拉刀式缓冲器的基础上只对缓冲功能改进，其余部分保持不变。所以，它的研制肯定比拉刀式缓冲器快得多，但能否在神舟五号上使用，要靠大家的共同努力和所有协作单位的大力协作。

争论的双方都没有能够说服对方，经过几次激烈的讨论，仍然没有结果。此时，主管领导果断决策：要从载人的角度看待此问题，要保证神舟五号的飞行万无一失。只要还有改进的方法，我们就要努力去实现。所以，胀环式座椅缓冲器一定要搞，而且一定要加快研制速度，确保在2003年10月初完成全部研制任务。至于缓冲性能是否能得到改善，用试验数据说话。

上级主管领导一经决策，五院研制团队立刻行动起来。

首先，五院成立了以副总师张柏楠为组长的攻关组，利用一周的时间理清了研制过程中的各项任务，并明确了各项任务的责任人。

其次，五院组织召开了由各协作单位，包括五院的总体部、专业部、环境工程部、508所以及院外单位航医所、北京航空材料研究院、江南机器厂和清华大学的主管领导参加的动员会，会上主管领导再次指示：要把胀环式座椅缓冲器的研制任务当作头等大事来抓，所有的任务都要给该项任务让路。所有参加研制的人员，都要尽心尽力，确保该项任务顺利完成。

最后，五院各参加研制的单位包括专业部、总体部、项目部等都根据自己承担的任务，制订了周密详细的研制实施方案、技术流程、计划流程，规定了完成各项任务的时间节点、保障条件，并组织专家进行了认真的评审，为确保整个研制过程的顺利进行奠定了基础。

大家统一行动，各司其职，所有工作几乎同时并行开展。

先是解决缓冲参数设计问题。胀环式座椅缓冲器的缓冲参数设计是研制工作的核心，是工作的难点所在，也是工作的重中之重。为此，专业部组织了以主管部长为组长的机构设计的最强大阵容，打响了一场攻坚战。缓冲参数设计涉及的影响因素多达八个，而且没有成熟的理论做依据，只能用相关理论做初步分析，而后通过试验来优化。可是，试验需要的时间长、协调的工作量大。为了使分析的结果更真实，根据机构设计已有的经验对计算模型进行了反复的修正，用了七天的时间基本确定了计算模型，试验结果表明，实际试验值与计算值相差仅为10%左右。理论分析的正确性，为胀环式座椅缓冲器的研制节省了宝贵的时间，为最后的研制成功铺垫了第一块基石。

之后又确定单机试验方案。在理论分析的同时开展了试验方案的确定工作。试验要获得什么数据？数据的精度如何要求？如何在常规测试仪器或已有设备上实现？试验的工装应满足什么条件？哪个单位可以承担该试验？试验的数据如何处理？这些问题在方案确定时都得到了充分的考虑，问题的难点在于必须使用常规测试仪器和已有的测试设备来完成试验，原因是时间紧迫，来不及购买或研制新的试验设备。经过认真反复研究，用了5天的时间，终于确定了试验方案并通过了评审，用了4天的时间设计加工了试验工装，用了3天的时间完成了第一阶段的155次试验。结果表明，试验方案简单、科学，试验工装满足试验要求，所需要的信息从试验结果中完全提取了出来。单机试验方案的正确性，为研制成功铺垫了第二块基石。

最后是系统试验方案的确定。座椅缓冲器与座椅、赋形垫和航天员构成了一个复杂的人椅系统，单机试验完成后，还必须进行大量的系统级试验来验证缓冲器的性能，这是试验的最后一个环节，也是一个重要环节。在参考拉刀式座椅缓冲器系统试验方案的基础上确定了胀环式座椅缓冲器的系统试验方案，系统试验结果表明，胀环式座椅缓冲器行程稳定，使航天员胸背向缓冲性能显著改善，头足向的缓冲性能也有所改善，基本达到了当初设计的目的。

方案定了之后便开始干起来，研制过程并非一帆风顺。

为了避免试验出现反复，在各项试验进行之前，团队都对试验结果及对策进行了设想，但仍然出现了意想不到的结果。如在系统试验时发现相似的缓冲参数，却得出了不同的试验结果。大家对此现象的分析意见不统一，可是谁都没有足够的理论来证明自己观点的正确性。经过三个小时的激烈讨论，终于统一了意见：相邻胀环的壁厚差太大，导致了上述现象的产生，试验结果证明了上述分析是正确的。这一结论为胀环参数组合方式的正确选择起到了重要作用。

另外，在冲击试验中，设计人员发现缓冲器在冲击过程中有明显的反弹现象，如果返回舱着陆时发生翻转，将导致二次冲击，这会给航天员带来安全影响，因此必须新增加反向锁止装置，确保上述现象不会发生。

攻关小组的设计人员首先设计了一种楔形橡胶圈锁止装置，在干摩擦情况下效果很好，但是当橡胶圈沾上润滑油后，它的锁止功能就失效了。当天晚上，设计人员开动脑筋，又提出了两种新的反向锁止装置的设计方案，工人师傅连夜加工出试验件，并通过第二天的试验比较，最终确定了锁止装置的设计方案。从发现问题到解决问题，仅用了2天的时间。这样的事情还有许多，在胀环式缓冲器的研制过程中，攻关小组成员满脑袋装的都是缓冲器，遇到没有解决的问题，大家日思夜想，通过努力攻关，许多问题最终都迎刃而解。

经过全体研制人员的不懈努力，8月底全部研制试验顺利完成。但是攻关组没有作片刻休息便投入了新的战斗，因为后面新产品的生产、鉴定试验、可靠性和安全性试验的任务还很重。

虽然胀环式缓冲器的研制任务紧、时间急，但是研制人员丝毫没有放松对产品的质量要求。为了保证新研制的胀环式缓冲器的质量，两位设计人员顶着40摄氏度的高温到湖南的研制单位跟产，他们每天和工人师傅一起摸爬滚打，天天连续工作到晚上十点多，经过8天的昼夜奋战，13件胀环式座椅缓冲器改装工作全部完成。9月6日产品运抵北京，顺利通过质量部门的验收。产品验收完成后，攻关组马不停蹄兵分三路，于当晚便全面展开各项试验。从 9 月 6 日到 9 月 13 日短短的 8 天时间里，攻关组完成了 2 件产品的鉴定试验、102 次提升可靠性试验、30 次缓冲可靠性试验和 5 次密封性能抽检试验，为胀环座椅缓冲器的顺利装船提供了有力的数据支持。

飞船两总回忆说："在这样短的时间内，完成如此繁重的工作，这在以前的型号研制工作中是不敢想象的，在整个飞船的研制历史上也是空前的，然而攻关组的成员却凭着他们特有的韧劲和毅力出色地完成了任务。"正如 921 工程副总指挥胡世祥所言："胀环式座椅缓冲器的研制成功，是 921 工程取得的又一项重要成果。"

至今，大家回忆起研制试验的 120 个日日夜夜，还是感慨良多。各级领导到现场与大家一起干，鼓舞了士气。所有参加研制工作的同志，从副总师到设计师到工人师傅，大家团结协作，全力以赴。在 120 个日日夜夜中，大家没有休息过一天，那时团队心里只有几月几日几点要完成什么任务，没有星期几要上班、星期几要休息的概念，每天都工作 12 个小时以上，经常干到 18 个小时。在困难面前，他们互相鼓励，坚信有能力克服，在成绩面前，他们相互谦让，纷纷表达是大家努力的结果。

9 月 6 日新产品实现了装船，终于抢在飞船推进剂加注之前完成了缓冲器置换，比原计划提前了 25 天。

世上无难事，只怕人心齐。

第二节 如履薄冰

载人航天最大的风险在于：在飞行过程中，没有任何纠错时间，任何一个微小的偏差，都可能导致灾难，危及航天员的生命安全。神舟飞船研制团队始终牢记"一次成功，不等于次次成功"，每一次都要"如履薄冰，如临深渊"，每一步都要"谨小慎微，慎之又慎"，确保做到综合权衡、吃透技术、规避风险、控制状态、试验验证。

守好"生命之门"

神舟飞船的返回舱和轨道舱是航天员在太空中的"两居室"，两室之间有一个圆形的舱门，这个舱门就是返回舱舱门，航天员返回地球后就是通过它踏上祖国的土地，它就是航天员的"家门"。返回舱舱门为返回舱提供密封环境，确保返回舱在返回过程中的舱内压力，一旦密封性出现问题，将给航天员生命安全带来严重威胁，因此，舱门也被研制队伍称为航天员的"生命之门"。

虽然已经连续五次圆满完成任务，但是神舟六号却不是前五艘飞船的简单重复，其中变化最大的当属连接"两室一厅"之间的返回舱舱门。因为执行神舟五号任务时，航天员杨利伟在太空飞行期间始终是待在返回舱里的，而神舟六号飞船的航天员却要从返回舱进入轨道舱工作和休息，航天员的"家门"不仅要开关准确自如，而且要绝对保证密封。

舱门是否密封，直接决定神舟六号飞行任务的成败和能否保障航天员的生命安全。

133

怎样保证舱门的密封性绝对可靠？研制人员抱着"一百个不放心"，通过三重设计保障、三重操作保障和100多项试验验证，守护好航天员的"生命之门"。

设计保障第一重，联动锁杆巧设计。神舟六号的舱门虽然好比两个房间之间的房门，但这个房门却比普通的房门复杂得多。普通的房门推上就是关好了，但要关好这个门，不仅用力要合适，而且操作要准确。设计人员为神舟六号的舱门设计了六个联动杆锁，只有六个联动杆锁全部到位，舱门才能准确锁上；打开舱门时，必须准确完成一系列动作，才可以解锁开门。同时，在舱门开关上，专门设计了防误操作的开关，只有首先打开防误开关锁，才能执行下一个开门动作，从而保证了航天员操作上的准确和安全。

设计保障第二重，密封"双保险"。为保证舱门密封可靠，技术人员为舱门的金属面上设计了两道密封圈，采取了双保险。采用多道密封的措施，为舱门密封的可靠性提供了保证。

设计保证第三重，快速检漏把好最后一道关。航天员从轨道舱进入返回舱后，轨道舱通往外界的舱门和轨道舱与返回舱之间的两个门都是要密封的。舱门检漏常规的方法是采用减压法，就是把舱门密封起来，等过1～2天再检查舱内压力，看看降低了多少，这一般被称为保压检漏。但飞船发射前可没有那么长的时间这么去检测，因此，技术人员研究出"舱门快速检漏法"，设计了专用设备，对舱门上的双道密封圈进行快速检漏。运用这种方法，可以迅速判断舱门是否密封、性能是否可靠，判断舱门关好后的密封性。飞船返回程序启动前，航天员就可以通过快速检漏装置对舱门进行检漏。

操作保障第一重，秘密武器除绒毛。舱门的金属面上有两道密封圈形成了对舱门的密封，这个密封圈非常"娇贵"，即便是比头发丝还细小的多余物都会对其密封性产生影响。如果在轨飞行时航天员的头发丝、航天服上掉下来的绒毛等细小的东西粘在舱门密封面上，都可能给航天员带来安全隐患。

但要保证一点点"毫毛"般的多余物都没有，难度之大是可想而知的。因为飞船在太空飞行中，很难避免舱内空气中的漂浮物粘到舱门密封面上。在地面，我们清洗一般物品时可以用水洗，清洗精密一些的仪器可以用无水酒精洗、用绸布擦，而对于在轨道上飞行的飞船的密封面进行清洗，用这些常规的方法显然是不行的。酒精有气味，还容易挥发，航天员会感到非常不舒服，而且动用酒精也容易引起火灾危险，危及航天员和飞船安全。用布擦易掉绒毛，起静电，用麂皮不行，也同样会掉毛。

飞船结构与机构分系统主任设计师陈同祥带领大家研究了多种方法，用了三个多月的时间，进行了数百次试验，终于让他们找到了解决办法——一种像湿巾一样大小的特殊材料，可以解决上述问题。有了这种"秘密武器"，即使密封圈上粘上细小的绒毛，轻轻一擦就清除掉了。

操作保障第二重，开关舱门按手册。在地面条件下开关舱门是一件很容易的事情，在太空中由于航天员是漂浮在舱内半空中，从一个舱到另一个舱，不是走过去的而是漂过去的，因此，开关舱门变成了一件非常复杂的事情。为了保证航天员操作的方便、准确，能够用上劲，技术人员为航天员设计了许多着力点，比如左脚踩在什么地方、右脚蹬踏在哪里等，都有固定的专门位置。这样，不仅可以保证脚部均匀地用力，还保证了手可以准确地操作。与此同时，研制团队还编写了详细的开关舱门操作手册，连脚放在哪里、手怎样用力，都写得明明白白。

操作保障第三重，反复操作熟生巧。为使航天员熟练掌握开关舱门的动作要领，体会操作方法，在研制人员的现场指导下，航天员多次进舱开展如何开关舱门的操作练习，还模拟了在失重条件下开关舱门的感觉，让航天员熟练掌握了操作要领。

百余项试验验证保安全。舱门在加工中严格做到控制精度，提高密封性和操作的灵活性。为了使舱门精细到夹住一根头发丝都能察觉和报警，确保舱门的可靠性，技术人员设想出各种故障模式。在模拟太空环境的真空罐里，对舱门进行了长达数月的环境试验。同时，他们还模拟多种因素，让不同人以不同的开门手法进行不同的试验，包括让没有受过训练的普通研制人员进行舱门开关等各种操作，经过千锤百炼的考验，证明了舱门的可靠性。

最后设备装船后，在整船总装和电测阶段，还多次组织由航天员亲自操作的开关舱门试验演练，参加系统级的检漏试验。

慎之又慎、细之又细的研制团队，针对各种"不放心"上手段、加保险，为舱门设计打造了一道道安全锁，确保航天员一次又一次安全往返于天地之间。

筑牢全时段生命防线

登天之路并不是一条平安大道，尽管地面的一切准备工作都朝着"零疑点、零故障、零缺陷"的目标努力，但是仍然需要考虑意外情况下的航天员安全。所以，飞船和火箭的设计师们设计了应急救生的措施，在航天员一旦出现危险时，能使出起死回生的"杀手锏"。

应急救生系统是航天员生命安全的最后一道防线，它像一张随时待命的大网，时刻准备着化解每一个环节可能出现的危险。应急救生分系统主任设计师李颐黎和他的攻关组把可能影响航天员安全的各种因素统统装进救生预案，从大气层内到大气层外救生，从境内到境外救生，从陆地到海上救生，一一制定了相关紧急救生对策。他们将航天员从进舱待发射到返回出舱分为四大阶段，即待发射段、上升段、运行段和返回着陆段，编制了11种救生模式，充分考虑了每一分每一秒中可能出现的险情，将其件件放在心上，事事均有良策，真正为航天员构筑起生命保险。

待发射段，特殊滑道化解险情。待发射段，是指航天员进入飞船座舱至火箭点火这一时间段。设计师们根据世界载人航天历史上各种情况的综合分析，认定此时的危险源主要是火箭或飞船推进剂泄漏、着火，火箭发生故障等，一旦发生上述问题，救生措施以帮助航天员迅速离开发射台为目的。按照预定程序，在火箭点火前 2 小时，航天员乘电梯进入飞船座舱，参与射前人—船—箭功能检查；点火前 1 小时 20 分，工作人员关闭舱门；点火前 5 分钟，航天员系好束缚带，关闭头盔面罩，戴好手套，准备升空；火箭、飞船的故障检测和逃逸救生系统开始进入工作状态。在点火指令下达前，如果出现紧急情况，研制团队设计了两种救生模式，一是通过特殊滑道或防爆电梯迅速撤离危险区，二是采用逃逸飞行器连人带船一起飞离危险区。

乘滑道和电梯撤离的前提是时间有余量：航天员要迅速从座椅处攀登到近 2 米高的舱口，在医保人员和发射塔勤务人员的帮助下，快速打开飞船舱门，以最快速度钻出飞船。飞船舱门正对着第九层发射塔架，旁边有一个航天员专用防爆电梯可以乘电梯撤离现场。如果塔架已经断电或时间实在紧迫，航天员就要赶紧跑到撤离滑道入口处，迅速滑到地下安全隐蔽室。

紧急撤离滑道由钢套管和高弹力阻燃救生布组成。救生通道是一个直径较小、仅容一个人挤进去，高约 50 米的大尼龙口袋，外层为防火的玻璃纤维，能防止大火烧蚀；中层为弹性纤维层，航天员通过支开手肘和脚产生摩擦，来控制下滑速度；最里层为特殊纤维层，这种纤维的张力为钢材的 10 倍，用来支撑救生袋的全部重量，并且表面柔软，下滑舒适。跳进救生袋时，航天员要先把腿放进滑道，双腿叉开，伸开肘部及手便可以控制下滑速度，当用力撑住口袋壁面时，能完全停止下滑。口袋底部有海绵减震软垫，口袋的出口处要适度拧紧，防止下滑者由于速度过快溜出很远而摔伤。为了防止静电产生，发射前还要用水浇湿整个滑道。从口袋里钻出来，便是发射架基座下面的一条通道，穿过防爆门、密封门，可以撤离到安全的地下掩蔽室逃离危险区。

航天员平时的训练中就有这个科目，紧急撤离的路线早就演练过很多次。在世界载人航天的历史上，1967年1月27日，美国阿波罗4A飞船地面试验着火，是发生在发射台上唯一的一次伤亡事故。当时，阿波罗4A飞船和土星5号火箭在进行地面联合模拟飞行试验。飞船中有三名航天员，如果这次试验成功，他们将进行登月前的轨道飞行。当训练进入最后的倒计时时，突然程序中断，通话器里听见航天员在大喊："着火了！""快放我们出去！"等毫无准备的救援人员跑去打开舱门，3名航天员已全部被烧死在舱内。后来查明，事故原因是电线短路导致起火和座舱设计不合理。阿波罗飞船座舱里气压较低，打开舱门的时间设计为90秒，着火后，舱内形成正压，无论里面还是外面在短时间里都无法打开门。神舟飞船的设计师充分考虑了打开舱门的细节，使舱门无论从里面还是从外面，不超过3秒钟就能迅速打开。

如果险情一触即发，时间已经不允许航天员出舱进入滑道，火箭上的故检系统一个信号发出，逃逸塔就会即刻点火升空，使航天员脱险。

上升段，让飞船听话受控。民航的人身保险是以飞机的整个航程时段为保险单位的，而对航天员的人身保险，火箭和飞船的设计师是以秒甚至毫秒的时间段来全程保险的。

李颐黎说："在发射上升阶段，最大的危险来自火箭的故障，比如，发动机推力不足，姿态不稳，或偏离预定轨道等。这时，救生的办法分发射台救生、低空逃逸塔救生、高空无逃逸塔救生和大气层外救生四种模式。"

第一种模式是如果在发射台上发生意外，必须迅速使火箭终止飞行。这种情况并不鲜见，1964年12月8日，美国发射双子星座2号飞船时，火箭点火1秒偶遇故障，实施了紧急关机，泄出推进剂后，推迟到第二年1月才实行了再次发射。美国航天飞机第19次飞行时，点火3秒，也因故障实施紧急关机，航天飞机自动熄火停止了发射。1992年3月22日，中国为澳大利亚发射卫星，因四个火箭助推器发动机中的两个未能正常点火，点火7秒也自动紧急关机，证明中国早就掌握了发射台灾难规避技术。

第二种模式是火箭一旦从发射台上起飞，开弓就没有回头箭，这时的救生办法是使逃逸塔点火，拉着飞船迅速离开有故障的火箭。逃逸塔的作用是火箭起飞前5分钟到起飞后120秒期间，也就是飞行高度在0千米至39千米时，帮助航天员脱离危险区，打开降落伞安全着陆。

第三种模式是火箭飞行120秒后，逃逸塔按照预定程序被抛掉，从120秒到200秒的时段，火箭飞行的高度在40千米至115千米，此时，飞船如果收到火箭发生险情的信号，就会自动与火箭"一刀两断"脱离关系，然后进入返回程序自行返回救生。

最后一种模式是大气层外的救生，也是难度最大的救生。火箭飞行200秒以后进入了115千米的外大气层，再飞行280多秒便进入207千米的飞船入轨轨道。这一段的救生时间跨度大、飞行距离远、速度快，直接导致箭船分离后返回舱落点散布范围很大。李颐黎画了一张示意图，一看真叫人吓一跳——返回舱的航程大约有8000千米，仅海上落区就有5200多千米长！这么大的范围，即使返回舱安全落地了，地面搜救人员大概率仍然无法及时赶到落点，无法及时接航天员平安回家。

是实施全过程救生呢，还是预设几个点救生？那时李颐黎和他的研制队伍站在了进退两难的悬崖边。

想参考一下苏美的经验，一查资料，他们傻眼了。苏联由于国土面积较大，陆上航区较长，海上落区只有3500千米长，他们在海上布置了7艘船、110架固定翼飞机和179架直升机，搜救人员4500人；美国水星号飞船发射时，在海上设立了16个应急救生点，布置了24艘船，包括3艘航母以及126架飞机，动用人员2.6万。这样的物力、财力和人力的付出，都是我国的国情国力所无法承受的。

那么大气层外的救生究竟怎么办呢？

这个令人头疼的难题摆上了921工程总师王永志的案头。一时间，王永志的专车经常"搭载"李颐黎上班，汽车成为俩人讨论问题的"移动接头地点"。终于，研制团队提出了一个大胆的设想：飞船一旦在大气层外遇险，应利用飞船的控制系统和自身动力，尽量使飞船入轨，然后进入预定的返回程序，这就等于把茫茫大海上的搜救变成了在国内陆地上的回收；万一飞船入不了轨，也可利用船上控制系统让飞船进入预先选定的海上搜救圈。

飞船飞控专家陈祖贵和同事成功地把这一国内外首创的设想变成了现实。设计中光计算公式他们就写满了四大本，摞起来有30厘米厚。他们研制成功了自主瞄准技术，用8个陀螺输出的12个飞船姿态数值，随时修正、调整飞船的方向，控制飞船准确返回到预定的回收区。神舟一号到神舟四号共4艘无人飞船的试验，证明这一国内外首创的新技术完全成功，落点精度全部都在正负10千米左右。这样，我国陆上回收场只设主着陆场、副着陆场和少量应急着陆场；海上应急救生区也大大缩小，总共只设3个区，总长度约2100千米，只需要配置6艘打捞船和少量直升机就可以保证航天员落到哪里，搜救人员就及时赶到哪里。

运行段，每圈都有护身符。飞船进入轨道正常运行后，应急救生分系统也不是万事大吉。万一神舟飞船被流星或太空垃圾击穿，或船上某个阀门泄漏怎么办？

设计师们根据飞船绕地球飞行的时间，为飞船飞行的每一圈都设定了所经过的应急救生着陆区，着陆区涉及国内外十多个地区，有国内内蒙古中部和西部的主、副着陆场，有华北地区及东南地区，有四川中部地区，还有国外澳大利亚、巴西、美国及非洲和阿拉伯地区。李颐黎拿出了一张长长的表，上面详细标明了飞船每一圈进入预定落区的时刻和飞出落区的时刻，时间精确到哪一天、多少小时、多少分、多少秒和多少毫秒，并标出了其间的飞行距离、落点的名称。那张表上，共标出了飞船第 2 圈到 109 圈的情况，也就是说，飞船在轨道上运行的 7 天里，天天受关怀、圈圈有保护。

具体来说，针对不同的险情，神舟团队精心布置了三道防线。

当飞船局部发生故障、情况并不十万火急时，设计师为飞船设计了 18 小时等待返回功能，飞船可充分利用此时间，尽量选择最近的、着陆环境最好的应急着陆区着陆。

当座舱发生泄漏时，航天员面前的控制面板会显示压力应急报警信号，航天员必须在 10 分钟内穿好航天服，接通供气管。航天服可连续 6 个小时保证航天员的氧气供应，利用这宝贵的 6 小时时间，设计师为飞船设计了稍候返回功能，飞船仍然可以选择适当的飞行圈数，在 10 个应急着陆场中选择比较适宜的着陆。

如果险情十分紧急，飞船还有立即返回功能，设计师保证飞船有 2 个小时的时间，瞄准第一个来得及着陆的地区着陆。在神舟四号飞船的飞行中，先后注入了 17 次应急返回参数，模拟的救生模式一一对应，准确无误。

应急救生着陆对飞船的 GNC 分系统有很严格的要求，一旦控制有误，后果不堪设想。返回需要控制的参数是随时间变化的、非线性的、多变量的，包括飞船的纵向航程、侧向航程、过载以及姿态，但控制手段只有一个，那就是飞船有限的升力。设计这样的控制系统的难度，可想而知。为了解决气动参数不确定的难题，GNC 分系统团队研制成功世界首创的升阻比实时估计的自适应返回控制新技术，将 4 艘飞船安全准确地控制到预定回收区。落点精度达到世界先进水平，4 艘神舟号无人飞船返回落点精度之高，相当于打靶打了十环。我国成为世界上第三个掌握飞船可控再入的国家。

返回着陆段，处处有惊险。安全返回是载人飞船的最后一关，也是载人航天任务的成功标志。但要做到安全，谈何容易。飞船返回和着陆阶段指离开运行轨道到着陆为止，是故障与事故的多发阶段，也是航天员罹难最多的阶段。如果从 1967 年 4 月 24 日联盟 1 号因降落伞未能打开而摔死的航天员科马罗夫算起，到 1971 年 6 月 30 日联盟 11 号返回时座舱阀门提前打开空气泄露，多勃罗沃尔斯基、沃尔科夫、帕察耶夫 3 名航天员窒息而死，再到 2003 年 1 月 4 日美国哥伦比亚号航天飞机返回时解体，7 名航天员遇难，在返程途中一共牺牲了 11 名航天员，占所有遇难航天员的 1/2（地面训练牺牲 4 人，挑战者号发射升空时爆炸牺牲 7 人，共 11 人）。

返回着陆段的危险主要是一旦船上惯导系统失灵，飞船无法建立制动姿态；变轨发动机出现故障；降落伞发生问题；着陆缓冲发动机不工作等。设计师根据上述可能发生的故障制定了不同的措施。

惯导系统失灵怎么办？船上还备有光学瞄准镜，航天员可用这套设备获取飞船的姿态角，手动控制，使飞船两次调姿转向 180 度，建立起制动姿态。

变轨发动机有故障怎么办？一、三发动机出现问题，则由二、四发动机替补；4 台发动机全部出现故障，还有另外 8 台 150 牛的小发动机，足以让飞船完成制动调姿，返回主、副着陆场，这个我们在第二章也介绍过相关技术创新。

降落伞坏了怎么办？飞船上备有 2 套降落伞，主伞按正常程序应当在距地面 11 千米的高度上开伞，此时返回舱就会减速。如果主伞不能正常工作，那么返回舱的速度就减不下来。这时，返回舱就会自动打开一个开关，迅速断开主伞，切换备份伞系统工作。返回舱配置了相互独立的两个伞舱，主伞和备份伞不会相互影响。

着陆缓冲发动机不工作怎么办？设计师在返回舱底部安装了一台高

度仪和 4 台缓冲发动机，当飞船距地面 10 米高时，舱内的指示灯提醒航天员"即将着陆"，距地面 1 米高时，高度仪发出信号，"指挥"缓冲发动机点火，给飞船一个向上的抬力，飞船的落地速度便减到了 1～2 米/秒，航天员可以安然着陆。万一发动机不点火，航天员会不会受伤？对此设计师也留了一手，他们在航天员的座椅下部安放了前面所讲的胀环式的缓冲器，它能起到弹簧的作用，可以吸收振动的能量，保护航天员的安全。

着陆后的许多细节，设计师们也安排得很周全。返回舱落地后，"接头信号"就会立即发出。信号有两种，一种是闪光灯，一种是染色剂。闪光灯以每分钟闪动 55 下的频率发出白色的闪亮，可以连续闪光 25 小时，为夜间搜寻提供返回舱的位置信息；染色剂由荧光素钠盐构成，返回舱落水后，1 千克染色剂溶于水中，在返回舱周围可形成一大片绿色荧光区，白天易于飞机的搜索。返回舱里为航天员准备的救生物品一应俱全：有远距离呼救电台、GPS 定位仪、信号枪、闪光标位器、太阳反光镜、光烟信号管和海水染色剂；有急救药包、蛇伤自救盒、蚊虫驱避剂；有食品和饮水、指北针、抗风火柴、防尘太阳镜、引火物；还有救生船、渔具、驱鲨鱼剂、抗浸防寒飘浮装备、救生手册等。

"不惜代价，一切为了航天员的安全"这不是一句空洞的口号，它是千千万万打造飞船的人融入身心的深刻认识和自觉行动。

再来看看这些"枯燥"的试验记录，也许你也会被追求极致的航天人所感动：

进行零高度逃逸救生试验，验证了发射台上火箭发生严重故障时需要进行的逃逸救生方案的可靠性和安全性。

进行水上溅落与海上漂浮试验，验证了返回舱水上抗倾覆能力和密封性能，验证了信标和染色剂的海上工作性能。

进行舱段分离试验，做了 15 次轨道舱与返回舱的解锁分离试验，11

次返回舱与推进舱的解锁分离试验，验证了三舱段分离的可靠性。

返回舱周围形成绿色荧光区

进行空投着陆冲击试验，累计进行了 72 架次飞机空投试验和 50 多次冲击过载试验，全面考核了降落伞的性能，验证了航天员受到的冲击过载满足医学要求。

进行综合环境应力试验，通过飞船电子设备在振动、湿度、高温和低温恶劣环境中工作性能的考核，检验并暴露元器件、材料和工艺等方面的缺陷。累计考核电子元器件 8 万多个、设备 60 多台，连续数百小时工作无故障。

进行三机容错试验，飞船的 GNC 分系统和数据管理分系统广泛采用了可靠性设计措施，具有三机容错的能力，保证飞船"一次故障正常工作""两次故障安全返回"。

……

144

追求极致的神舟人，在应急救生这最后一道防线中绞尽了脑汁，竭尽了全力，只为筑牢生命防护这张大网，为航天员铺就了一条往返天地的平安大道。

与"假想敌"作战

"绷紧每一根神经、预想每一个危机、做好一万分准备，时刻准备与'假想敌'作战。"这正是马晓兵和他带领的交会对接任务飞控团队的真实写照。

第一个"假想敌"就是紧急情况下飞船返回轨道参数的计算。神舟一号到神舟七号，飞船都是单船飞行，但是从神舟八号开始，飞船要在天上追赶天宫一号，复杂度远大于单船飞行，需要根据天宫一号的位置，在两天时间内多次变换轨道。如果这两天中出现紧急情况需要飞船返回的话，需要迅速重新计算轨道参数，从地面发送指令给飞船。这给设计人员出了个难题，不断地变换轨道，就相当于要重新计算，然后生成参数，注入控制网，再发送到天上，这个时间可能不可控，时间会较长。

而时间就是生命！

返回轨道计算时间的长短直接关系到飞船能不能安全返回。如果在地面重新计算不断变化的轨道参数，再发送指令到飞船，时间肯定来不及。这时，团队想到了一个唯一可行的办法，就是利用飞船上配载的计算机来计算。但轨道计算相当复杂，飞船上的计算机难以完成，于是只能对轨道计算的算法进行简化。这就需要既不能降低精度，同时又要减少计算步骤，但这谈何容易。

一年的时间，团队计算了几十万条轨道参数，再把这些数千万的数据集成进行分析。这期间，他们不停地发现错误，再不停地归零重新计算，最后，终于提炼出一个简化的算法公式，有效解决了飞船变轨期间紧急返回的难题。当然，任务一个接一个地成功，这个公式并无"用武之地"，研制团队也相信这个"假想敌"永远不会出现。

第二个"假想敌"就是空间碎片撞击的危险。目前环绕地球数以亿计的太空垃圾给天宫神舟组合体的运行带来了不小的风险。空间碎片一旦与航天器发生撞击，后果不堪设想，毫米级以上尺度的碎片会穿透航天器表面。为确保安全，研制团队对太空垃圾进行实时监控，及时对危险进行预报，及时发出指令进行天宫神舟组合体的调姿规避。

即使遭遇空间碎片撞击，飞船不会一下子被击穿，因为在飞船设计时已经充分考虑到要具备一定抗击空间碎片的性能。更坏的情况下，即使真的击穿漏了，团队也做了预案，如果发现漏气，飞船会自动开启应急大流量供氧，让航天员有足够的时间可以穿上压力服。压力服可以让航天员保持在安全环境中，再由天上紧急返回地面，这时候团队会将处于停靠状态的飞船在短短几个小时里启动所有运行程序，并确定一个返回着陆区，保证航天员能够安全、迅速地回到地面上来。

研制团队在总结之前型号经验的基础上，利用各种方法分析航天员在轨可能遇到的危险，共"挖"出了可能出现的 600 多种问题，树立起了 600 多个"假想敌"。又准备了 600 多个应急故障预案，对付这些可能出现的"敌人"。

故障预案事无巨细：舱内突然失火了怎么办？温度突然急剧升高或者急剧降低怎么办？航天员生病怎么办？通信线路不通怎么办？重要设备失灵怎么办？……

正常飞行流程就一个，但是为了确保万无一失，光是故障飞行流程的分支就有 10 多个，每个分支内还有具体的故障模式。在团队思考每个可能的故障时，也在反向思考正常的飞行流程，从各个角度、翻过来掉过去地对正常的流程不断地打磨完善。从工作量上来说，约 80% 的准备工作都花在了应急或者故障状态上，而每一次任务圆满成功后，这 80% 的工作又都是"无用功"，但整个团队深知，用不上才是最好的结果。

任务期间，飞行控制大厅每一个值班的飞行支持人员都对 600 个故障预案烂熟于心，能够随时应战。他们人手一本故障预案手册，时常拿来翻看，两人见面时，还会互相拿预案来进行问答，每天班前班后会，团队还会针对后续任务特点和飞行器在轨实时情况，对后续动作和故障对策进行专题讨论。在马晓兵等人的带领下，团队全身心地投入，时刻都保持着一颗警惕之心、警醒之心，好像"假想敌"随时出现，随时都要进入战斗。

搞载人航天只考虑技术先进是远远不够的，必须把可靠性和安全性放在第一位。负责飞船 GNC 分系统的胡军副总师，带领分系统研制团队不断完善系统的设计，将"一重故障保任务运行，二重故障保航天员安全"理解到了极致，也做到了极致。

正如前文提到，航天员返回阶段是危险性极高的过程，是需要全力保证的过程。为确保万无一失，分系统团队对关键设备都设置了备份，如果主份设备出问题了，计算机马上切入备份设备。比如飞船的陀螺，是用来测量飞船姿态的，就安排了多个陀螺互为备份，再比如飞船的控制计算机，采用三机设计，坏了一台还有两个可以工作，坏了两台仍然有一台可以正常工作。

对轨道控制、维持以及返回制动这类重大事件，GNC 分系统团队设计了变轨发动机工作期间的实时自主诊断与系统重构功能。发动机工作时可以自己进行"健康诊断"，如果发现某一个发动机出了问题，控制系统会关闭故障发动机，并开展计算，利用其他发动机组合工作进行变轨，以代替故障发动机。同样，用来控制姿态的发动机也有容错方案，某一个发动机失效，可以通过其余发动机的组合工作来弥补。

为确保飞船和航天员安全，GNC 分系统还设计了整船对日定向安全模式。飞船如果失去姿态基准或姿态偏差过大，会给飞船运行带来很大风险，如果出现这种情况，飞船可以自主、也可以按地面指令，变换姿态来寻找太阳，通过对日定向以获得姿态基准，而后再恢复到正常姿态。

神舟团队通过科学的方法，不断地寻找"假想敌"，并对每一个"假想敌"制定"作战方案"，以确保每战必胜。虽然"假想敌"们一次次的爽约，但团队并不感到遗憾，"不战而胜"才是最好的结果。

既要预想，更要回想

被神舟团队称为"双想"的回想和预想工作，是逆向思索和超前预想相结合的工程管理实践创意。

在进行重大试验和执行重大任务前，各个部门都要静下心、坐下来进行回想和预想工作。回想自己所做过的工作有没有差错、有没有疑点；预想型号进场后可能发生什么问题，万一发生什么故障，怎么办？

神舟五号进入酒泉卫星发射中心后，在发射前再次围绕飞船首次载人飞行做好"双想"工作，为航天员上天再加一道保险。他们"双想"出"万一的万一"问题100多项，一项一项地复查确认，一项一项地做出结论，使神舟五号真正做到了"零故障、零疑点、零缺陷"。

为确保型号产品万无一失，神舟五号研制队伍在有的放矢搞"双想"之外，又增加了"两复查"，即涉及单点故障的复查和不可测试项目复查，由总体设计师协同各个分系统设计师进行。"单点"指没有备份的设备，又对任务成功有较大的影响，比如舱体整体结构；"不可测试项目"指无法测试的项目，需要通过其他手段确保该项目能够正常工作，比如连接飞船各个舱段的火工锁的分离功能就不能通过点火来验证，一点火，锁就炸开不能再用了。设计师们从单机生产质量控制措施、产品生产过程的关键尺寸、关键要素的原始数据和原始材料查起，直到查看总装后的测试结果，以确认飞船研制的整个过程都严格按要求执行到位，单点故障不会发生，不可测试的项目在轨都能正常运行。

保成功永无止境。

神舟十号在发射场期间，副总师贾世锦与团队一道提炼总结，变"两复查"为"六复查"，即风险六要素交集复查工作，包括技术状态更改、质量问题归零、单点故障、不可测项目、关键单机、超差六个维度，对有交集的设备进行识别，整理出有交集的项目清单，有针对性地对产品数据包、测试数据等过程记录复查确认，对交集要素间的相互影响进行风险分析，做到对产品质量胸有成竹。神舟十号研制团队的规矩就是"没有最严，只有更严"，从严把技术状态固化开始，贯穿到千方百计严格防范风险结束。

副总指挥常跃东牵头对研制现场管控方法又不断提出改进，将神舟十号专项操作前的"双查"升级为"四查"：由原来"查岗位、查文件"的两查，增加了"查操作人员对文件的学习掌握情况、查工具设备的准备情况"。这多出来的两个"查"，是为神舟十号量身定做的规矩，因为越是充分吸取以往经验，就越能事半功倍地确保成功；越是重大任务压力倍增时，就越要从最基本的照章办事出发，从最点滴的规规矩矩做起。

不光"四查"，还有"三比"，总指挥何宇指出，这是试验队坚持做的苦功，一个明确的、严格的、"费了老劲"的纪律——"有'数'的都要比对！"和北京航天城的数据比对，和神舟八号、神舟九号数据比对，将环境温度、气压、湿度等参数与相关遥测数据关联判读分析。这个"三比"，从以往的电测阶段延伸到了总装阶段，对于无法量化的关键操作结果，又调出神舟八号、神舟九号的实施结果照片进行比对。"三比"是技术手段，更是管理方法，也直接体现出飞船队伍严慎细实工作作风的传承。风险和发展并存，前面的连续成功并不代表后面的必然成功，必须不断升级识别风险、排除风险的管理手段。

GNC 分系统中的陀螺受极微小的恒流源激励而工作。这个微小的恒流源需要精密标定，规定了最大允许值。实际工作中标定的结果虽然合格，但是属于"卡边"。从技术上讲是允许的，但对于极端负责的质量品格来说就有遗憾。

为了这千万分之一尺度上的不遗憾，GNC 分系统团队数次推倒重来，最终取得了低于最大允许值几个单位的标定精度，这或许就是无极限追求的真实写照。

飞船上有一根电缆，"看起来"让人有点不放心，总体主任设计师邵立民立刻带人去测量其长度和强度，并专门成立一个小组进行验证分析。分析后，又立刻与总装人员一起再次检查其绑扎方式并加固，直到证明电缆绑扎合格。这只是个小故事小插曲，但更是飞船试验队确保质量疑点"明明白白、清清楚楚"的范例。

每晚十点，神舟十号发射场试验队都要开一个"技术讨论会"，参加人是两总、技术总体设计师、调度和质量人员，进场两个多月，基本风雨无阻。围绕的是技术，针对的是质量，拷问的是内心。为了对得起自己内心关于质量的反复拷问，团队在在执行工程任务中采取了最为苛刻的"双想""三比""四查"和"六复查"，编写出海量的各类总结报告，完成了一项项明确、准确的改进措施。诚如何宇所讲："从更深层次上讲，追求产品质量是无极限的个人价值追求，要经得起自己心灵的拷问，这才是神舟十号最精髓的质量追求。无极限的追求，源自极端负责的团队品格和永不停止的自我审视。"

第三节　细节决定成败

一人飞天凝结万人心血。神舟飞天的三十年，历经了千辛万苦，每一个细节都至关重要、每一个细节都关乎成败。面对工程研制极端复杂所带来的极端挑战，神舟团队采用了极端细致的工作方式，在一次次主动的"加码"中消除隐患风险，在一次次精益求精中提升质量可靠性。

5 米长的倒排时间表

1995 年下半年，工程研制全面铺开，进入了最紧张、最复杂、最困难的时期。

飞船的总体任务被分解成 13 个分系统，组成各个科研技术班子，分头进行攻关试验。由于缺乏系统的管理，分系统各干各的，到了总体开会的时候，也都各说各话，整个系统的研制任务推进得不太顺利。

那个时候，每到工程大总体开会时，被简称为 921-3 的飞船系统总是最后发言，由于飞船研制进展不尽人意，被称为"短线"问题。会上，航空航天工业部和国防科工委的领导同志这样讲："飞船系统已成为工程的主要短线，如果再不突破，'争八保九'的目标就将难以实现，希望 921-3 不要拖 921 工程的后腿。"

神舟飞船两总压力很大，一次次召开会议，研究对策。他们决定把系统管理办法运用到工作实践中去，将 GNC、热控、测控与通信、电源等 13 个分系统再层层逐一分解，明确目标任务。

同时，组成"突击队"，每一个分系统都有人领衔督战，责任落实到人。

飞船返回舱是飞船的指挥控制中心，是航天员的太空卧室，是整个载人航天工程研制中最关键的部位之一。在研制过程中，529厂负责的返回舱结构加工成了"短线"中的"短线"，因为返回舱体积大，外形不规则，结构复杂，发动机安装面及对接密封面精度要求高，局部焊接时容易变形，无论是零件生产还是工装模具加工都遇到了"拦路虎"。

副总指挥袁家军与技术人员一起，将每一道工序、每一个环节、每一个机件、每一个时间节点、每一个岗位都逐一排列出来，制定出了一个5米多长的计划流程，使每一个工作人员心中明白干什么、怎么干、什么时间完成、达到什么质量要求、怎样和其他工序衔接等，避免窝工、返工、无效工，极大地提高了工作效率，加快了飞船返回舱的研制步伐。同时也便于指挥系统准确把握对项目有重大影响的环节，两总和调度人员深入现场解决问题时得以做到心中有数，更得心应手。

这份5米多长的计划流程，是一份倒排的时间表，把10个月要完成返回舱打造任务的目标框在里面，明确节点底线。这份"倒排时间表"也是一份"军令状"，既显示了飞船系统指挥者们攻克"短线"的信心、背水一战夺取胜利的决心，也激励着各个岗位上的研制人员奋力拼搏。有人对这个"倒排时间表"表示怀疑："返回舱能10个月造出来？我看18个月也不行。"型号两总面对质疑，毫不动摇，一定要把计划流程坚定地执行下去，气可鼓，不可泄，一定要按时完成任务！确保后墙不倒！

完成第一个返回舱的时间节点定在1996年9月底。眼看一晃就过去了几个月，529厂从上到下也不由得暗暗着急。

这一天，他们在一个简陋的厂房召开了一个既是攻关研讨又是战前动员的会议，所有参加此项工作的一、三、六、七车间，技术二、三、四、五室，以及理化中心、检验处、工具处、动力处等部门的人员都来了。会上，他们研究出两套加工方案，并准备了14个应急措施，以解决加工中可能出现的问题。同时，根据工作量的需要，决定每天开12个小时的双班制，做到歇人不歇设备。

一场保质量、追进度，打造"中华第一舱"的战斗在 529 厂打响。

1996 年 9 月 28 日 5 时 15 分，返回舱终于保质按时完成。529 厂工人以有史以来罕见的惊人速度，比计划流程提前两天为返回舱主结构生产画上了一个圆满的句号。

这天早晨，529 厂举行了庄严的升国旗仪式。

高慎斌厂长怀着激动的心情向全厂职工宣布："我厂已完成了试验飞船返回舱金属壳体的组合机械加工工作，圆满地完成了工程两总交给的艰巨而又光荣的任务！"

此时此刻，望着迎风飘扬的五星红旗，一种神圣而又自豪的感觉溢满了每个人的心头。

第一个返回舱的制造成功，一下子扭转了飞船研制的被动局面，既赢得了时间，也把整个飞船系统管理的思路给梳理了出来，并使得系统管理的经验、倒排时间表的做法得到验证并推而广之，对飞船研制工作具有里程碑式的意义。

一张流程图　十年造船路

载人飞船研制复杂，远非一两句话能说清楚。要实现当时中央"争八保九"的任务目标，即争取 1998 年、保证 1999 年发射飞天，更是件难于上青天的事，必须要编制一个能够表达复杂的技术关系并能够操作的计划流程图，这张图就成了当时工作的主要焦点。

神舟一号飞船是三个舱段，相当于三颗卫星的技术复杂度，而且有很多新的技术。航天五院是总体单位，并具体负责返回舱和轨道舱两个舱段的研制，上海航天八院负责推进舱的研制。飞船副总师唐伯昶刚从返回式卫星队伍调过来的时候，到总体和专业室了解情况，大家告诉他，干飞船工作的事多人多，关系复杂，有点千头万绪，一堆乱麻的感觉。

必须赶快整理头绪，形成整体策划，加大执行力度，否则一帮人锣齐鼓不齐，形成不了正常有力的节奏。

航天五院飞船工程处处长刘济生依据型号研制程序的有关规定，参考了返回式卫星管理的经验，带领团队编制了载人飞船系统工程研制全过程的第一张计划流程图。这张图明确了关键技术项目、需要投产的飞船数量与状态和必须进行的大型试验项目，提出了保障条件的要求，安排了研制阶段和计划、经费流向、拨款强度和大系统接口关系等，把人、机、料、法、环五大要素有机地联系在一起，谋划了后续十年载人飞船的研制工作蓝图，为"争八保九"目标的实现发挥了重要的作用。

为了这张图，刘济生倾注了大量心血。他每天下班从白石桥大院骑上自行车回到东花市，穿过大半北京城。路上，车轮在飞转，他的脑子也在飞转，始终在心里摆弄着白天的流程图。回家后，他马上把路上所想画在图上，遇到有不清楚的地方，第二天上班再找资料校正。历经六易其稿，流程图终于绘成，一张密密麻麻布满了点和线的A3大小图纸上，车轴撑着辐条，辐条延伸的地方撑起了飞船研制程序的流程轮廓，正如诗句所说，"我们抽出手掌的纹路，编织成旗帜的经纬"。

计划流程图很好地解决了上级要求、总体研制流程、技术验证工作、各分系统研制工作以及工程建设计划的协调统一，千头万绪的工作画在图上，让人一目了然。流程图以研制1艘有人飞船为主线，2艘无人飞船为副线，明确了结构船、热控船和电性船3项大型试验，还明示了4项技术突破：在上升段突破逃逸救生技术；在轨段突破气液分离技术；在返回段突破升力控制技术；着陆段突破伞技术。同时还提出了与其他6大系统的接口要求。刘济生还汲取了在返回式卫星研制调度中总结的经验，采取了整船试验并联进行的方法，生产上采用任务搭接方式，飞船系统试验外的其他大型试验尽可能采用串联方式进行。

计划制定好后，必须有坚强的执行力度。唐伯昶回忆道："我记得一周开一次调度会，一天开一次碰头会，下班前把检查的情况汇总，晚上我再把要解决的问题列出清单，第二天上班即把工作通知发给要执行的调度员，请他们立即去执行。当时几个调度员都是个顶个的干练，做事动作节奏感很强，我上午把工作单交出去，下午上班就把一个情况汇报单放在我的办公桌上。那个阶段，我们的工作抓出了成就，也锻炼了人才队伍。"

十年来的实践证明，按照这个计划流程，加上强大的执行力，研制周期得以缩短，研制经费的使用效率得以提高，各艘飞船都能够如期发射、成功返回。

-8 小时各就各位

1999 年 11 月，在酒泉卫星发射中心，神舟一号飞船进入了紧张的发射前准备工作。因为是第一次发射，大家既兴奋，又紧张，心里还隐隐有些忐忑不安。飞船发射与卫星发射不一样，一是发射前飞船上操作人员和塔架操作人员多，二是人员跨单位多，有航天五院的，上海航天八院的，航医所的。如何合理安排人员位置，合理安排工作程序，既保证飞船和人员安全，又保证飞船和人员都处于受控状态？

随着发射日期的一天天临近，一些参加过卫星发射的老同志提醒总调度尚志，该贴"大字报"了，把发射前一天的工作安排张贴出来。但尚志觉得这样安排工作太粗，狠抓细节的工作习惯让他觉得这样容易漏人、漏项，也不能反映人员、车辆在某个时间段的变化，必须有一份规范性的文件。

主意打定，立马行动。

当时，金勇是发射场现场调度，这个重担就理所当然地落到他的身上。要做好这件事，其实很不容易。一方面，这是一项开创性的工作，没有先前的东西可以借鉴，另一方面，涉及的人、事、物太杂，串行、并行、交叉，千头万绪。而他唯一的优势就是对飞船发射整个技术流程的了如指掌。那是一段日夜不分的日子，调度组白天盯现场、开调度会，晚上加班加点整理梳理，将飞船发射时岗位人员、使用的文件清单、发射场车辆调度、发射时常用电话、对讲机的分布、人员的分布、后勤保障要求以及试验队 -8 小时发射区人员紧急撤离预案等等，在大脑里一遍遍地预演，一遍又一遍地预想可能发生的意外，然后落笔写成文件。

那是一个细得不能再细的文件，细到每个人每分钟在什么位置干什么，坐几号车沿什么路线去，又坐几号车沿什么路线撤回，由谁带领由谁负责，都规定得一清二楚。任何一个没有参加过飞船发射的人，拿着文件，都可以知道自己什么时间在什么位置干什么事情，可以说完全是达到了军事化的精确程度。

当临射前 -8 小时所有的工作流程确定后，型号两总带领调度组，组织发射场人员进行预演，在演练中让大家熟知这个文件规定，发现和找出不足，并对文件进行完善。

1999 年 11 月 20 日清晨，当飞船从巨大的轰鸣声和烈焰中腾空而起时，调度组和大家一起欢呼跳跃，那种"梅花香自苦寒来"的喜悦之情只有干过飞船的人才能体会。神舟一号飞船的整个发射过程和人员撤离过程，紧张有序，有条不紊，丝毫不乱，受到了领导和发射场人员的高度评价。从此，神舟一号飞船发射前 -8 小时工作流程也成了飞船系统一个固定的工作模式，在神舟飞船以后的历次发射中，都采用了这种工作模式，还被推广到其他航天器发射工作中。

在制定了飞船发射场临射前 -8 小时工作流程后，管理团队继续摸索、总结，又制定出了回收场工作流程。流程对回收试验队的组织结构、任务和目标、岗位责任制和各岗位职责、工作内容和工作程序、质量管理、安全管理、思想政治工作和后勤保障、文件资料管理、纪律、同各方面的工作关系等，都作了详细的规定，并作为载人航天工程的标准化文件下发使用。

一个任务一件事完成后，还要组织引导队伍坐下来仔细想一想，总结一下，有哪些地方还可以做得更好，有哪些经验下回可以借鉴，然后提炼总结出做事的标准模式来，做好经验和知识传承，下回直接套用，既保证了高效率，又不受人员变动的影响，从而保证了高质量。

神舟团队在总结前四艘飞船调度管理经验的基础上，到神舟五号飞船时首次制定了项目管理计划，将所有涉及飞船研制的项目都列进了计划，包括质量、技术、物资保障等以前计划流程中不包括的内容，小到元器件齐套、评审文件的名称，大到专列、飞机运输计划等，都详细地纳入了计划流程。项目管理计划的效果立竿见影，神舟五号在2002年一年研制工作没有偏差一天，完全严格按照精确到天的年度工作计划完成，这在以前的型号研制中是罕见的。

每一次飞船任务都是一次高难度的管理实践，随着一艘艘飞船的发射成功，一系列管理制度、生产规章、科研规定也日趋完善更新，飞船项目管理体系和管理队伍也日渐成熟。

一个环节都不能少

神舟飞船回收着陆降落伞子系统是由主用降落伞装置和备份降落伞装置组成的。这两个降落伞装置又分别由主伞组件、减速伞组件、引导伞组件及直属部件组成。在几十个部件和直属零件中，只要有一个零部件发生质量问题，就会给神舟飞船安全回家带来阻碍，甚至造成灾难性后果。神舟飞船安全回家，降落伞产品质量至关重要，而把好这最后一关的就是产品验收。

1200平方米的主降落伞，伞衣上缝有大大小小几千个零件，面对如此庞然大物，验收从何做起？

研制初期，不管是在北京城东光彩体育馆的木质地板上，还是在南苑航天大院36号大楼楼道的水磨石地板上，二十几个科研人员，或蹲或坐在这条被拉直的色彩斑斓的"巨龙"旁，面对自己负责的环带，随着一号、二号、三号……的口令声，动作齐整地翻动每一幅伞衣，同时检查伞衣上是否存在着油污、机械损伤或其他的产品瑕疵，而后将伞绳拉直梳理，检查其装配顺序是否正确，最后按主管设计人员的要求，抽测相关的几何尺寸。这就是早期的神舟飞船回收着陆降落伞子系统产品的验收场面。

由于空投试验所需的降落伞产品数量很多，而试验前的准备时间又很有限，因此验收的工作量相当大。

飞船主伞加工

随着研制工作的不断深入和神舟一号任务的临近，回收着陆降落伞子系统产品质量的保证问题，越来越受到工程总体的重视。要确保降落伞子系统产品质量，除去对设计和缝制过程的质量实施有效控制之外，还必须加强对产品验收工作本身的质量控制，把好产品出厂这最后一关。

经过慎重考虑，把好最后一关这副重担，落在了降落伞设计师高大全、林霄、竺梅芳组成的验收组的肩上，他们自降落伞子系统研制开始，就参与了产品的验收工作。正是他们在验收工作中的那种认真、执着及其表现出来的责任感，取得了型号两总和分系统的高度信任。

回收着陆分系统指挥葛玉君曾满怀感情地说过，只要是经高大全他们验收通过的降落伞产品，我就可以放心地签字放行。为了这份信任，更为了实现载人航天的神圣使命，他们不怕"弄不好要得罪人"，也不在乎"这是高级工干的活，你们是大材小用"等议论。他们一心只想为神舟飞船安全回家献出一点力，干好这个费力不讨好的"苦差事"。因为这个苦差事关系到航天员的生命安危，关系到人民的期盼，关系到祖国的荣誉。他们为怎样干好验收而不断地思考、探索、实践和总结。

研制早期，需要从头干起：一无产品验收的依据性文件；二无明确的产品验收责任人；三无验收人员的岗位培训；四无验收结果的可追溯性；五无产品质量的明确结论。

随着神舟一号研制工作的不断深入和发射日期的日益临近，对产品质量这种低层次问题已没有容错的空间和时间。以往粗放式的产品验收模式已远不能适应任务和形势的要求，需要尽快拿出一种能够确保产品验收质量、行之有效的新模式。

高大全他们回顾了早期产品验收实况，学习研究了降落伞产品验收的相关标准、关于产品验收过程表格化管理的规定和质量体系文件。经过仔细的分析思考之后，形成了一套新的产品验收方案设想。

首先要解决组织问题，确定产品验收人员，明确产品验收的质量和技术负责人及其职责；其次应对验收的产品做出规定，即提供验收的产品应该是经检验合格的产品，必须有相应的产品质量跟踪文件，比如产品出库合格证、产品质量跟踪书；此外还要做到验收有依据，怎样验收和验收哪些内容应依据验收细则，而产品是否满足设计要求应根据生产图样来判定；然后产品验收应有前后顺序，比如先检查使用的特纺材料，再查零件的组装、产品的外观、标志和缝合部，最后检测几何尺寸，以避免出现漏检；而对验收人员，应依据降落伞验收的相关标准进行培训，使其准确掌握降落伞产品瑕疵的判据，以避免出现错判，对产品验收的全过程应该实施表格化管理，使验收的结果具有可追溯性；最后，验收组应依据验收的实际情况和验收人员的意见，对被验收的产品做出验收结论。

从第十一批次空投试验开始，验收人员受命实施并验证这套新的产品验收方案。一些问题很快暴露了出来。

首先就是合适的验收人员少，现培养又来不及。降落伞产品的验收不同于一般的产品检验，对验收人员的要求也就不同于一般的产品检验员，必须由具有产品检验经验的降落伞设计人员担任，他们对降落伞子系统的了解绝不应低于研制生产人员。只有让内行人来干才能确保验收的质量，而这种"双向"人才的培养需要时间。

其次是产品加工质量跟踪卡需在加工过程中逐步建立，后补是补不上的，这就需要一个过程及时间。一方面，产品加工质量跟踪卡的编制、修改、完善需要一个过程；另一方面，跟踪卡的使用也需要一个适应的过程，这个急是急不出来的。

最后，降落伞产品验收工作程序记录表应该由主管设计师根据产品验收细则进行编制。对于表格的格式及产品验收的具体内容，验收人员与主管设计师也需要有一个不断沟通磨合的过程，因此表格的编制也不可能一蹴而成。

尽管有难度，但他们并没有放弃实施这套新的验收方案。他们按照设想的程序开始了探索。没有培训时间，他们就边干边学，有了疑问就向相关的标准和文件"请教"，遇到问题，就与生产人员探讨，直到取得共识；没有产品加工质量跟踪卡，他们就保持与产品检验人员密切联系，对查出的产品质量问题一起协商，讨论补救措施，提出今后在缝制中应注意的问题；没有产品验收工作程序记录表，他们就以产品验收细则和生产图样为依据，凭着对降落伞的了解，确定验收的重要和关键部位，进行详细的检查，并将验收获取的信息和数据记录在案，以确保验收结果的可追溯性。

从他们受命的那一天起，怎样确保产品的验收质量成了他们一直思考的问题。通过边干边摸索，他们的思路越来越清晰。随着神舟一号发射日期的日益临近，一个确保降落伞产品验收质量的成熟验收方案在他们的心里也日趋成熟。

验收团队一改早期那种无从下手的状态，着手实施自己思考设计的产品验收方案。他们严肃认真地检查文件，一丝不苟地对产品进行检验，对查出的产品瑕疵进行准确的判定，工作有序，验收井井有条，以最大的耐心和细心确保不漏验、不错判。不仅如此，对验收中发现的问题，不管是设计方面的还是工艺方面的，他们认真地进行分析，客观地发表自己的意见，帮助解决问题。从神舟一号至神舟五号不仅没有出现任何验收质量问题，而且随着这种新验收方案的不断实施，降落伞产品加工质量跟踪卡不断优化完善，验收工作程序记录表内容也越来越详实，基本上涵盖了验收方案的全部内容，具有了越来越强的操作性。

降落伞验收团队并没有满足于此，仍在不断地思考，是不是还有提升的空间，怎样百分之百地确保产品的验收质量？

实施新方案的开始阶段，对主伞和备份伞的伞衣幅的外观和径向带缝合质量的检查时，仍沿用以前的人海战术，检查的速度虽快，但由于二十人左右的验收队伍，每个人的技术素质、反应速度不同，就很难确保全伞的验收质量。为此，团队想出了一个新的办法，以两人替代二十人完成检查。先将第一幅伞衣铺在包伞台面上，检查完毕后将后面伞衣依次叠放，再回来进行检查。这样检查一顶主伞的几十幅伞衣，两个人要走几十个来回，检查一顶备份伞也同样要来回走几十次。虽然增加了许多工作量，但为了对验收质量做到心里有数，他们毫无怨言。

再比如，验收径向带与伞衣的缝合质量时，一开始只检查伞衣的外表面，由于径向带就叠缝在伞衣外表面的锁缝上，摸得着看得见，在一般的情况下是不会出错的。但伞衣的内表面不检查的话会不会有隐患呢？尽管要检查内表面会增加一倍的工作量，但大家也一致认为绝对不能放过去不管。

还有一项，就是带条伞的水平带搭接与上下径向带叠缝缝合部，由于水平带搭接后夹在上下径向带之间，其搭接宽度是否满足图样的要求容易被忽略，如搭接宽度大于图样要求，只是对产品美观和质量产生影响，若是小于图样要求，造成径向带上的缝线在搭接部位压边或走线，就会降低带条伞的强度，严重者会造成安全隐患。对此验收组果断决定，不管降落伞产品验收规范中有没有检查该缝合部的规定，也不管还要增加多少工作量，为了确保产品的验收质量，确保万无一失，必须对其进行检查。

保质量就是保生命。通过团队不断的实践、总结、提高，降落伞子系统的验收方案也得到了不断的优化完善，现已编制成了神舟飞船降落伞产品验收质量控制规定，使产品验收质量的控制更加规范化程序化，验收的方法也更加科学。

十年寒窗苦，一朝得梦圆。在设计人员、缝制生产人员和验收人员的共同努力下，五彩神伞一次次护佑神舟飞船和航天员安全回家。

第四节　严谨务实

神舟飞船是设计出来的，更是实实在在干出来的。脚踏实地、眼见为实，是神舟团队传承三十年的优良传统，他们严格遵循"做事有依据、做事按依据、做事留记录"的要求，认认真真地做好每一项工作。型号两总是研制队伍的主心骨和领头羊，他们以身作则、靠前指挥，一个环节一个环节地抠，一项工作一项工作地查，跟班作业、不走过场，及时发现问题，把问题解决在现场、解决在一线、解决在刚冒头时。

要做"一线"老总

回想起从事飞船研制工作的日子，在航天干了40年的刘济生感慨万千。他说，相比以往型号，飞船系统复杂、构型复杂，一个焊点、一根导线、一个元器件、一行指令出了错，都会影响飞行任务，都可能酿成大祸。

有人问他当飞船两总最应该注意做到哪一条？他说："大事小事自己清楚，不要遇到事就转头问别人，不要当'回头'老总。"

早在神舟飞船调度岗位上时，刘济生就总结出了"四勤"：手勤，要动笔多记；腿勤，要常下去跑，了解基层情况；嘴勤，要多问但这不是发号施令；脑勤，要及时系统地统筹思考，发现一线的问题。

在飞船研制早期，整船总装成了当时的瓶颈，为此，负责总装工作的529厂组织了两组总装队伍日夜奋战。在这种特殊任务阶段，作为调度的刘济生下去蹲点，一头就扎到一线，在厂里放个办公桌，装部电话，一干就是9个月,每天和工人们一起上下班,一起吃饭,除了协调技术、进度问题,还顺便帮助解决一些群众的大事小情。厂里的技术人员和工人师傅都愿意和他在一起,说他没有机关领导的架子,谁有什么事情求他,在符合规定的情况下他都尽量办,办不到的也要给人家一个回话。他老说帮队伍上的同志解决问题,解决点后顾之忧,也是促进工作的办法。正是这样的为人处事之道,让那时的神舟队伍里没有不知道刘济生的,他也交了不少的朋友。蹲厂期间,他协调解决了总体设计和总装生产过程中成百上千个问题,直至结构一船和二船、热控船、电性船4艘船同时出厂。

在担任型号副总指挥后,刘济生依然本色不改,坚持"四勤",对大事小事都清楚,每次开会都出口成章,数据准确,日期清楚,从不回头或转头问后排人员。他说,型号两总深入一线,深入现场,眼见为实,时刻关注每一项工作,研制队伍认认真真完成每一项计算、每一项操作、每一项测试,这是确保型号成功的安身立命之本。

飞船副总师郑松辉也为团队立了一个"标杆"。他主张飞船总体应严格控制技术状态接口关系,并带领飞船总体设计师,通宵达旦绘制出了整船的电连接图,以文件的形式,明确了各设备、各分系统和地面设备之间的接口关系,使整船600多台设备、3万多个接点接口清楚。当他了解到航空系统使用了一种新型故障诊断系统时,立刻亲自带队调研,之后带领飞船总体开展飞船故障诊断和越限报警总体方案的设计。这个方案应用到飞船的测试、飞行试验中,大大提高了数据判读的准确性。

在分析问题时,郑松辉从不靠猜测,而是自己深入研究图纸和文件,彻底弄清接口关系和存在的问题,再发表意见,所以他做的决策总是被事实证明是正确的。在飞船进行初样设计时,运载火箭需进行方案验证性发射试验,需要一个试验载荷,工程领导提出能否将试验飞船改造成具备飞行能力的飞船,当时许多人都认为是不可能的。但他没有受传统设计的束缚，而是带队深入分析试验飞船的状态，安排进行了各种测试和试验。依据扎实的分析结果和试验数据，团队最终作出了试验飞船可以经过改装后进行发射的结论，这就是我们所熟知的神舟一号飞船，后来的飞行试验获得了圆满成功。

深入一线，眼见为实，掌握情况，解决问题，是老一辈飞船两总留下的光荣传统，也是载人航天队伍的一条重要经验。

神舟七号任务期间，为了确保用氧的安全性，副总师潘腾带领队伍，联手国内各相关领域的专家，进行了一次次的研讨、一次次的分析和一次次的试验，最后解决了氧浓度过高的难题。针对神舟七号状态变化大的情况，他在关键产品生产、关键大型试验时都盯在现场，讨论方案，研究解决问题。他说："设计师要到现场，要和生产人员一起研究讨论。这样才能保证产品质量，心里有数，只有自己沉得下去，真正和飞船'捆绑'在一起，你心里才踏实。"

神舟八号飞船总装期间，在对推进舱进行测试时，一根导线不通电，发现这一问题时，已经是晚上了。得知情况后，已经连续盯在一线好几天的总指挥尚志和总设计师张柏楠立刻返回总装厂房，组织所有相关人员召开现场分析会。到晚上9点时，总体、各分系统的参研人员以及专家齐聚一堂，对问题展开了会诊。会议室黑板上画出了故障树，大家对照着故障树一边讨论、一边查阅摆放在桌上的图纸、设计报告和测试数据、记录照片，一个个排查着问题隐患。经过三个多小时的协同攻关，终于定位了"病根"。接下来，大家顾不上疲惫，又赶往总装现场，查看产品状态、比对分析结果。

当时的情景至今令大家记忆深刻。尚志、张柏楠两位老总一马当先，俯下身子从船和地面不到半米的间隙中钻了进去，一手拿着手电筒、一手支撑着冰冷的工作台，仔细查看、确认着产品的状态，一直工作到凌晨5点多，最终消灭了这个问题，保障了第二天各项工作的顺利进行。

几乎一夜不眠啊，这是两位老总自神舟六号接过飞船重担以来，他们在研制过程中经常发生的一幕。熟悉尚志、张柏楠的人，几乎每天都能在研制现场看到他们的身影，他们在查看研制情况的同时，还不忘记时时提醒团队成员们注意工作习惯，严格执行各项"军规"，甚至较真到有些队员防静电服没穿着好这类的"小事"也不放过。尚志常对研制团队讲"喊口号解决不了问题，也保证不了质量。只有深入现场、深入一线才行。战争年代强调指挥员要靠前指挥，型号工作也是一样，两总只有深入第一线，才有发言权，才能及时发现和解决问题"。

载人航天总体部首任党委书记李杰很是了解和熟悉尚志这位首任的"高配"部长："他那时候已经是五院院长助理了，干了十多年的飞船，和每个节点、每项试验、每台设备都有了感情，真的把飞船当成了孩子，养成了这个'职业病'，就是总想去现场看看，隔几天不去，他都会心慌。"李杰甚至记得有段时间，尚志扭伤了脚，还拄着双拐坚持着这一"职业病"。他回忆那时候即使尚志他们出差了，驻守在"家里"的部领导、设计师、调度们还经常能收到两总的电话、短信，他们在倾诉对飞船和团队的"相思之苦"时，总是念念不忘叮嘱团队要老老实实、扎扎实实把每一步都做到位。

"三有一检查"

飞船产品的质量直接影响航天员的生命安全。飞船研制队伍都深知"质量是政治""质量是生命""质量是效益"其中的深厚内涵，无论是总体还是各个分系统，都把抓质量当作头等大事。

时任飞船分系统指挥的于登云回忆道："载人航天工程必须确保一次成功、一次通过，经不起反复，也不允许反复。这就要求，我们必须保证优良的工作质量，通过优良的工作质量来保障和促进飞船产品质量。"为此，飞船团队在研制工作中强调必须坚持'三有一检查'。"具体是指：

做前有策划，做时有依据，做后有记录，一切经得起检查。

做前有策划，是确保每一项工作一次做好、不出现反复的重要保证。根据每项任务需求，每个设计师做每一项工作前，要全方位对工作进行认真的分析和策划，主要包括九个方面：任务的输入条件、关键部件及重要件的质量控制、技术状态的控制、设计文件的管理、质量保障条件、计划节点、协作单位的定点与外协产品的质量控制、试验方案，以及产品研制过程中的薄弱环节。通过分析和策划制定出符合实际的技术流程和计划流程，并形成文件，实行闭环管理，保证研制工作的有序开展。

做时有依据，是确保每一项工作质量和提高产品质量的关键，促进我们快、好、省地完成每一项工作。载人航天工程是一项研制技术难度大、风险大、影响大、时间紧迫的国家工程。这就要求每一项研制工作必须确保一次成功，不能出现反复，我们在研制过程中每做一件事、每向前走一步，都要严格按照有关规范、标准和文件依据办事，保证设计文件、试验现场、现场装配工艺文件及流程、试验现场质量管理人员跟踪和产品验收等过程都要处于受控状态，确保不放过一个疑点，减少研制中的盲目性，杜绝低层次问题发生，避免研制工作走弯路，保证型号研制进度和产品质量。

做后有记录，是落实责任制、实施分层管理、责任到人的有效措施，有利于促进研制工作的进度、杜绝低层次质量问题发生、提高产品质量。每一项任务从策划、设计、产品的试验、交付与验收等每一项过程步骤，要记实、记全，形成原始记录，使每一项工作有据可查，可追溯到问题的源头项。一旦发生问题，可将研制过程中的原始记录提供给设计师和有关领导专家对问题进行分析、判断，提出并制定整改措施，及时组织对设计中的技术状态进行修改和调整，提高工作效率，使研制工作少走弯路。

一切经得起检查。每项任务从策划、设计、测试与试验、产品验收等环节，都严格按照有关规范、标准文件去做，使研制过程中每一个步骤都经得起检查，保证研制工作的规范管理，通过工作质量来确保研制的产品不留隐患、不带问题出厂和上天。

"三有一检查"的工作方法，提高了岗位人员质量意识、责任意识，督促他们努力把事情一次做对、一次做好，扎扎实实地推进每一项具体工作，托起了神舟飞船一次又一次遨游九天。

不拿皮筋量短长

尚志记得与航天结缘是在哈尔滨工业大学读书时观看电影《驯火记》，他回忆自己被电影中苏联航天专家科罗廖夫的事迹深深撼动，萌发了从事航天工作的想法。也从那时起，"规格严格，功夫到家"的校训就成为他后来职业生涯的座右铭。他时刻要求自己每件事都要做深、做细、做实、做到位，逐渐养成了冷静、缜密、执着、细致、低调的性格。

神舟六号时，尚志接过了总指挥的担子，他深知自己肩上责任重大。在他的办公桌上，一边是一艘神舟飞船模型，另一边，则是用相框装裱的责任令，上面赫然写着：尚志同志，责令你为神舟六号载人航天飞行器研究任务负全责。

他常对团队讲："皮筋是软的，量不出真短长，型号研制就是要'一是一、二是二'，要用'钢尺'卡紧每一项工作标准。"

越是小部件、小问题，越是体现"规格严格"。一次，研制人员在筛选中发现，一种用在飞船舱段的插头，温度一高，插头上的焊锡就会熔化，而按设计要求，这个插头应该具备密封性强、耐高温的特点。为了使飞船按时起飞，尚志带领团队，南上北下，找了十几个牌子，反复筛选和试验，才找到符合标准的焊锡。

还有一次，技术人员发现飞船返回舱大底上的数据总线电缆氧化"生"出绿斑。飞船研制队伍的一贯作风就是不放过任何蛛丝马迹，经过分析验证，发现问题出在厂家在应该镀金的地方镀了锡。尚志急令有关人员搜集能满足需要的电缆线。几乎与此同时，现场工作人员又发现飞船用的导线上有些线路隔一段就有一处原因不明的压痕，有的压痕只能用放大镜才能看出来。如果重新订购导线将导致发射时间推迟，怎么办？在他的现场指挥下，大家把库存的 30 千米长的导线全部都拿出来筛查了一遍，挑选完全没有压痕的替换船上电缆。

飞船团队都记得，每逢船内工作和复查，尚志都要求工作人员把仪表板各种开关的设置处于什么位置，各种插件连接如何确认等列出一个详细的明细表。在制定各类质量管理文件时，如果他看到"基本符合要求、基本可行"这类带有歧义性和含糊不定的语句，就不会允许通过。

他的这种对工作严格的作风也深刻影响了飞船团队。

神舟八号在进行方案设计时，大部分人员都去支援神舟七号任务，神舟八号队伍可谓缺兵少马，连一个组织关键单机设计检查确认的人都找不出来。此项工作十分重要，一方面，设计状态关系到整船成败，一旦检查确认不到位后果将不堪设想，另一方面必须按计划完成，否则后续产品的生产计划将受到影响。有人说，现在确实没人，任务即使完不成上级也会理解。关键时刻，副总指挥曾曜勇挑重担，自己上手组织检查工作，确保质量要求不放松、工作节点不突破。工作日没时间，就休息日干，白天没时间，就晚上干，半年时间一天没休息，对 50 多台关键单机的设计单位，一家一家地进行了走访审查，保质保量完成了任务。这就是飞船团队的执行力：越是难的时候，越是要严格按照规章，越是要严格计划要求，确保后墙不到。

在神舟八号飞船一次例行测试中，总体设计师朱光辰发现一台设备在舱体拉高和合拢两个状态下的测试数据与之前数据有差异。正值深夜，大家都很疲惫，而且这个差异也符合指标要求，大家就都准备回家了。但他没有放过这个疑点，马上组织人员通宵奋战，多次重新测量数据，于第二天早上确认了数据没有错。数据没错，那么问题到底出在哪里？他与总体总装设计师一起，反复思考拉高和合拢两个状态的不同，深入分析，列了上百项可能的原因，最后一项一项地排查、一项一项地试验，最终定位了造成问题的关键因素——密封圈。

原来舱体结构两部分结合处的密封槽里有个密封圈，密封圈是有压缩量的，一方面压缩，另一方面还有回弹。正是它对结构产生了影响，以前的舱体结构刚度比现在要强，所以结构形变不明显。原因找到之后，朱光辰又带领团队发起了攻关。要解决这个问题，首先要知道两个状态下误差到底有多少，可是设备处于合拢状态下的参数是测不到的。对此，朱光辰设计了一个像旗杆似的测量工装，把它安装在设备上，再通过舱体的舷窗来观测工装伸长的一端，用这种巧妙的方法把两个状态下的差别值测了出来，再把这个偏差作为修正的数据，制定了补偿措施。经过连续 5 天的连轴转，朱光辰带领团队终于解决了这个问题。

这样"严上加严，精益求精"的案例还有不少，神舟团队是一支"眼里揉不得沙子"的队伍。技术上他们从不放过任何一个细节，对每道操作、每个参数审核都要全程把控。计划上，他们克服困难、使命必达，严格按节点完成每一项工作。

强化"首飞"意识

神舟飞船连续取得了六次成功，到神舟七号时，两总强调整个研制队伍要保持头脑清醒，强化"首飞意识"，要把神舟七号当成首次飞行的第一艘飞船来看待，埋下身子、杜绝浮躁，老老实实、踏踏实实，一步一个脚印把每一步工作做到位。

按研制顺序神舟七号工作被分为四个阶段，研制团队一个阶段一个阶段地真干，两总一个阶段一个阶段地真抓。

单机产品研制阶段，抓住"设计正确"这个关键。两总带领团队对

600多个单机设备产品的接口数据进行了复查，再次确认每个接口数据的正确性。组织重新审视前六艘飞船的每一个问题，确认对每个问题的改进措施是否在神舟七号上落实到位。

单机产品验收交付阶段，抓住"验收到位"这个要害。两总提出要不厌其烦，把原来的一步验收细化为分系统产品功能验收、文件验收和实物验收三步走的验收方法，并在飞船600多台设备的验收工作中一一落实。

整船AIT（总装集成测试）阶段，抓住"落实到位且记录完整"这个根本。两总组织对整船综合测试、力学试验、热试验等试验总结开展了十余次专项审查，对由分系统组织实施的专项测试组织了五十余次专题审查。针对对整船成败有重要影响的关键重要项目的实施过程及其控制措施的落实情况，组织了十余次专题检查，并对整船千余项质量状态进行了两次的全覆盖检查与确认。

发射场阶段，重点是避免误操作。神舟七号进场后，两总天天与参试队员一起进现场，开调度会、质量会、班组会，要求对上百项重点操作工序设置了预演、提醒和跟产三道防线：提前一天岗位人员开展预操作演练，操作当天在早班会由型号两总再次进行提醒，操作时又安排总体设计师轮流值班进行跟产和把关。

上面四个阶段的每一项专题工作完成后，两总又带着总体设计师，按要求一个环节一个环节地抠，一项一项地查，杜绝"走过场"，完完全全按"首飞"的标准抓管理、抓队伍。

看板管理是最能反映出这支队伍管理"功力"的佐证。

白色的看板是每个办公室必备的"家具"，上面清晰地记录着各项工作的流程图，每天要完成什么工作、要达到什么效果，各项工作的时间节点用黑色的笔勾了出来，每个人对应哪项工作，工作进展到什么程度，则是用红色的笔注明。看似简单的白板其实并不简单，它融合了"技术流程"与"计划流程"。

由总体设计人员从技术层面研究制定出"技术流程",包括技术人员具体应开展的工作、待办事项;由调度组负责制定"计划流程",包括时间安排等,并由型号两总审核通过;最后,再将"技术流程"与"计划流程"相结合,这些信息汇集到看板上,就形成了简单明了的流程图。此外,看板信息还会时时进行更新,团队成员可以通过看板准确了解到自己当前和今后一段时间的工作内容,合理安排工作。

神舟十号转运到塔架

此外,看板还有另外一重功效就是监督考核,团队每个人的工作量多少、工作进度如何,在看板上一目了然,红色标注特别醒目,这无形中成为员工工作中"比学赶超"的光荣榜,助推了"当日事当日清"。研制团队回忆起这些事情,大家都说:"当年每到下班时,看到白板上自己对应的任务节点上鲜红的钩,晚上睡觉都特舒坦。但要是哪天看到打叉了,心里又总憋着股劲,想着加班加点也要干完。"

神舟十号发射场工作期间,试验队制定了一张全新的流程图,那是一张结合发射场工作计划而制定的质量工作流程图。这张图清清楚楚标识出来570多个质量活动,这些质量活动的逐一完成和逐一确认,确保了神舟十号的"十全十美"。

　　发射场的每一项操作都按"首飞标准"纳入了质量管理流程的管控。神舟十号发射场使用的 265 份操作文件，都由郑伟总师助理带领技术人员逐一进行了重新审查。为了让操作人员"知其然，更知其所以然"，每天的班前会上，除了调度发言，型号两总、质量、总体设计师都要发言强调关键点，讲清楚要领。在关键操作前，试验队甚至组织专题培训，比如针对电缆的绑扎，就专门组织技术人员进行了专题深入讲解。现场管理更能体现管理水准，队员进入操作区，必须戴口罩，这是神十试验队的新规定，并且由质量人员监督执行；进场前后要像大夫做外科手术一样登记工具用品，就连看上去一模一样的力矩扳手到底用的是哪一把，都必须记录在案，甚至连工作平台外围的辅助设备，连接完后都会拍照记录，作为可视化的追溯和下一次的参考。

　　"对待技术必须要严肃严谨，谈技术问题必须拿着技术报告、结合着数据来说，确认问题要实事求是、眼见为实，必须到现场实地查看后再进行确定，解决问题要准确快速，问题发生后，相关人员要在 1 小时内到达京区现场、8 小时内到达京外现场，并按照'问题不过夜'的原则……"，这些"规格严格、功夫到家"的"钢铁军规"业已成为神舟飞船研制团队的工作习惯和队伍文化，就如同优秀的士兵执行军令，他们不打折扣，绝对服从。

第四章
集中力量办大事

"我们最大的优势是我国社会主义制度能够集中力量办大事。这是我们成就事业的重要法宝。"举国体制、集中领导、大力协同、全国一盘棋，这是社会主义制度优越性的集中体现，在大协同下建设伟大工程、推进伟大事业、实现伟大梦想。

同舟共济、团结协作是航天事业的宝贵品质。据不完全统计，直接参与载人航天工程研制工作的研究院、研究所、发射基地等单位就有110多个，配合参与这项工程的单位则多达3000多个，涉及的科研工作者更是达数十万人，航天事业的发展离不开全国各行各业的大力协同，离不开全国人民的大力支持。

第一节 "三边工程"快好省

伫立在北京航天城的北京空间技术研制试验中心大气庄重,这个中心的建成就是一项团结协作的成果,其建设规模之大、要求之高、建设项目之多、时间之紧、施工协调之困难,都将载入航天史册。

"三边工程",即边做方案,边出图纸,边施工。

从客观角度讲,这不是科学的建设方法,但在当时特殊的情况下,这种特事特办的方式确实为工程建设争取了大量的时间。"三边工程"思路的提出,大大加快了工程的建设步伐,打造了这个在中国航天发展史上意义非凡的创纪录工程。

选址"开绿灯"

1992年9月21日,中共中央政治局常委扩大会上批准了中国载人飞船工程的研制报告。1994年,载人飞船被命名为"神舟"。这一系列重大决策极大地鼓舞了五院全体干部职工,这意味着载人航天梦想将在我们这一代航天人的拼搏中得以实现。

依据当时五院的科研生产条件,要完成飞船的研制任务还是面临很大困难。

五院原有的总装厂房、环境试验基地、各专业实验室,其规模和性能只能满足少量中小型卫星研制的需求。而且院属各厂所地处分散,总体部在知春路,总装厂在中关村,环境试验基地在北郊、怀柔……研制过程中要多次装卸转场和远距离运输,这是无法满足飞船研制要求的。

载人飞船研制，除了要有优秀的设计、先进的加工工艺外，极为重要的是要具备规模、性能与之匹配的，且相对集中的总装、测试、试验基地，即国际上统称的 AIT 中心。从时间上来说，这个基地和设施应该在飞船初样阶段就投入使用。

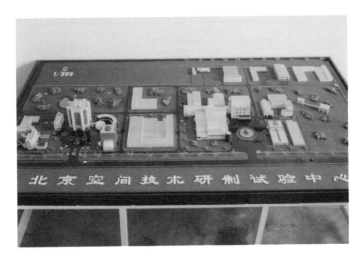

初期航天城规划沙盘

时间那么紧，怎么办？

其实，这个短板是上上下下的共识。为此，国防科工委和航空航天工业部做出一项重大决策，为克服这个短板，决定选址，立项新建"北京空间技术研制试验中心"，即 AIT 中心。这就是北京"航天城"的一期建设。

1992 年 10 月，五院计划部飞船处具体承办，经过立项、整理、协调基建技改项目，提出征地和新建"北京空间技术研制试验中心"的总体规划设想，并报航空航天工业部。

1993 年 1 月，五院科技委对 921-3 工程的基建技改项目立项进行评审，通过了总体规划设想，即将五院 921-3 基建技改项目划分成北京空间技术研制试验中心、回收着陆试验场和所厂专门实验室三大块，共 22 项。

1993 年 3 月，航空航天工业部科技委对"北京空间技术研制试验中心"

总体规划设想和其他各项目进行了评审，之后，做了补充修改。1993年8月，航天工业总公司及院两级科技委在南戴河开会，进一步评审。在此基础上，五院委托航天建筑设计院（航天七院下属单位）承担撰写《五院921-3工程基建技改项目可行性论证报告》。

与此同时，选址工作也在紧张地进行中。北京市政府应国防科工委的要求，组织北京市规划局、北京市规划研究院与国防科工委司令部试验工程局、921办公室工程建设局、航空航天工业部、五院等有关单位和部门组成工程建设选址小组。

经过几轮的选址比较，首先放弃了望京、大兴2个地区。后经国防科工委、航空航天工业部、五院、北京市规划局、北京市规划研究院推荐，将永丰产业基地以东作为首选。

1993年4月27日，北京市常务副市长主持会议，研究并确定了永丰产业基地以东的选址方案。最后由北京市政府根据1993年5月18日北京市城市规划设计院的请示决定：国防科工委和五院在北京市海淀区永丰乡共建"航天城"。并于1993年11月正式行文，请示国务院、中央军委，很快得到了批准。1994年4月，北京市批复同意。北京市规划局和土地局正式颁发了《建设用地规划许可证》和《国家建筑用地批准书》。

航天城东始唐家岭路，西至友谊渠，东西长2.1千米。北起北清路，南至土井村，南北宽1.6千米。总规划用地面积为3.2平方千米（包括道路和绿化隔离带用地）。近期建设用地1.6平方千米，预留发展建设用地0.7平方千米，合计建设用地2.3平方千米。航天城以友谊路（即土井路）为轴心，西边为航天指挥控制中心、航天医学工程研究所、测控与通信研究所，东边为北京空间技术研制试验中心。

航天城地处北京北部偏西，北临永丰高科技园区，南临上地经济开发区，具有较好的科技经济发展前景，是一个不错的选择。

土建工程约新建十万平方米，由于工艺要求特殊、建筑标准高、难度大，设计周期就长。设计出了图纸，还要向北京市规划局和相应的十几个单位报批。按常规，一个建设项目的报批过程，少则半年，多则超过一年。批不下来，就无法进行施工招标。

土建设计报批过程太长怎么办？参与工程建设的柯受全回忆，当时他们在唐家岭村租借的平房办公，正发愁如何加快建设进度。正巧，航天工业总公司总经理刘纪原等人来视察，听取工程进展汇报。

当时汇报到进度困难时，刘纪原默不作声，而心中却激烈思考着。

随后，加快进度的请求以航天工业总公司名义提交到北京市政府。

1995 年 7 月 21 日，北京市政府召开 921 北京地区工程会议，就加快工程进展需要解决的问题进行了认真研究。急事急办，特事特办，绿灯放行。会议决定：为保证工程按期完成，市、区各有关部门要大力支持，在办理有关手续上从快从速开绿灯，并要求市政配套前期设计、征地、电贴、打井取水等都要明确北京市的专项负责人。

北京市的这一大力支持，是加快建设的关键一笔，整个项目团队受到极大的鼓舞，建设工程热火朝天地干了起来。

打造"神舟摇篮"

神舟飞船的接连发射成功，使人们都知道了酒泉卫星发射中心、内蒙古四子王旗着陆场，可孕育神舟的地方，只有业内人士知道，外人却知之甚少。

那么，飞船的诞生地究竟在什么地方呢？

北京西北部，来到一个叫唐家岭的地方，会看到一片气势不凡的建筑群，这里就是打造神舟的地方。

在国家统一领导下，1997 年建成了一座建筑面积十余万平方米的北京空间技术研制试验中心，拥有总装与综合电测、质量特性测试、电磁兼容性测试、力学环境测试、空间环境模拟测试等各类测试设备。从而解决了飞船研制过程中地面测试必备的设备，保证了飞船的技术渠道畅通和技术正确实施。

从时间上看，研制试验中心是与飞船同时在 1992 年立项的，可是，当它在 1994 年 10 月 28 日破土动工时，中心规划还尚未完全成熟，许多设计思路与方案都还在书面报告里，甚至连一张正式图纸也没有。

为了保证中国第一艘神舟试验飞船首发任务能按中央要求，力争 1998 年，确保 1999 年上天（"争八保九"），这就是说，要在余下的三年多时间内，建设起一个供飞船研制需要的"研制和试验中心"，以及若干相应的各分系统专业实验室，使飞船在地面经过各种模拟航天环境的考验，最后上天。

一场攻坚战打响了。

如何将"三边工程"转变为效率高、质量高、水平高的"三高工程"，工程建设负责人袁家军、基建技改总设计师柯受全、土建工程负责人王文楼等指挥部成员真是殚精竭虑。

神舟飞船总高近 9 米、重 8 吨，可谓当时的中国航天器之最，其研制生产对总装厂房、环境试验、各专业实验室的规模和性能要求较高。

选址确定后，征地开始，五院基建部在唐家岭村安营扎寨，北京空间技术研制试验中心建设就此起步了。

站在一片野草丛中，看着宽广开阔的工地，大家陷入深思。

建设的关键要突出一个"快"字，一定要赶上飞船研制流程的节点，才能保证飞船如期发射。按照中央要求，"争八保九"这是一项政治任务，是一项壮国威、振民心的重大工程，建设者们只能向前拼，没有往后的退路。

"中心"建设分两大块，一块是工艺设备，另一块是土建工程。

工艺设备种类多、技术含量高，有的要从国外引进，有的要在国内定制开发。特别像空间环境模拟器 KM6、大型振动试验系统、混响室、电磁兼容（EMC）实验室都是超大规模的，研制周期非常长，是重点，又是短线。

建设中的北京航天城

1995 年 10 月，土建施工全面铺开，此时离交付使用还有 3 年。

在国防科工委 921 办公室、航天工业总公司及五院的领导下，在指挥部的精心组织下，大量的科技人员、工人、干部参与了这场抢时间、保进度的战斗。人数最多时，现场有 10 多个单位，2000 多人同时工作。施工队伍以中建三公司为主，还有航建公司等单位。当时建设的条件相当艰苦，大风可以吹落安全帽，泥水有膝盖那么深，办公条件简陋，吃的是大锅饭，但是没有人叫苦，没有人退缩。

虽然苦，但指挥部里非常热闹，总师系统有 3 个人，重要参加单位有 501 部、502 所、511 所、529 厂等单位。工地上也非常热闹，最多时有两三百人在同时施工。还有许多产品供应商、工程承包商、兄弟院所，来来往往、络绎不绝。

人多事杂，作为基建技改总师，柯受全总是未上班就有许多人和事找上来，这样的情况下，总师的职责，首先就是要加强管理，做好组织和协调管理工作，保证工程能够井然有序地开展。

袁家军、柯受全他们的长项就是组织协调。他们采用了矩阵管理方法来管理指挥部。要求指挥部所有成员集中工作，不能分散，各所厂都要有项目负责人、有独立的工作室，要派代表参与到指挥部的工作中来。每个所厂内部还要建立指挥网，即 921-3 技改组织。这样，指挥部成员与各所厂间形成了一个明晰的组织体系，而且分工明确，做到分工不分家。

指挥部固定在每周六召开调度会，按照技术流程和计划流程双流程图规定的工作节点对工艺和土建两方面的工作进展情况进行检查。此外，每天的临时会议、现场会议更是数不胜数，有太多的事情要处理。

回忆起当年指挥部的工作情况，柯受全特意强调了两点经验：第一是要善于使用人才，敢于用年轻人，发挥每个人的长处，中心的建设过程中发掘了不少能干的人才；第二点，也是非常重要的一点，要大力发扬航天精神，每个参与中心建设的工作人员都有浓厚的荣誉感，明白自己所干的这项工作是壮国威、振民心的事业，在这种荣誉感的感召下，所有的人虽苦犹荣，没有抱怨工作环境艰苦，铆足了劲朝着"争八保九"的目标冲锋。

到 1998 年年底，经过立项、方案论证、规划设计、选址、购地、招标、六通一平、土建施工、工艺设备选型、考察、订货、研制、设备安装调试、市政配套等项工作后，北京空间技术研制试验中心一期工程基本完成，并通过了国家级验收。一个总建筑面积近 7.6 万平方米，划分为研制试验区、科研管理区和生活区，实现了大型航天器垂直装配、垂直测试、垂直转运等工艺要求的空间试验中心展现在人们面前，保证了神舟一号飞船出厂前的各项测试条件。

这个试验中心真正集当前性与前瞻性、先进性与科学性于一体，一些新项目的功能与国外空间研制试验中心不相上下，有关性能参数已达到并部分超过了国外空间试验中心的指标，成为我国最新最先进的、具有国际水准的航天器研制试验基地。

中心可以接收北京飞行控制指挥中心发来的卫星、飞船发射及运行数据、图像和语音，然后传送到航天工业总公司通信中心和大屏幕显示厅。

中心的规模可以和国际上几大著名航天中心相媲美，已经达到国际先进水平。其规模和规划建设水平受到来此参观的多国政府首脑和国际航天同行的一致好评。

1999 年，神舟一号飞船的研制进入了最后的冲刺阶段。

1999 年 5 月 29 日，飞船在力学环境实验室 40 吨双振动台上进行了 X、Y、Z 三个方向的振动试验，完整考验了振动台、控制系统、数据采集系统。试验取得圆满成功。

为了考验整流罩及逃逸系统，在 1999 年 6 月 23 日至 8 月 12 日进行了难度极大的结构船与整流罩及模拟逃逸系统的联合振动试验。产品质量达 22.5 吨（含夹具），外形尺寸 4.5 米 ×17 米，质心高 7.5 米，低频位移达 23 毫米，产品的高度几乎顶到了厂房的极限吊钩高度。这是五院建院以来前所未有的一次试验，经过长时间的努力，克服种种困难，试验最终取得成功。

1999 年 6 月 2 日，神舟试验飞船在体积为 2163 立方米、国内最大的混响室中进行噪声试验。总声级达 145 分贝，实现了软件自行研制的多输入多输出倍频程控制，试验取得圆满成功。

在神舟试验飞船电测期间，同期进行了电磁兼容性（EMC）试验，考验了 EMC 实验室，试验证明，EMC 实验室性能良好。

这是一次大考，北京空间技术研制试验中心所有新建的飞船研制必需的实验室和市政设施都已投入使用，经受了严格的考验，圆满完成了任务，大家这才松了一口气。

2001 年 9 月，北京空间技术研制试验中心整体通过了国家级竣工验收。中心的建成是中央重大决策的胜利，是国防科工委、航天工业总公司、航天五院、协作单位建设大军、地方政府以及市政部门共同协作的成果。一大批具有世界先进水平的科研设施相继投入使用，使航天科研生产能力和水平实现了跨越式发展。这些基建项目的使用为载人航天工程和航天科技工业的可持续发展打下了坚实的基础。

它不仅仅孕育了神舟，也为后来的探月、探火、建立空间站做出了卓越的贡献，不仅仅是神舟的摇篮，也成为中国航天事业发展壮大的一方"母港"。

造一个太空环境在地面

飞船的研制需要模拟它在太空中飞行时的真空状态，这就必须建造一种能够将整艘飞船放进去的真空罐，它关闭后在巨大的大气压力下不能有一丝一毫漏气。

这个被航天人称为 KM6 的真空罐是飞船研制中必须具备的一种大型载人航天器空间环境试验设备，也是当时面临的难度最大的重大基础设施建设。

黄本诚扛下了这副重担，领衔担任了 KM6 工程的总设计师。

黄本诚的同事、朋友，对于他有一段精辟的评价："科学好比登山，有的人登上一座山，游览峰顶的风光，就满足而归了。而黄本诚却不一样，他同样登山，倘若上山有十条小径，他每一条小径都要去爬一次。他重视的不全是结果，而是贵在过程。直到把所有上山的路全摸透了，他才会感到满足。功底、基础就是这样一步一个脚印建立起来的。"

早在 1978 年，航天五院其实已经建成了一台直径 7 米，高 12 米的大型空间环境模拟设备 KM4，建造这个设备当时用了整整十年。设备建成后，我国几个系列的 40 多颗卫星都在这个设备中完成了热真空试验和热平衡试验。那时黄本诚就参与了研制和建设工作。

他回忆，由于当时美国、苏联等对中国进行技术封锁，没有专家指导，外国文献少之又少，又不能出国考察，国内技术几乎是张白纸，加工设备也十分落后，黄本诚他们既没有基础，又没有经验，不仅对空间环境模拟设备缺乏感性认识，更从未见过真空泵、压缩机，而且连起码的理论知识都没有。

　　黄本诚自称接受 KM4 任务是他一生中一个"最大的冒险"。他说："这好像一个迷路者闯进了原始森林，辨不清方向。"也许是"初生牛犊不怕虎"，他们从真空、低温、传热学、电控等一些基本的原理学起，请教有关专家，到上海图书馆寻找资料，逐渐摸索出一条途径，解决了如何模拟太空的真空环境、冷黑环境、热辐射环境等问题。根据当时我国研制的第一颗东方红一号卫星直径 1 米、重 500 千克（含工装）的技术要求，确定主模拟室真空容器直径 2 米，真空度 10^{-5} 汞柱，热沉温度 100 开（−173 摄氏度），热沉内表面吸收系数大于 0.90，并用红外灯阵作为模拟太阳的热源，这些参数的选取为后来的工作起到了指导作用。

KM6 空间环境模拟器

　　然而神舟飞船无论是从体型，还是性能指标上对试验环境都提出了更高的要求，因此建造 KM6 设备已与当年的情况大不相同。KM6 由三舱组合而成，呈丁字形结构，主容器直径 12 米，高 22 米，可以模拟太空真空、冷黑、太阳辐射环境，可为载人航天器（飞船、空间站、小型航天飞机）、大型应用卫星做热平衡、热真空试验，可开展航天员出舱操作训练试验与评价试验，可进行飞船（站）对接舱的对接试验，还可实施分离罩分离试验，以及太空机器人的评价与检验试验等，完全能够满足至少今后三十年内我国航天发展的空间环境模拟试验的需要。

为了完成这项宏大而又艰巨的工程，黄本诚带领 100 多名技术人员与数十个协作单位一起，从方案论证、方案设计、图纸设计、加工制造、多系统的技术协调、调试、验收等一点点、一步步干起。

为了抢时间，设备加工安装和土建施工必须同时进行。

当时建筑刚封顶，部分周边还是敞开的，场地又脏又乱。KM6 容器焊接、热沉焊接、安装调整要求清洁且室温在 16 摄氏度以上。那时恰恰是在冬天，这增加了工作的难度，指挥部采取打隔断、吹热风、地面铺钢板等措施，勉强保证了土建和设备安装平行作业。哈尔滨工业大学在大件厂房，用"蚂蚁啃骨头"的办法加工大尺寸法兰，哈工大的教授们还带着博士研究生在现场指导。焊制大罐所需的大件不锈钢毛坯从舞阳钢厂、哈尔滨电机厂源源不断运来。

焊接 KM6 大罐不仅是个大工程，还是个技术要求高的工作，当时全国拥有这种高水平焊接技术的工人并不多。为了加快进度，经中心指挥部向上级反映，国家出面从同期大亚湾核电站建设工程组调动高水平的焊接工人到北京参加 KM6 的焊接工作。这些焊接工人来自核工业总公司二三建设公司，他们经过专门培训持证上岗，焊接工艺水平高。正是这样的全国大协作，为保证建设进度发挥了重要作用。

KM4 建设用了 10 年时间，KM6 用了 3 年时间就基本完成。

1997 年 11 月，KM6 主要分系统建成，进行了分系统调试，调试一次成功，技术性能达到并超过了原设计技术指标。

1998 年 7 月，开始系统调试，年底前总调试，一次成功。

1998 年 9 月，第一次为飞船轨道舱与附加段做模拟留轨热平衡试验。
1998 年 12 月，热控船在 KM6 进行整船热平衡试验，历时 33 天，试验成功。在获得数据的基础上，1999 年 6 月 13 日至 24 日，神舟试验飞船在 KM6

进行了热平衡与真空热试验，这是中国首次在自行研制的超大型空间环境模拟器中，进行中国最大航天器的真空热试验，试验取得圆满成功。

至今 KM6 已完成了从神舟一号到神舟十五号飞船整船空间环境模拟试验任务。今后的飞船也将从这里经过考验飞向太空，因此航天界的同仁们都把黄本诚誉为给飞船"核发发射准运证的人"。

党和国家从来不会忘记那些为国奋斗者，参与北京空间技术研制试验中心的建设人员先后获得多项奖励。

2000 年，"KM6 载人航天器空间环境试验设备"获国防科学技术奖一等奖；2001 年，"KM6 载人航天器空间环境试验设备"获国家科学技术进步奖一等奖。

第二节　强强联合巧攻关

载人航天工程的关键技术和难题是什么？这个说起来倒是很简单，就是三句话：一是上得去，二是待得住，三是下得来。

其中的两大难题"待得住"和"下得来"，都集中体现在载人飞船系统。因而，具体到飞船的每一个分系统都必须尽善尽美，分系统之间需要互相匹配一致性，形成一个整体，整个系统才能交出满意的答卷。

十三个分系统全线攻坚

载人航天工程七大系统中，飞船系统中大部分核心技术没有继承性，都要从零开始，而又必须确保航天员安全，是整个大工程的核心。

飞船首任总设计师戚发轫带领工程技术人员经过科学周密论证，决定化整为零，将飞船系统按照功能再分为 13 个分系统，分别是结构与机构、热控、制导导航与控制、推进、电源、数管、测控与通信、环控生保、乘员、回收与着陆、仪表照明、应急救生、有效载荷分系统，并演化出"载人飞船返回控制技术""返回舱舷窗防热与密封结构技术""主用特大型降落伞技术""着陆缓冲技术"等多个关键技术。

13 个分系统，各个关键技术实际上相互交错、环环相扣，可谓你中有我，我中有你。这些分系统中核心技术突破，才能为飞船的初样研制奠定基础，为工程进入实施阶段扫平障碍。

1995 年 6 月 28 日，中国航天界最高决策层、智囊团和各领域专家、学者汇聚一堂，对飞船能否从方案的设计阶段进入工程实施的初样研制阶段进行讨论、评审、表决。

这是一次历史性的会议，讨论是热烈的，评审是严肃认真的，每一位领导和专家都在评审结论上庄重地签下了自己的名字，写下了自己的意见。

就是在此时，袁家军、张柏楠、尚志等一批当时的年轻人被推到了阵地前沿，担当起指挥战斗、参加攻坚的重任。

当时，袁家军同时负责飞船研制和航天城建设，犹如同时担任两个战区的指挥员，压力大得白天经常呕吐吃不下，晚上翻来覆去睡不着。载人航天是一个跨世纪工程，是中华民族几千年的梦想，意义重大。他深感重任在肩，当然不会退缩。

神舟飞船的研制是一场全线攻坚战，飞行器总体设计的 501 部，导航与控制研究的 502 所，信息工程研究的 503 所，空间无线电技术研究的 504 所，回收与着陆返回系统研制的 508 所，空间技术物理研究的 510 所以及总装 529 厂等众多五院内部单位各自领命，各专业强强联合，协同作战。

4 艘分别用于考核飞船的力学性能、机械性能、热性能和电性能的初样飞船拉开了齐头并进的 4 条战线。

虽然没有炮火硝烟，但攻关的艰难、内心的焦灼不亚于战场的激烈。

1995 年下半年，工程研制全面铺开，进入了最紧张、最复杂、最艰难的时期。

国防科工委在有关文件中明确提出了飞船系统的主要任务，即"保证航天员和有效载荷安全返回地面，一旦出现重大故障，在其他系统配合下能保障航天员生命的安全"。

飞船的返回总体技术与返回轨道技术是实现上述任务的关键技术之一。

五院 501 部牵头攻关。1993 年 10 月，完成了载人飞船质量分析，

1994 年 2 月完成了返回舱总体布局图，并通过一年的时间，调整了返回舱的布局和总体特性，从而获得满足载人飞船设计要求的总体布局和质量特性，为飞船的返回运动控制奠定了基础。

据国外航天专家介绍，载人飞船返回轨道设计、计算中必须考虑风对飞船返回轨道的影响。而过去，我国返回式卫星的返回轨道设计与计算中未考虑此影响。

李颐黎是钱学森的学生，他是返回轨道设计方面的专家，两总把设计出一条不怕风的飞船返回轨道的任务交给了他。经过潜心钻研和思考后，他联合国防科学技术大学自动控制系飞行力学与试验分析研究室一起攻关，并协调中国航天工业总公司 708 所的专家提供大量气象资料数据。经过两年群策群力的攻关，到 1995 年 3 月，终于完成了"飞船返回总体技术与返回轨道技术"这一关键技术攻关。

载人飞船与卫星不同，必须考虑"载人"因素，把确保航天员安全放在首位，必须确保航天员在整个飞行期间的生活和工作安全可靠，因此飞船上需要增加类似于飞机上的仪表设备，这就是仪表分系统，它为航天员提供人机接口界面，以便于航天员用仪表分系统通过视觉、听觉掌握飞船的飞行阶段、飞行状况以及飞船各个分系统的工作参数是否正常。它是我国航天器上全新的一个分系统，过去卫星上没有搞过，对于飞船研制团队来讲也是新项目。

五院 504 所与 510 所勇挑仪表分系统的重担。1993 年 12 月，美国奋进号航天飞机将 IBM 公司的彩色笔记本电脑带入太空，测试了笔记本计算机对太空微重力及辐射环境的适应性。研制团队了解到这个情况后，他们集智攻关，拿出了将液晶显示器技术应用于神舟飞船的多功能显示器中的方案。还同时开发出用语音通报飞船飞行中的紧急重要事件，并点亮相应的警告信号灯的功能。这套系统还能用语音告知航天员工作计划和作息时间安排，对飞船上各分系统几百个参数信息实时地发出语音报警并为航天员提供故障对策的语音提示功能。这些功能需要处理交换庞大的信息，还要满足低功耗、质量轻、体积小的要求，体现出团队高超的研发设计能力。

……

1996 年，飞船各分系统开始集同进行桌面联试。

试验时各单位把飞船上所有的电子设备摆在桌面上，用电缆连起来，通电，走真实飞行程序，全系统模拟飞行，看工作是否正常，各分系统是否协调。

试验一开始进展得十分艰难，各种问题出现，上下端设备在机械接口、电接口以及软件代码间频繁出现不匹配的问题。但是，各单位在总体的协调下积极解决出现的各种问题。从 1996 年 9 月到 1997 年 5 月，经过 9 个月的复杂测试和反复修正，飞船终于实现了全系统的联通，通过了模拟飞行测试。桌面联试的成功，验证了飞船方案设计的正确性，这是飞船从模样阶段转入初样研制阶段的重要标志，也是飞船研制过程中的一个重要里程碑。

飞船的 13 个分系统，既是独立的，他们各自有团队，各自有专业，各自有产品，他们更是整体的，是千人一条船，团结一条心，拧成一股绳，下好一盘棋，为中国航天的发展做出了卓越的贡献。

奋力共闯"火焰关"

2003 年 10 月 16 日 5 时 56 分，神舟五号飞船返回舱与推进舱成功分离，进入返回轨道。6 时 04 分，飞船再入大气层到达"黑障"阶段。

这一段时间是最危险的。

由于快速行进的飞船与大气摩擦，产生了 1600 摄氏度以上的高温，舷窗外一片通红，舱内温度也开始有所升高。

对于这一点，杨利伟知道是怎么回事，并不是太紧张。

但随后右边舷窗出现的"裂纹",却让杨利伟紧张万分,汗水不由得浸了出来。心想:完了,这个舷窗不行了。

不过,当他扭头看到左边舷窗也开始出现"裂纹"时,反而放心些了:哦——可能没什么问题!因为如果是故障,飞船重复出现的概率几乎不存在。

2003年10月16日6时23分,飞船返回舱在内蒙古主着陆场成功着陆,杨利伟安全归来。

飞船要想"回得来",第一道难题就是如何度过再入大气层这个"火焰关"。当飞船完成轨道飞行任务后,穿越大气层返回地面时,如果不加特别的措施予以防护,一定会如同天外来客"流星"那样,被高温火焰烧成灰烬,最后可能只有少许残骸落到地面。

飞行速度越高,气动热带来的空气温度也越高。一个以第一宇宙速度7.8千米/秒进入大气层的飞船,其正前方被完全"滞止"的气体温度可达8000摄氏度以上。在飞船其他部位,由于空气的粘性,它与飞船表面摩擦,也会使紧贴表面的这一层薄薄的空气"滞止"到速度为零,由于飞船各表面与空气流动的相对位置不同,这层滞止空气的温度也不相同,但大部分在1000摄氏度以上。

在航天技术的发展过程中,防热是解决卫星、飞船安全返回地面的一个关键技术。

吴国庭负责飞船的防热结构设计,他1965年就参加了航天器研制工作,30年的基础理论研究工作为他带领飞船闯过"火焰关"打下了坚实的基础。

优秀的防热技术方案一定是多学科共同努力的结果。根据空气动力学理论,"钝头体"是减少气动热的理想外形,也是减少飞船返回时气动加热总量一个主要途径。飞船内部的防热结构设计也很关键,可根据传热理论将材料与工艺研究相结合,构思出各种巧妙的防热结构,以最轻的质量实现载人飞船防热功能，保障航天员的安全返回。

减小气动热是飞船外形设计的一个极其重要的要求。

吴国庭带领攻关课题组从总体设计，设法减少加给飞船的气动加热的总量，以减轻防热结构设计的负担。理论计算证明，返回舱迎着气流的前面设计成"钝球头"，可以使传向飞船的热量尽量小。再采用合理的外形和轨道，可以使这种加热的总能量降低为整个动能的约1%。

即使如此，还是不够。计算表明，受热后返回舱结构的温度仍将高达900摄氏度以上。这个温度已远远超过一般结构材料，如铝合金、钛合金等所能承受的范围。因此，飞船返回舱必须采取特殊的防热结构。

防热结构，就是一种由特殊材料制成的结构，它包覆在回收舱本体结构外面，这层材料在返回气动热环境下会产生一系列物理化学反应，来把这些气动热排除或阻隔在飞船外面，使得飞船内部结构，及舱内的人、仪器保持在适合的温度下。所以，再入防热结构是直接关系到航天员生命安全的关键。

攻关课题组在借鉴返回卫星防热经验的同时，通过查文献、请教高校老师、做试验等方法确定了飞船防热材料的成分组成，并确定10多种配方，再通过大量的试验进行组分和剂量间的优化设计。

这些材料在当时并不容易找到，为了支持试验研究，吴国庭负责当起了调度，全国范围内找厂家、经销商，找到了合适材料的供应渠道。最终，经过精心设计、筛选改进，攻关课题组研制出了一种耐高温、耐剥脱、性质稳定的烧蚀材料，可以满足飞船的防热需求。

解决了防热材料问题，接下来就该解决防热结构的问题。

在结构与机构分系统的同事们一起集同分析下，确定整个返回舱的防热结构由两大部分组成，即烧蚀防热大底和侧壁防热结构。

烧蚀防热大底处在返回舱再入过程的飞行迎风面上，气流主要在这里被滞止，遇到的热流密度最高。同时迎风面所受的气动外压也主要作用在烧蚀大底上。针对受热、受力的实际情况，烧蚀防热大底采用双层球壳结构：外部的烧蚀层，专门用以防热，内层是玻璃钢蜂窝夹层结构，主要用以维持外形和承受外压。

侧壁防热结构，就是一层密度变化的烧蚀层，它直接用胶粘于金属内壳上。这种变密度结构，既可以采用适合局部热流的材料，减轻防热结构的质量，又可使结构的质心偏向有利飞行姿态的方向，可谓是匠心独运。

杨利伟所提到的"舷窗破裂"，就是在舷窗外做了一层防烧涂层，他当时看到的是这个涂层烧裂了，而不是玻璃窗出现问题。

然而，具体实施时可没有那么简单，给飞船结构设计和加工工艺人员带来不少难题。

飞船侧壁上开有 20 多个大小不同的开口，以用来安装天线或发动机，为了防热，所有开口边缘均加有材料密度较高的、类似门框的边缘防热环。侧壁与烧蚀大底都是一个用胶接工艺连接的非金属材料整体结构。飞船上还有一些特殊部位的防热需要特别处理：一个是侧壁上的舷窗和光学瞄准镜窗口，一个是大底上的返回舱与轨道舱连接部件。这些部位不仅要求防热密封，还要求结构承力，有的地方还有很高的光学性能要求……可以说，从设计、工艺到加工每一个环节都有着许多的难题需要解决。

吴国庭一遍又一遍地和相关人员讨论、交流，耐心地解决一个又一个的问题，最终在众人的共同努力下，完成了飞船防热结构研制。

神舟飞船一次次的成功飞行表明，飞船的防热结构做得非常好。

判断结构研制水平的主要指标是可以以最轻的质量完成同样的功能。与国外的同类飞船相比，飞船的单位面积的结构质量都比他们要轻。有一组数据可以说明：神舟飞船返回舱表面积是"联盟"号的 1.3 倍，但是神舟飞船使用的防热材料质量却不足"联盟"号的 0.65 倍。飞船防热系统的水平，达到了世界先进水平。

烧蚀后的返回舱

有了神舟飞船防热技术的积淀，后来无论是月球探测器嫦娥五号、火星探测器，还是正在进行的行星探测器以及多用途飞船，都已无惧再入"火焰关"。

联手搭建"船架子"

神舟飞船的结构机构分系统就好比是人的骨架，是实现所有功能的载体和依托，这也是唯一没有备份也无法备份的分系统。

当时五院501部专门成立了一个工程组，由王壮副总师负责抓总，牵头攻关神舟一号结构机构研制工作，搭建好飞船的"船架子"。这是一份相当具有挑战性的工作，不仅要满足结构设计承力的基本要求，还要满足其他分系统所需的功能要求。

因为人手少，组内人员需要跨专业工作，工作一直处于高度紧张状态，随着研制工作推进，人手严重不足，经领导协调，从别的系统借调四位同志，还从529厂借来两位工艺人员。

结构与机构分系统从1992年组建队伍到1999年神舟一号飞船发射，这期间做了大量工作，相继完成了结构Ⅰ船、结构Ⅱ船、热控船、电性船和神舟一号结构与机构的研制。

据工程组负责人娄汉文回忆，完成这项艰巨工程可以概括为八个字"加班加点，齐心协力"。

垂直组装的神舟飞船

飞船的密封舱是航天员的生存空间，它的舱体结构比较复杂，焊缝长，蒙皮面积大，密封处多，密封圈种类和规格多，密封材料种类多，除常温密封外，返回舱还有多处防热密封，另外还有多处动密封，要满足这些指标，的确难度很大。

为此，工程组邀请510所从事真空研究的专家开展了针对密封性能的分析和研究。他们根据初步确定的结构参数，进行了综合分析，初步估算各处的漏率和总漏率后，给出了在正常的设计、生产和安装条件下可以满足设计要求的结论，这样就大大增强了工程组完成任务的信心。

硅橡胶密封圈是关键产品，所以生产厂家的选择很重要。

以前返回式卫星的密封圈供货单位主要是某研究所，他们在生产过程中有大量的外协，小批量生产是可以的，但考虑飞船的密封圈品种规格多，量也大，这种作坊式的生产，质量不易控制，后来咨询某橡胶工业公司，这是一家大型的橡胶公司，长期为军工企业服务，可是考虑到空间环境对密封圈性能和寿命的影响，他们的产品系列没有可以满足要求的产品。没办法只能继续在全国范围内寻找合适厂家，当看到襄樊42所（现在的航天四院42所）的一份介绍他们研制的适用于空间环境的密封圈研究报告后，娄汉文和他们取得了联系，经过接洽、沟通和协商，他们对承接这套密封圈的研制和生产，表现出很高的积极性，最后就把密封圈的生产方定在这里。

飞船舱门研制是一个新课题，总体对舱门功能和性能指标提出了很高的要求，尤其是检漏环节。舱门关上后，需要进行快速检漏以确定舱门是否关好，检漏合格后才可以对密封舱进行充气，当时在国内找不到类似的设备，于是工程组协商五院510所，联手承担研制任务。

除了结构的设计，飞船还有许多机构动作。

飞船的连接分离就是非常重要的机构动作，包括机械连接与分离，电路、液路和气路的连接与分离，重要的分离有轨道舱－返回舱和推进舱－返回舱连接与分离、抛返回舱防热大底、抛分离密封板、弹大底和侧壁天线盖、打开通气阀等等。

由于飞船舱段连接处载荷比较大，如果采用火工品爆炸螺栓进行连接，为了保证足够的连接强度和刚度，螺栓的尺寸必然做得很大，这样分离时的解锁就必须用较大的药量去破坏螺栓，产生强大的冲击会影响到航天员的安全。因此，需要研制一种连接力很大但解锁力较小且冲击小的新型连接装置。

这种装置，之前谁也没见过，结构专业与火工专业的设计师们通过各种手段，一面学习，一面设计，一面试验，一面修改。经过各方几年不懈的努力，终于研制出了用于神舟飞船上的新型连接分离装置——命名为"火工锁"。这类火工锁既能保证足够的连接强度，分离时火药冲击力又很小，满足功能需求。连接轨道舱和返回舱的叫"火工锁Ⅰ"，连接推进舱和返回舱的叫"火工锁Ⅱ"，连接返回舱与分离密封板的叫"火工锁Ⅲ"，均由508所设计，因为连接载荷较小，连接件为钢球，所以又叫弹子锁。另外还有连接返回舱侧壁与防热大底的叫"抛底火工锁"。

通过火工锁的研制，不仅得到了理想的产品，还锻炼出了一批掌握了火工机构设计技术的青年设计师，真是不仅出了成果，也出了人才。这些产品经过多年的飞行实践，从未出现任何故障。

舱段分离试验是飞船初样阶段最后一个整船级大型试验，考核项目多，要求高，技术难度很大。其主要是在地面模拟飞船返回时在轨空间失重环境，以进行轨道舱与返回舱组合体、返回舱与推进舱的分离试验，验证飞船舱段分离方案，分离程序的合理性及装于分离面上的火工、电、气路等装置连接分离的可靠性，以确保飞船的安全返回。

由于整船试件大，直径近3米，长9米多，重达8吨，每个舱段也有2至3吨，在地面条件下使如此大的试件呈现失重状态实为不易。常用的模拟失重方法包括配重法、自由落体法以及利用小车在轨道上滑行等都不可行。当时两总把该项任务交给了拥有回收着陆试验场的508所承担。总装与环境工程部的及占伟和试验场张振声、任志通等经验丰富的老师傅组成攻关小队，经过分析与讨论，决定采用国内首创的双摆法方案。

双摆法，首先吊绳要足够长，摆绳越长摆角越小，试验干扰越小。经分析计算，吊绳长度定为50米，508所回收着陆试验场100多米的降落伞投放塔以及四周空旷的场地，来进行这个舱段分离试验是再合适不过了。

1999年1月8日至25日，进行了这项试验的两种工况的四次分离试验。试验实施中最容易出问题也是最重要的工作就是现场舱段的吊装与状态的调试。经过团队全员共同努力，整个试验过程没有出现任何问题，奋战了 18 个昼夜，试验取得了圆满的成功。

气路断接器用来输送和断开环控生保系统的气体介质，液路断接器用来输送和断开热控系统的液体介质。工程组成员首先确定了设计方案，画出草图，提出了设计要求，特别是对拔脱力要求严格控制。据娄汉文回忆，当时这也是一道工程难题，后来他们辗转找到 513 所的同志们，联手完成产品详细设计、生产和试验。

其中还有一处比较巧妙的设计也值得一提。返回舱内航天员座椅的提升，本来是靠装在座椅缓冲器上的燃气发生器的药柱燃烧产生的高压燃气作为动力，推动活塞杆运动。由于药量比较大，燃烧的时间比较长，座椅缓冲器的内腔较大，密封圈又多，提高座椅缓冲器密封性能比较困难，燃烧还容易造成舱内污染。经项目组讨论更换了提升方案，取消燃气发生器，改用高压氮气做动力源，再后来，继续改进，索性把氮气瓶也取消了，直接使用环控生保系统返回时的剩余气体作动力源，经过两次改进设计，越改越简单，效果越来越好。

着陆缓冲是一个系统问题，工程组协同计算气动减速与 508 所搞回收伞减速的同事们一起研究。娄汉文回忆道，当时飞船结构机构分系统能做到的是通过结构的密封大底和大底上的泡沫铝在着陆时的塑性变形吸收一部分能量，另外座椅缓冲器也要吸收一部分能量。

这个座椅缓冲器是个吸能器，它的作用就是将瞬间的加速度的峰值削下来，把持续时间延长。

2003 年 10 月 16 日，杨利伟乘坐这款座椅安全返回。

当时的年轻人，经历了这一系列的锻炼，都增长了才干本事。如今他们大部分都在重要的管理和技术岗位上，为中国的航天事业奋斗着。当年这些齐心协力攻关的经历，回过头来看，都是一段美好的回忆。

集同攻坚"船中枢"

1999年11月20日，神舟一号在酒泉卫星发射中心发射升空，在轨运行14圈后安全返回预定地区，标志着中国航天跨入了一个新的技术里程。飞船GNC分系统是神舟飞船的关键分系统，好比是飞船的"神经中枢"，承担着飞船主动段应急救生控制、姿态控制、轨道控制、交会对接控制、应急救生控制和返回再入控制任务。

GNC分系统在此次任务中，从单机设备、控制软件、系统运行到在轨飞控均确保了工作正常，圆满完成了试验飞船首次飞行任务，产品的技术状态、质量水平通过了第一次飞行考验。

GNC分系统主任设计师陈祖贵总结，集同攻坚，大力协作，是GNC分系统成功的重要保证。

先后参与GNC分系统研制工作的外协单位有：航天一院13所、航天九院16所、航天九院771所、中科院长春光机所、机械洛阳轴承所、中科院成都光电所、中船天津707所、哈工大、兵器集团218厂、航空青云仪器厂等国内一流研究所、大学和知名生产厂家。五院502所以真诚的态度，与外协单位建立了良好的协作关系并进行了愉快的合作。

GNC分系统研制工作伊始，陈祖贵、王南华、范如鹰、孙承启等飞船制导、导航与控制研制专家就充分认识到以我为主、集中国内制导与导航技术的一流研究所参与攻关，是保证GNC分系统技术先进、可靠的重要途径。

就拿研制惯导系统来讲，502所是国内惯性姿态敏感器及控制器研制的优势单位，并具有先进的利用光学姿态敏感器对陀螺漂移误差进行在轨估计及修正的技术，有能力负责惯导系统设计（含软件）及控制器的研制。而其中的惯性测量单元（IMU），则选择具有IMU研制经验的航天一院13所和西安的航天九院16所作为合作伙伴，分别承担挠性IMU

和液浮 IMU 组件的研制工作。

至于神舟飞船采用的挠性 IMU 和液浮 IMU 两种不同类型的惯性器件，这里还有一段曲折的过程。

GNC 分系统起先准备只采用单一的液浮 IMU 方案，当时考虑液浮 IMU 抗振性好，502 所有多年使用液浮陀螺的经验，航天九院 16 所是我国惯导专业研究所，拥有良好的研制设备和高水平的技术专家，又与 502 所有较密切的合作关系。但是，当时航天系统内部分专家有不同意见，认为 502 所卫星姿态控制技术是国内一流，但制导、导航技术方面尚需学习借鉴一院的技术和经验，建议采用一院 13 所的挠性 IMU。对此，制导导航与控制分系统专家与航天一院专家进行了较长时间的沟通与探讨。

1995 年，在 921 飞船转初样评审中，航天工业总公司的专家对 GNC 分系统采用液浮 IMU 还是挠性 IMU 展开了热烈的讨论。GNC 分系统专家从加强可靠性、安全性出发，采纳了陆元九、梁思礼等院士提出的建议，最终确定了挠性 IMU 和液浮 IMU 两种不同类型的惯性器件融合使用的方案。实践证明，这一决策是非常正确的。

据陈祖贵回忆，当时 IMU 的研制技术难度大，质量问题多，但是 502 所与一院 13 所、九院 16 所建立了坦诚的合作关系，面对当时层出不穷的问题没有互相推诿指责，而是从技术上和工作上找原因，共同承担压力和面对挑战，确保产品质量。

为了完成液浮 IMU 的研制任务，当时的九院 16 所所长、科技处处长都花费了不少心血，多次往返于西安、北京之间，参加项目的立项和方案论证工作。16 所迅速组建了专门队伍，他们为保证产品的进度和质量忘我工作，默默奉献。北京、基地成为他们那时候经常工作和生活的地方。

为了完成挠性 IMU 的研制任务，一院 13 所由副所长负责并抽调了技术骨干组成了研制队伍，承担此项目的管理、技术、加工生产及调度

神舟记忆

工作，在时间非常紧的情况下，按时向 GNC 分系统交付了合格的产品，保证了飞船的整体研制进度需求。

惯性测量单元属精密机电部件，温度控制得好坏是影响精度的重要因素。在神舟飞船的研制过程中，处理惯性测量单元温度控制及与环境条件的关系方面曾发生过许多问题，这些问题都在各参研单位、各专业的专家共同分析、研究和试验中找到了解决办法。

在航天员手动控制系统的研制中，光学瞄准镜是供航天员观察、判断飞船飞行高度和三轴姿态的重要设备，俄罗斯虽然也有类似的纯光学测量设备，但他们采用的是舱内和舱外两部分结构的方案，该方案在飞船返回前必须将舱外部分爆破分离，操作复杂，安全性差。

制导、导航与控制分系统的专家们想要研制一种全舱内的光学瞄准镜，但对于十几厘米厚的返回舱窗口，要实现 140 多度的观测张角难度非常大。于是，制导、导航与控制分系统项目组找到了光机产品研制的优势单位中科院长春光机所，经过反复切磋，共同探讨，终于研究出在两层窗口玻璃之间安装一组反射镜来减小窗口厚度影响，从而实现全舱内结构的方案，光学瞄准镜的研制生产任务也就落在了中科院长春光机所。

为了完成光学瞄准镜的研制任务，长春光机所高度重视，所长亲自到北京参加协调。之后，立即在长春光机所建立了 921 办公室，统一组织长春光机所与 921 相关工作，抽调了高水平光机专家进行技术攻关，很快完成了全舱内结构的设计图纸。1996 年 8 月，第一个光学瞄准镜模样件终于加工完毕，各项性能测试结果表明满足飞船研制任务要求。

王南华回忆道，当年他们站在长春光机所科研大楼平台上，通过光学瞄准镜观望长春的天空和地面，心情格外激动，想象着不久航天员通过光学瞄准镜从太空遥望地球的那一幕。

为了能在无人飞船飞行试验中检验光学瞄准镜的实际观测效果，

GNC 分系统提出在光学瞄准镜上安装专用摄像机，把观测屏上的图像传回地面的想法，当时离进靶场只有三个月的时间，有人疑惑这还能来得及吗？

当范如鹰把这个想法告诉长春光机所的同志后，他们二话没说立即行动，确定方案，落实安装接口、图像传送通道及摄像机的加固措施，一个小巧玲珑的摄像机居然很快就做出来了。

当神舟二号飞船在轨飞行时向地面发回的图像，显示在北京航天飞行控制中心大厅的屏幕上时，在场的首长和同志们都情不自禁为之叫好。

第三节 "四共同"大协作

载人航天工程是个极其复杂的大系统工程,工程的每个系统紧密相连,缺一不可。工程涉及范围广、涉及单位多,研制过程中需要大系统间、各抓总和承研单位之间,步调一致,通力协作,形成了有问题共同商量,有困难共同克服,有余量共同掌握,有风险共同承担的"四共同"协作机制。

"神箭"托神舟

载人航天的关键技术和三大难题,首先就是要"上得去"。

要"上得去"就必须有大推力的,安全性、可靠性极高的运载火箭。由长征二号 E 型改造而来的长征二号 F 型运载火箭是助力神舟"登天"的"天梯",船箭对接便成了实现神舟飞天梦想的关键枢纽。

当飞船三舱设计方案定下来之后,载人飞船系统与火箭运载系统的专家们坐在一起,成立专家组梳理着需要共同协作解决的关键技术问题。其中包括很多细节,比如接口的协调、如何实现统一的故障检测反馈以及火箭与飞船整体垂直转运等。

火箭不仅要提高自身的可靠性指标,还需要增加逃逸救生系统,最大程度保证航天员生命安全。专家组采用化整为零,各个击破的方式,一个一个解决了研发逃逸救生系统的技术关键点。

逃逸救生系统位于火箭顶部,在火箭上升阶段,一旦飞船在空中发生危险,逃逸塔下的飞船整流罩就会与下节分离,逃逸发动机点火,拉着两个飞船舱（轨道舱和返回舱）一起迅速逃逸。"逃"的速度比火箭还要快！

飞船与火箭两大系统互相协作，他们默契地选择把安全可靠放首位，共同协商设计确认了船箭间电气接口、信息交换方案，并采用了电气隔离、多重冗余和多次判别等措施，来确保安全可靠。

为了完成飞船应急救生轨道及接口分析这一关键技术攻关，1994 年1 月，一院一部向五院 501 部提供了长征二号 F 运载火箭方案阶段弹道数据，然而计算结果表明按定时偏差计算的弹道数据，由于计算方法差异等不同，不能用来进行发射段大气层外应急救生轨道设计。

五院李颐黎、魏协元等专家建议，发射段大气层外救生应该采用定速偏差计算，为此需要运载火箭系统重新计算偏差轨道。

1994 年 6 月底，飞船系统应急救生分系统与运载火箭逃逸系统的协调会上，李颐黎提出上述要求后，一院一部的专家当场表示，"可以按你们的要求采用定速偏差计算"。火箭系统的弹道计算人员按照飞船系统的要求，重新采用定速偏差计算弹道数据。为了不拖延工作进度，他们加班加点，积极配合，于 7 月 15 日将计算结果提供给 501 部。

之后，501 部的专家们利用火箭系统提供的定速偏差轨道数据，经过合理处理，设计出发射段大气层外应急救生轨道，攻克了这一技术难题。

质量对于火箭发射是锱铢必较的指标，各大系统乃至火箭上所有零部件都有质量限定。

1997 年，当第一个火箭整流罩生产出来时，发生了一段令人难忘的小插曲。由于整流罩结构复杂，质量要求非常高，但受当时工艺的限制，产品生产出来后超重了 900 千克。

整流罩超重，意味着当火箭出现紧急情况，逃逸塔启动逃逸时，逃逸火箭无法带动飞船。

当时，为了保证飞船安全的逃逸系统可以正常工作，火箭系统重新进行方案设计，通过强度计算、能量分析，采用优化结构、减少材料厚度、增加发动机动能等方法解决了这个难题。

同样的，随着神舟飞船搭载的航天员人数增多，返回舱中航天员的生活用品、救生物品、应急食品随之增加。仅一个航天员的装备压力服、生理测量等装备，加起来就要增加 70～80 千克。

神舟七号要上去三个航天员完成出舱任务，飞船系统、航天员系统与运载火箭系统的专家坐在一起进行质量与推力余量共同协调，分配好了各自的减重指标。

通过"断舍离""搬家"以及优化结构等方法，飞船系统一共用了 9 个月的时间，20 多位设计师共同参与，完成减重工作。其中贡献最大的是返回舱的配重优化，一举就减掉了 30 多千克，同时还很好保证了神舟飞船的发射质心。

发射场合练是重大型号发射全流程演练。

1998 年是神舟一号飞船研制队伍最紧张繁忙的一年。按照研制试验计划，航天工业总公司指挥协调各路人马，五院按照四条主线开展试验阶段的工作。飞船副总设计师唐伯昶负责其中一艘船的发射场合练和逃逸救生试验，这两项试验都是首次进行，非常关键。

发射场合练主要是将飞船、运载火箭、发射场的各个系统和部门组织在一起，进行各大系统的总装、测试、运输等方面的工作，最后进行发射前的"彩排"。唐伯昶说："除了不点火，合练基本和正式发射要做的工作一样。"因为飞船、火箭的系统复杂，在正样船发射前把在基地的各个环节走一遍，才能让人放心。尤其是飞船和火箭从技术区运到发射区，执行的是"三垂模式"：垂直组装、垂直测试、垂直运输。这是在此之前都没有用过的模式。

该模式的优点是测试环境好，技术区及发射区测试可采用同一套前端测试设备，且在运输时测试状态不断开，确保技术区的测试状态及测试结果有效，进而降低火箭在发射区的工作时间，便于连续发射。但该模式对地面设施设备要求高，除了要在技术区建设高大的垂直总装厂房外，还需要在发射区建设勤务塔，同时对活动发射平台要求高，整个地面设施设备规模非常大。为了可以实现"三垂模式"的发射方式，只用了 3 年时间，一座高 93 米的火箭垂直总装测试厂房矗立在发射场茫茫的大戈壁上。

飞船合练试验队在技术区先将飞船总装测试用的支架平台安装好，将组装好的三个舱段垂直对接起来，然后运到运载火箭垂直总装厂房，和火箭对接。随后进行垂直厂房的操作和口令演练，这离不开各个系统间的紧密配合，在反复的熟练磨合下，整个过程进行得井然有序。

垂直运输那天，唐伯昶记得场区人山人海，很多发射基地官兵的家属和附近群众都"慕名"来参观船箭组合体的第一次垂直转运。高大的厂房闸门打开后，活动发射平台徐徐开动，火箭竖立在发射平台上。只见近六十米高的长征二号 F 火箭顶端，矗立着飞船和整流罩组合体。船箭组合体上鲜艳的五星红旗和"中国航天"几个大字格外醒目，远远望去熠熠生辉。在场的很多人感慨："第一次看到这样宏伟场面，也是人生的一大幸事。"

到达发射区后，又开展了发射区的合练，进行了发射流程的多次演练操作。

1998 年 10 月，飞船、火箭、发射场等各大系统联合开展了逃逸救生试验。

试验这天清晨，戈壁滩上，车辆如梭，人流如潮。嘈杂声打破了往常的寂静，试验队员各司其职、有条不紊地进行着载人飞船发射台首次逃逸救生试验。

上午 9 点，扩音器传来了"30 分钟准备"的口令。各种车辆早已按指定的位置有序排列。所有试验队员自觉地以横列式疏散开来。所有目光投向发射台。

船箭组合体垂直运输

"一分钟准备！"箭、船各系统的参试人员屏住呼吸，眼睛盯住正要起飞的发射火箭逃逸飞行器。

"起动！"—"点火！"—"起飞！"

随着一声轰鸣，只见逃逸塔吐出银白色的火焰，冉冉升上天空，朝西飞去。不一会，两舱分离，返回舱从箭体中逃脱出来，在空中自由飘荡。没过几秒，又传来一声轰响，只见伞舱盖弹出，拖着一条彩带状的引导伞。随即拉出减速伞，减速伞打开后，引导伞就飘然飞去。返回舱被减速伞牵制之后，就比原先老实多了。再过数秒，减速伞分离，拉出主伞。这一连串动作，都在眨眼间完成，看起来，有点像表演魔术一样，引导伞快速抽出一束含苞欲放的巨大鲜花，在空中招展，随着时间的推移，鲜花渐渐绽开，直到完全开放！

"成功啦！"顿时，地面欢声雷动，鞭炮齐鸣，整个大地在沸腾。徐徐下降的 1200 平方米特大型降落伞，仿佛像一朵五彩缤纷的云彩，久久地留在人们脑海之中。

在各大系统的积极协作下，首次发射场合练和逃逸救生试验顺利完成，飞船正式发射的操作流程基本确定下来，方方面面的领导专家心里对正式发射更有底气了。

发射场的工作需要各大系统配合完成，流程复杂，每一项测试，每一次操作都不容忽视，不然可能就会出现失误。

2000 年 11 月 8 日，神舟二号飞船整船空运到酒泉卫星发射中心。飞船一进场，整个发射场就像上紧了发条，进场的各大系统试验队紧锣密鼓地展开工作。

2000 年的最后一天，离神舟二号原定的发射时间还有四天。发射场上，人们一边准备发射前的各项工作，一边策划着跨越新世纪的这一天该如何度过。东风航天城生活区里，部队和各试验队食堂里炊事班的同志们忙得不可开交，餐厅里开始张灯结彩，准备晚上的联欢。

当天下午 3 点 10 分，发射场系统副总指挥张建启等领导正在指挥控制大楼会议室开会，突然有个参谋带着惊慌之情跑进来报告："火箭被撞了！""在进行活动发射平台测试时，不小心把火箭给撞了！"

原来，发射测试站在进行备用电源驱动控制车与活动发射平台备用电机的联试时，意外把活动发射平台给启动了。在巨大的牵引力下，火箭随着前移，尽管及时制止，但还是与工作平台发生了碰撞。

张建启心急火燎地跑到现场一看，飞船和火箭系统的老总都在，看到好端端的火箭竟被挤压出十几个坑，而且此时飞船已经与火箭连体等待发射，许多人的脸刷地一下就白了。"火箭还能不能发射？""飞船有没有损坏？"是盘桓在现场每个人心中的问号，有人忍不住当场啜泣起来。

此时的各大系统领导没有被大家的情绪所左右。他们首先不约而同想到的是必须立刻拿出紧急应对的办法，稳定所有参试人员的情绪，赶紧想办法弥补损失，把这个问题处理好，否则影响了发射，就无法向全国人民交代。

闻讯，总装备部政委李继耐特别指示："一支成熟的队伍和一个成熟的指挥官，不仅要经历住胜利的考验，同样也必须经历巨大困难和重大挫折的考验，在这种情况下成长起来的队伍和指挥员才是真正的勇士。"

此时，飞船已经加注推进剂，远洋测量船队经过长途跋涉，也已到达预定海域……按照预定计划，4天后就要执行发射任务。到底还能不能按计划发射，成为人们关注的焦点。

当天下午，发射场系统把火箭系统总指挥、总师和发射测试站领导召集在一起，临时召开紧急会议，决定成立4个应急处置小组——事故调查组、活动发射平台受损情况勘察记录组、船箭联合体外表面操作勘察记录组、船箭结构强度分析组，分头行动，迅速把事故过程搞清楚，把船箭和活动发射平台受损情况搞清楚，立足现场解决问题，力争在天气降温之前把飞船打出去。同时，把事故情况上报载人航天工程指挥部，并邀请相关专家赶赴发射场，共同会诊。

飞来横祸，惊散了千禧之年的气氛。

当天夜里，火箭系统开始全面地探伤、复查。最后确认，火箭承受的力比原来试验时还要小。火箭系统刘竹生总设计师对张建启说："你们不要有什么顾虑，集中精力完成好后面的工作。"

飞船系统戚发轫总设计师和袁家军总指挥组织人员对飞船进行全面检查，他们心里明白，飞船已经加注，再拉加厂房可不是一件小事。经过认真科学地分析，认为火箭被撞时飞船所产生的应力小于飞船发射时上升段所承受的应力，得出结论："飞船没有问题！你们放心！"

这是多么大的安慰！

据当年参加过这次任务的发射场系统同志回忆，在当时内外压力非常大的情况下，火箭和飞船系统迅速反馈情况，是对发射场官兵巨大的理解和支持！他们发自内心地感谢航天科技集团公司打造的过硬产品，否则火箭、飞船哪能经得起这样的"考验"！

被撞后的长征二号F火箭发生了位移，如果不尽快复位，势必会影响其安全可靠性，给发射留下隐患。发射场任务指挥部决定连夜把火箭和平台恢复原位。火箭试验队动用了多根撬杆，反复尝试都无济于事。紧急之下，指挥部连夜把发射场机械修复专业的官兵召集来，利用千斤顶进行复位。在修复中发现火箭一个防风拉杆被撞坏。虽然拉杆只有直径3厘米、长10厘米左右，但却是火箭固定在活动发射平台上的关键部件。指挥部立即决定：请空军派专机从北京紧急空运新的防风拉杆到发射场。

为了尽快修复火箭，排除疑虑，其他各系统都给予了大力支持。接到发射场善后处理的命令后，北京、上海、西安等地各系统专家迅速赶往酒泉发射场。

2000年1月3日，参试各方对火箭、飞船进行了"全面体检"。经过专家严格评审，一份50多页的质量评估报告呈现在领导和专家面前，最终结论是：火箭与工作平台的碰撞属于挤压过程，不是冲击，碰撞产生的载荷小于火箭的设计载荷，而且被撞的地方都是特别加强的地方，产品一切正常。目前，火箭状态已经恢复并通过分系统测试和总检查测试，隐患彻底排除、可以转入发射实施阶段。

此时，各系统领导专家和参试队员都长长地舒了一口气。

经过四昼夜的工作，火箭重展芳容，耸立在了发射架上。

1月10日凌晨1时0分，一道灿烂的火光划破戈壁寒冷的夜空，神箭托神舟，直刺苍穹。这是中华民族献给新世纪的第一声礼炮，这是炎黄子孙挺进太空的铿锵呐喊！

低温下的发射奇迹

在航天队伍里有一句话流传甚广："如果你一辈子没进过发射场，就不算干过航天。"

进过发射场的试验队员都应该知道，站在神舟腾飞的发射塔架上，10千米外的东风革命烈士纪念碑依稀可见，那里长眠着600多位英灵。每当阅读着墓碑上的这一个个生命的案卷，人们的心情久久不能平静。无须询问他们生的经历和死的过程，勇敢地面对牺牲、坦然地面对得失，正是一代代发射场官兵一直高喊的誓言。这铮铮誓言，化作了巨龙腾空时的雷与火，轰鸣着，燃烧着；化作了祁连山涓涓而下的弱水，奔涌着，翻滚着……

神舟飞船的发射场设在酒泉卫星发射中心，由技术区、发射区、试验指挥区、首区测量区和航天员区等六大区组成，形成从测试段、发射段、上升段到返回段的一套完整体系。

20世纪50年代，面对复杂的国际局势，毛主席和党中央决定发展国防尖端技术，建设导弹靶场。

经过专家勘察论证，决定在内蒙古额济纳旗东风镇建立我国第一个导弹综合试验靶场。从此，额济纳这片神奇的土地与祖国的尖端国防事业紧紧联系在了一起，数万平方千米区域被划为军事禁区，这就是后来的中国酒泉卫星发射中心，即东风航天城。

这里曾是额济纳旗政府驻地，1958年3月3日，中央正式批准在内蒙古额济纳旗建设导弹试验靶场。额济纳旗人民为了新中国的国防建设与航天事业，举家迁出世代居住的故土，三易旗府，舍小家为国家。半个多世纪过去了，今天的东风航天城，以其辉煌的成就跻身于世界著名航天发射场之列，创造了我国航天发射史上的诸多第一，目前是我国唯一的载人航天发射场。

神舟飞船发射塔架

航天事业是"千人一颗星,万人一艘船"的宏伟事业。二十多年来,在酒泉卫星发射中心,飞船等各系统与发射场系统的战友们并肩战斗,发生了许多感人的故事,结下了深厚的战斗友谊。至今,老一辈神舟人提到发射场的许多人和事仍然感慨万千。

风雪带来了寒流,气势汹汹地扫荡着大漠戈壁,气温骤降。

神舟四号飞船按计划定于2002年12月29日夜间发射。

人们可能有个疑问:中国发射神舟系列飞船为什么总是在冬季和晚上呢?

这是因为飞船上天后,要由测控与通信系统组织航天测控网对飞船实施测控管理和回收。这个测控网由多个陆地上的国内、国外测控站和4艘远望号远洋航天测量船组成,这些测量船在对飞船实施测控的过程中,同时分布在太平洋、印度洋和大西洋的预定海域。除了远望一号,另外3艘测量船的任务海域都在纬度相对较高的南半球。

南半球的季节与我们所处的北半球正好相反,北半球春夏季节时,南半球正是秋冬季节,海况十分恶劣,不要说在海上执行测控任务了,就是正常的航行也有风险。所以,发射飞船的时机就只好选择南半球海况较好的春夏季节，这样我们北半球则正好是秋冬季节。

发射的时间之所以多选择在夜晚，主要是考虑在漆黑的夜空中，火箭所喷射的火焰非常显眼和突出，便于地面光学跟踪测量设备捕捉目标。当然，这些都不是绝对的，最终还要根据发射窗口和当时的具体情况而定，白天发射的情况也并不少，其关键是选择最恰当的发射条件。

随着神舟四号发射时间的一天天临近，气温还没有半点回升的意思，达到了零下 32 摄氏度，并且越降越低，朝着当地的极限低温逼近。

按规定，火箭发射不能低于零下 20 摄氏度。人怕冷，火箭和飞船更怕冷，持续极限低温，容易导致密封件失效，引起加注后推进剂泄漏、引发管路堵塞、影响电缆插头接触效果和仪表精确度等，这些情况一旦发生后果极为可怕。

航天器的发射，对气象条件要求十分苛刻，低温、雷电、大风、降雨雨滴、云层高度都可能影响发射，有时甚至酿成大祸。

1986 年 1 月 28 日，美国"挑战者号"航天飞机升空后，在大约 14000 米高空爆炸解体，机上 7 名航天员全部遇难，酿成了世界航天史上最大的惨剧。事后调查委员会指出：失事的直接原因是 O 型密封圈失效，而造成其失效的就是地面低温。

大风对发射安全也有影响，在地面发射前大风可能会使火箭撞击发射架而受到损坏。发射过程中，大风也易使火箭飞行失控而出事。例如，美国的"挑战者号"航天飞机出事时，高空就有两股急流诱发出强大的湍流。

神舟四号所处的低温环境，已经达到了零下 32 摄氏度。在如此严峻的考验面前，12 月 22 日，中国航天科技集团公司总经理张庆伟紧急召集火箭、飞船系统以及发射场系统的总指挥、总设计师们开会，磋商抗低温的措施和方法。

会上大家达成一致认识："动员一切力量，采取一切有效措施，抵御寒流，确保发射正常进行，确保任务圆满成功！"

会后，各系统分别成立了防冷应急保障小组，采取一切措施阻击寒流。基地地面设备营的战士们给试验队调运来了149条棉被，连夜缝制成一个个巨大的袋子，把需要保温的地方统统罩起来。

逃逸塔穿上了防寒服。

固定发动机贴上了泡沫塑料。

火箭输送管路等关键部位，被60多床棉被裹得严严实实，有的特定部位，不但包上棉被还放进了通电的大灯泡等，各种保温的洋办法、土办法都用上了。

"模拟受冻状态进行试验！"指挥部发出了指令。

试验队员们反复校核着环境、温度对发动机的影响，为了保证数据的准确，队员们摘下厚厚的手套，一遍又一遍的测量。脚冻僵了，他们就不断地原地起跳，手没了知觉，就伸进内衣里用体温暖暖。经过几天的试验，他们得出了确保发射成功的准确数据和结果，明确飞船发射前90分钟可以脱去保温棉被，并提出了发动机脱去保温棉被后的辅助保温措施。

12月24日夜，飞船系统尚志副总指挥，张柏楠副总设计师，带领40多名队员顶着寒风登上发射塔，进行电缆连接，安装小型地球模拟器，对推进剂进行检漏，定点对关键部位进行气密检查。

塔架上更是寒彻入骨，试验队员们，发射场的战士们，在载人航天精神的感召下，抵抗着零下30多摄氏度的低温。

这是一场与朔风的拼搏！

这是一场与极寒的厮杀！

不光是发射场气温很低，主着陆场也是风雪交加，气温降到了零下30摄氏度，着陆场系统的队员们一遍又一遍地进行着合练演练，同样面临着低温的严峻考验。

根据发射场气象部门给出的 28 日、29 日、30 日三天的气象条件，气象专家预计 30 日温度会有一个短暂的回升，气温可以回升到零下 20 摄氏度以上。对于发射场来说，每推迟一天发射，对塔架的加温就要增加一天，七八十米高的塔架，需要多个加热器同时工作，才能保证温度。由于发射场已经调用了所有的加热设备，往后推一天就增加一分危险。

重大的责任，让所有人都不敢掉以轻心。

终于到了 12 月 30 日，在各大系统的密切配合、相互支持下，由于采取了较好的保温措施，神舟四号克服重重困难，成功发射，在凛冽的寒风中平安起航。七天后，飞船完成了一次跨年度的太空巡游，在预定区域着陆，创下了我国航天史上低温发射的记录。

航天员"驾校"

草木葳蕤，春光明媚，会心的微笑荡漾在每一个人的脸上，他们在为庆祝历时六年的载人航天一期工程航天员 GNC（制导、导航和控制）培训任务的圆满完成而高兴。这是 GNC 分系统团队与神舟七号飞船航天员，一起进行手动控制操作技能培训结业时合影留念的情景。

飞船上的 GNC 系统、手动运动控制操作等内容与航天员执行飞行任务密切相关，航天员能否掌握与其相关的 GNC 系统理论知识和熟练基本操作是地面飞控决策的基础，也是保证载人飞行获得圆满成功的重要条件。为此，肩负着航天员选拔培训任务的航医所在神舟一号飞船发射成功之后，就开始与 GNC 分系统探讨对我国首批航天员进行 GNC 理论知识及手动运动控制操作技能的讲解与培训。

2001 年年底，GNC 分系统刘良栋、陈祖贵、王南华、孙承启、范如鹰、胡军等专家们当起了"教练"，开始了航天员理论培训的教案研究和准备工作。

为了使每一名航天员均能够尽快全面深入地掌握与其飞行任务相关

的 GNC 分系统理论知识，专家们经过反复的讨论、修改，并多次在系统内部的年轻同志和所内研究生中试讲，总结讲课经验，根据航天员的实际情况做到了量体裁衣，终于制定出一套适合于航天员教学应用的教案。

2002 年 8 月，航天员培训的序幕终于拉开了。在为期两个月的教学实践中，专家们先后从 GNC 系统的主要任务、配置及系统组成、控制理论与方案基础、软硬件设计、与其他分系统间的关系、航天员需要重点观察的数据及可能需要的操作、系统试验、飞行程序等几个方面由浅入深地为我国首批 14 名航天员进行了授课。在讲解过程中，他们通过大量照片、实物和自己动手制作的小模型，采用形象化的教学手段帮助航天员们理解。经过耐心细致的讲解、不厌其烦的答疑，航天员们掌握了 GNC 系统的基础理论，达到了既定的培训目标。

航天员操控飞船培训

转眼间进入到 2003 年。根据载人航天工程大总体的要求，这一年我国首位航天员将搭乘神舟五号飞船实现中华民族的飞天梦想。

载人飞船 GNC 分系统与以往研制的航天器控制系统有重要区别。其中一个重要区别就是具有独立的对飞船质心和姿态进行人工控制的手段。

当自控系统和数据管理系统均失效的情况下，航天员在仪表照明系统的配合下，能够通过手动控制系统控制飞船安全返回。这就是说，航天员本身就是手动控制回路中的重要环节。航天员能否达到GNC分系统对手动运动控制的设计要求，直接与其训练水平有关。为此在完成GNC基础理论讲解后，2003年4月，GNC分系统团队又开始了对航天员手动运动控制操作的技能培训。

由于采用的训练设备是手动运动控制固定基模拟座舱试验系统，与以前更多的是进行设计验证试验工作不同，需要对系统进行技术上的改造。为满足航医所提出的对训练工作结果要有评价、口令可响应、操作有依据、数据可监视等要求，团队对培训方案和细则进行反复协调和讨论，最终确定了训练设备的技术状态，经过手控系统研制组全体人员的努力，完成了设备的改造、调试与演练任务。

当时航天员对大家来说是非常神秘的。为了确保我国首次载人飞行试验圆满成功，同时也为了保证航天员的人身安全，航医所特别要求本次训练要做好保密和安全工作。训练现场不允许拍摄任何影像资料，更不允许向外界透露任何有关航天员的信息。航医所提供的训练计划上，仅有航天员的编号。

神舟五号飞船手动运动控制操作技能培训，就在这种有些紧张的气氛中开始了。这是航天员首次接触飞船手控系统并进行实际操作，为了让航天员更好地将理论与实际相结合，循序渐进地达到培训的要求，专家们就像是驾校的教练，将训练内容拆解成三个大项15个单项，采用一对一的教学方式，也就是说面对14名航天员需要讲解并演示200次之多。很多"教练"嗓子讲哑了，为了保证训练进度吃片润喉片继续讲。最后实在说话困难了，为了保证训练质量就由其他同志接替讲。在为期21天的训练过程中，"教练"们完成了计划培训课程，经过全体参训人员的共同努力，培训取得了良好的效果。

神舟五号飞船出征仪式上，"教练"们的"学员"用嘹亮的嗓音报告："报告首长，航天员杨利伟、翟志刚、聂海胜请求执行神舟五号飞船载人飞行任务，请指示"时，"教练"们才知道一直被叫着编号的航天员的真实姓名。

再一次见到航天员时，就到了 2007 年年初，作为载人航天二期工程研制的第一艘飞船，神舟七号飞船将搭乘三名航天员实现出舱太空行走任务。为此，GNC 系统的技术状态也进行了适应性的修改。为了让执行飞行任务的航天员能够充分了解 GNC 系统的技术状态变化，以及对前期培训内容进行全面的巩固与提高，航医所与 GNC 分系统又一次通力合作，开展了神舟七号飞船航天员 GNC 理论知识与操作技能的培训。

为了使本次培训系统化、规范化，让航天员通过此次训练达到全面提高 GNC 系统理论水平与熟练掌握 GNC 手动运动控制操作的目的，"教练"们精心策划组织编写了《神舟飞船 GNC 系统航天员培训教材》。

这本教材做到了针对性强、重点突出、简明易懂。其后，该书被列为我国航天员训练基础课程教学用书，同时建立了完善的航天员手动运动控制科目考核试题库及考评细则。参训的航天员全部参加了笔试和操作技能考核。本次培训的结束，标志着五院 502 所承担的载人航天一期工程关于航天员培训的任务画上了一个圆满的句号。

能够亲身参与航天员培训任务是一种荣誉，更是一次考验。通过对航天员的培训工作，GNC 团队受益匪浅。航天员们所展示出的对待航天事业的态度和奉献牺牲的精神令人感动和敬佩，正是在这种艰苦奋斗、顽强拼搏、大力协同、无私奉献精神感召下，中国载人航天事业才取得了举世瞩目的伟大成就。

当喷着金色烈焰的神箭托起神舟飞船冲向云霄，搭载着航天员遨游太空时，GNC 分系统的"教练"们感到无比激动与自豪！因为，他们不仅是飞船的设计者、制造者，还是航天员的教练员和守护者。

第四节　联合保障大协同

载人航天工程的成功，是我国航天事业的重大成就，也是党政军民学团结合作的结晶。公安、交通、通信、电力、铁路、卫生、气象以及新闻等部门积极支持协助，投入大量人力、物力、财力，军地联合协同，从各个方面保障了载人航天工程的顺利实施。

让出最好的牧场

神舟飞船的发射场和回收主着陆场都在内蒙古境内，内蒙古自治区党委、政府以及各族人民始终把航天事业当作自己的事业，高度重视，积极支持，精心组织，全力以赴，把配合试验任务作为一项重大的政治任务。从 1992 年神舟飞船主着陆场的建设，到 1999 年 11 月神舟一号无人飞船的发射升空和回收，再到 2003 年 10 月神舟五号载人飞行的圆满成功，以及后来十几次神舟飞船的升空与回收，无不饱含着内蒙古人民的深情厚意和无私奉献。

飞船的着陆场不是随便找一个地方就行的，它必须符合"四项基本原则"。

第一项是，着陆场的位置应当选择在飞船飞行尽可能多圈次通过的地面轨迹附近；第二项是，场地要大一些，既可以满足返回舱正常着陆，又要考虑应急降落或降落出现一些偏差时返回舱也能落在着陆场中的因素；第三项是，地势平缓，大的斜坡不应超过 15 度，无高山沟壑，少高大树木，地表足够坚硬；第四项是，雷电、大风、冰雹少，云层高度比较适宜，能见度好。

内蒙古乌兰察布市四子王旗红格尔苏木的阿木古郎草原，就是满足"四项基本原则"的理想之地。

红格尔，在蒙语中意为"温柔的地方"，"阿木古郎"是蒙古语"平安"的意思。这里地势平坦开阔，人烟稀少，坡度不超过 5 度，坡长都很小。优秀的地理和气象条件有利于飞船平稳着陆，有利于搜救人员对航天员的快速救援。加上没有铁路，没有楼房与河流，空气能见度高，阿木古郎草原成为我国神舟飞船着陆的首选之地。

但这里也是四子王旗最好的牧场，有水有草，风光秀丽。用当地牧民老乡的话说："一出门全是草，青蛙的叫声此起彼伏，过往的骆驼进入牧场都看不见踪影。"

一边是中国航天事业的发展，一边是祖祖辈辈留下来的牧场，淳朴豪迈的草原牧人展现出了他们的深明大义和宽广胸怀，把最好的草原让给了国家建设飞船着陆场——四子王旗着陆场。从此，从神舟一号到神舟十一号飞船，都在这里成功着陆。

追随着神舟飞船一次次凯旋回归母亲的怀抱，回收车队要一次次穿越围封的牧场，车辙你追我赶层层叠叠，草场不可避免地遭到了破坏，但牧民们却从来没有要求补偿。不仅如此，每一次，几百名青年牧民还会骑着摩托车，为回收队伍带路开道。遇到牧场的铁丝围栏，他们主动下车剪断，确保回收车队畅通无阻。

神舟飞船回收团队还记得，为加强着陆场空中搜索分队的安全，需要占用牧民家中最肥美的一块牧场修建停机坪。牧民们纷纷说道："这儿是神舟飞船的家，我们和航天人是一家人，让点儿地方是应该的。"于是，一块 2000 多平方米的牧场就成了停机坪。

执行首次载人飞行任务的神舟五号，遨游太空 21 小时后在四子王旗中部草原着地。航天员杨利伟出舱后见到骑着摩托车追随而来的青年牧民，真的就像看到了家里人，他们相互挥手致意。一个月后，杨利伟作为报告团成员再次踏上内蒙古这片托举中国航天伟业的热土，热情的人群中有许多熟人，他感觉就像回到了家。

牧民的胸怀像草原般宽广，他们自豪地说，举世瞩目的载人飞船是在四子王旗的阿木古郎牧场着陆的。这片美丽的草原，是牧民的家乡，也是神舟飞船的"家园"。

四子王旗主着陆场被誉为"神舟家园"，是内蒙古人民献给中国载人航天工程的贵重礼物，他们的奉献和付出将永远地镌刻在中国航天事业的历史丰碑上。

2005年10月17日，神舟六号载人飞船在四子王旗成功着陆后，为感谢内蒙古自治区对我国航天事业做出的突出贡献，同时也为内蒙古自治区成立60周年献礼，五院和中国文联共同将搭载在神舟六号飞船上的书画作品《六骏图》义卖，并用善款在内蒙古四子王旗援建了一所神舟希望小学。

四子王旗神舟希望小学

从2006年至今，载人航天队伍坚持开展对四子王旗捐资助学工程，资助共建神舟希望小学，每次有试验任务或逢年过节，航天人都会带着礼物，去看望神舟希望小学的孩子们。神舟飞船研制队伍还建立机制，与神舟希望小学的特困生签订了"一对一"资助协议。迄今为止，已使1500余名贫困学生顺利完成学业，回馈草原牧民对载人航天的支持厚爱。

陆海空接力试验

载人航天最重要的就是安全可靠，最令人关注的焦点就是安全回收。

如何确保飞船返回舱的安全回收？这就需要提前进行大量的地面试验，对回收方案进行演练和验证，包括空投试验、海上漂浮试验以及着陆场搜救演练等。由于这些试验牵涉面广，动用资源多，如果没有军地的大力支持配合是很难完成的。

每次着陆场回收演练，解放军总装备部基地活动测控回收部着陆场站的战士们，都给飞船系统回收试验队员们留下深刻的印象。他们仿佛浸染了草原的大气豪迈，待人热情淳朴，干事雷厉风行，他们和神舟队伍一起组成了一支被称为"航天梦之队"的回收试验队。

神舟飞船的发射时间大都安排在了冬季，低温和严寒时刻锤炼着这支"航天梦之队"。特别是神舟二号和神舟四号发射时，主着陆场白雪皑皑，气温下降到零下30多摄氏度，并时常有狂风暴雪相伴。

但是这些可爱的战士与飞船队伍一道，以极大的热情投入回收的演练和系统的对接工作中。战士们的脸冻伤了、手冻伤了、脚冻伤了，没一个叫苦。从驻地到回收主场来回有140多千米，路程坎坷颠簸，并且演练还都是在夜间，从出发准备到主场流程演练，每个环节，每个步骤，都一丝不苟地落实。这样的演练过程，每次飞船回收任务都要反复进行五次以上，但没一个人叫累叫苦。

据参加过回收任务的同志回忆，执行神舟飞船回收任务之前，回收试验队队员与驻地官兵进行了不同条件、不同背景下的任务模拟演练上百次，单项训练上千次，还经历了草原风、沙、雨、雪的考验。他们还编写出异常情况下的搜索寻找、通信保障和现场处置等多种应急预案，使搜救队机动协同能力大幅度提高，确定目标坐标、方位的精度达到百分之百，返回舱吊装速度提高了三倍。他们的敬业专业和辛苦付出守护了飞船的平安着陆，也守护了航天员的平安归来……

除了主着陆场的回收演练，在神舟飞船的研制历史上，还有在海上进行的两次综合试验，一次在烟台，一次在海南。神舟飞船副总指挥尚志作为"领队"，两次带试验队携飞船返回舱"光顾"海上，亲历了这段鲜为人知的大型试验。

之前讲过，飞船发射起飞后，很快就进入太平洋上空，如果发生意外，可能溅落的海域长达 5200 千米。为验证飞船返回舱在应急情况下落在海上的漂浮特性、持续能力及航天员在海上的耐受能力，两总系统经过研究明确了必须要做海漂试验。

神舟飞船返回舱海漂试验

海上搜救试验方案设计之初，内容比较简单。经过反复研究，专家一致认为，试验应增加验证飞船返回舱海上漂浮特性等试验内容，观察返回舱溅落海面后是否会进水，向不向下沉，会不会东倒西歪等。

2002 年 1 月底，尚志带着试验队如期开赴海滨城市烟台，开展返回舱海上综合试验。租用的地方船只按计划出海，飞船返回舱被拉到了大海深处。

烟台市政府、港务局、警备区船运大队以及当地渔民都非常支持，让出了试验海域停止渔业活动。

当地海军驻军给予了大力支持，为了尽量模拟真实情况，海军相关部门从庞大的数据库中整理材料，提供海况数据，并参与试验方案论证。海面上波涛汹涌，为了保证试验队员的安全，保障试验的顺利进行，海军调动了数艘舰船包括监测船、起吊船、驱鲨船等，并派出水性最好的"蛙人"协助试验。

虽是试验，但模拟的却是真实的场景，场面颇为壮观。当返回舱被抛进海里后，十几个身着橙红色救生衣的"蛙人"纷纷跳进水中。"蛙人"进行了海上出舱演练，出舱后站在返回舱边缘可以落脚的地方踩来踩去，以此观察返回舱不同角度的倾斜程度。另外，还要看返回舱能够自己顺着洋流漂流多远，为了便于搜救时发现目标所在位置的海水染色剂能保持多少天，以及天上的卫星能不能收到海上信标机发射出的信号……

在当地军民的支持帮助下，第一次海漂试验很成功，为系统级综合试验积累了关键数据。

2002 年夏天，尚志再次带队，参加由着陆场系统在海南组织的海上搜救综合试验。本次试验主要模拟返回舱在远海溅落的搜救场景，参加联试的单位有着陆场系统、航天员系统、飞船系统和海军。

返回舱由救捞船放置在南海某处，2 名模拟航天员在返回舱内就位后，着陆场系统试验总指挥侯鹰向全体参试人员发出命令："搜救试验开始！"一架海军侦察机腾空而起，在蓝天中画出一道美丽的弧线。"发现返回舱！"没多久，返回舱信标机位置就出现在电子屏幕上，机组按照信标方位全速前进，很快，在茫茫大海中看到一片被染成荧光绿的区域，那是海水染色剂，找到返回舱了！"报告指挥部，发现返回舱，坐标东经

XX、北纬 XX。""指挥部明白，按照坐标 XX，救捞船出发！"1 艘救捞船、2 艘导护舰立刻按命令鱼贯而出，1 小时后，顺利找到返回舱。救捞船先行驶至返回舱右侧，缓缓放下起重机吊钩放置，再由两名蛙人下水将吊钩固定好，不久，返回舱就被起重机顺利吊至船上，第一阶段试验顺利完成！

经过两天的休整和准备，第二阶段试验正式开始，这次考核返回舱落海后航天员等待救援的场景。天还没亮，全体参试人员就出发了，到达预定水域后，先由救捞船将返回舱吊至海中，再由两艘导护舰一左一右各牵一根绳索保护。8 时许，航天员系统派出 2 名模拟航天员进舱，试验开始。正值盛夏，虽然是早上，太阳也相当毒辣，炙烤着返回舱，舱内温度也在逐渐升高；海浪打着，舱晃来晃去；返回舱体积不大，人只能蜷坐在座椅里，通过两个不大的舷窗观察舱外。在这种情况下，人更容易对自己的运动状态出现错误感知，产生"晕船"现象。试验开始没多久，舱内 2 人立刻感受到了相当强烈的"晕船"感觉，那真是晃得"七荤八素"的，呕吐感汹涌而来。按照准备的预案，2 人强忍住呕吐感，调整呼吸，逐渐调整了过来，"晕船"感没那么强烈了，大家悬着的心也放了下来。一波未平一波又起，2 小时后，晴朗的天空突然打雷下雨，大家一下又紧张起来。着陆场系统试验总调度孙威立刻组织大家到船舱内避雨，自己与飞船系统调度栾文博在雨中，紧紧地盯着水中的舱和连接的绳索，不时与舱内 2 人通话，丝毫顾不得两人已被大雨浇透。大雨终于停了，大家开玩笑说："老天爷够意思，用最恶劣的工况帮着咱们考核。"试验持续了到第二天天亮，全体参试人员谁都没合眼，当 2 人顺利回到甲板上时，大家欢呼雀跃，丝毫感受不到困意。在全体参试人员的共同努力下，2 名模拟航天员用顽强意志品质在舱内坚持完成了 18.5 小时的试验工况，创造了当时人在海上密封舱内漂浮的最长纪录！

到了返回舱空投试验时，参加的单位就更多了，有空军司令部、空军十三师、空军第八研究所、空军第四研究所、空军第一试验训练基地等。

2001年6月底，开展飞船返回舱正样空投试验。飞船回收分系统牵头，空军第八研究所积极配合，组织力量对伊尔76舱内进行改造，量身打造，解决了产品支架在机舱安装与投放的问题。为了圆满完成神舟飞船返回舱空投试验任务，空军试验训练基地派出了最优秀的飞行员，并培训了专业的空投员。

7月2日8点整，飞机升空。

"2分钟准备。"

神舟飞船返回舱空投试验

随着机长一声令下，机舱后门徐徐开启，飞机发动机声震耳欲聋，一股强大的冷气流呼啸而入，机舱温度随即大幅度下降。飞行员努力保持着飞行姿态。

"到达预定地域。"领航员报告。

"1分钟准备。"机长下达了空投前最后准备指令。

飞机后舱，返回舱试验件在距离飞机舱顶仅20厘米、左右不到50厘米的间距中，像个"不倒翁"。

空投员戴着氧气面罩，虽然身上系着安全绳，但还是非常危险。在缺氧负压的环境下，空投员熟练地迅速拧开两边的固定螺栓，返回舱被托起倾斜，一瞬间，脱离机舱，接着回收伞张开，返回舱徐徐下落。

成功了！时任总装备部部长的曹刚川上将当时在机场与空投试验队员一一握手祝贺。

在后续十多个批次的空投试验中，空投高度从3000米到11000米，不断挑战极限。神舟团队与空军参试人员一起，紧密配合，积极协调，试验流程不断迭代不断优化，从一开始做一两个架次试验都需要一两个月，到后来做八个架次的飞行试验，只用了半个月的时间，这和多方的密切配合，各方对试验的精心组织，工程大总体的统一指挥是分不开的。

从陆地，到海洋，再到空中，从五院，到地方，到部队，飞船的外场试验过程就像一场接力赛，哪一棒出了问题，都会影响试验的进行、任务的实施，军地的合力拼搏，共同完成中国的太空接力。

联勤服务护神舟

早在1970年，五院研制我国第一颗卫星东方红一号的时候，大型试验保障部门就应运而生。随着五院科研任务不断增加，大型试验保障工作由1992年的单一铁路运输，到2000年空运首飞，再到2015年海运启航，已发展成现在的"陆、海、空"立体运输网，从保障模式、服务形式、保障内容等方面都有了巨大改变。

五院神舟实业总公司是大型科研生产任务保障的主力军，承担着酒泉、太原、西昌、文昌四个卫星发射中心航天器型号产品的海、陆、空运输任务及试验队员的医、食、住、行等保障服务工作。几十年来，这支团队也培养成长起了张红兴、朱彤等一代代善于协调军、地、警、运等各口服务保障资源的后勤干将。

近年来，为适应试验队交叉入场，发射任务重叠密集的新形势，五院神舟实业总公司保障团队建立起了"联勤式"管理模式，使发射场的人、财、物等保障资源实现"有效管理、统一调度、互联互动"。通过与军方、政府机关、铁路、公路及公安、机场、部队医院、供货商等建立长期密切的合作关系，有效保障了发射任务和发射场试验队员的"医食住行"。

铁路运输在第一代神舟人心头留下了一段难忘的记忆，每次和老一代的同志们提到发射场，"专列"总是被他们所津津乐道。

火车虽名为"专列"，但运行速度并不快，从北京到基地要花五六天的时间。时间虽长一点，但参试的同志们回忆起这段坐专列的时光，还是发自内心的怀念。

1999年，由于中央极为关注载人航天任务，总后勤部和铁道部特批一级专列运送神舟一号飞船进酒泉基地。

据负责铁路运输的领导说，专列驾驶员的技术和政治素养都是经过认真挑选的，保证专列在运输过程中以匀速行驶，避免飞船部组件间产生碰撞。专列沿途所有横跨铁路的高压线，在列车通过前都要停电，以避免静电引起意外事故，保证专列安全运行。沿途遇到的列车都要给专列让路。为保证专列的绝对安全，解放军战士在铁路沿线日夜站岗。专列经过的站台上，铁路民警和地方公安保卫人员几步一岗守卫着。沿途各省、自治区、直辖市公安部门领导和各铁路局公安处长，如同接力赛一样，精心护送列车，并随时向上级汇报专列运行情况。

当时负责专列运输的侯进科回忆道，专列停靠在兰州站时，已经是凌晨，值了一晚上班，他推开车厢门下车透透气，结果被眼前的一幕震惊了。站台上，解放军战士笔直地站成一排，时至深秋，大西北的夜晚非常寒冷，有些战士脸冻得通红，但依然坚守在自己的岗位上，岿然不动。当专列再次发车启动，守卫的战士敬礼致意、整齐划一。这一刻，侯进科内心深感责任的重大、使命的光荣。

每次专列都是从北京的昌平车站出发，经河北、山西、内蒙古、甘肃几个省区，到达甘肃的清水车站后，由卫星发射场的火车头拉着试验队员向北挺进到戈壁深处。

从甘肃清水车站到酒泉卫星发射场，这是中国当时唯一的一条军管铁路。铁路全长近300千米，10千米一个点，共有36个点号，每个点号驻扎的官兵多则十几人，少则几人。他们长年坚守在荒凉的戈壁，在日复一日的铁路巡护中，默默奉献着自己的青春。据资料说，当年6300名铁道兵历时500多天，牺牲了120名官兵，才铺就了这条鲜为人知的专用铁路，打造了通往共和国综合导弹试验靶场的大动脉。如今，这条铁路不仅可以为火箭、卫星、飞船发射提供运输服务，还担负起沿线各地的部分工农业产品和生产生活物资的运输任务，被誉为大漠中的"天路"。

2000年11月，由于各种因素，飞船需要尽快进场开展测试工作。从神舟二号飞船开始，飞船产品进场改为飞机运输。

飞船总指挥袁家军提出：航天器空中运输是国际上早已采用的先进运输办法。神舟一号飞船是火车运输，到了发射场各种总装、测试都得重来，会浪费好多时间和功夫。如果采取空运的办法，飞船可以在测试完后按舱段运送到发射基地，既可以大大缩短发射场的测试流程，节省时间，飞船还可以在北京测试得更细致、更充分一些。

这种想法提出来后，获得了飞船总设计师戚发轫的赞成和载人航天工程指挥部的同意。在指挥部的协调下，五院神舟实业总公司科研生产保障中心与空军相关部门联系，空军积极配合，从北京南苑机场空运至西北某机场的方案很快敲定下来。

2000年11月8日，空军的一架大型运输机伊尔76降落在西北某机场，神舟飞船总设计师戚发轫从机舱中走出来，同机而来的飞船第一次实现了整舱空运。机场上，10多辆军用卡车、20多辆带编号的轿车整齐地排成一排。训练有素的战士，启动各种搬运工具，将飞船的推进舱、返回舱和轨道舱小心翼翼地从飞机上卸下来，三个舱段都用特殊金属柜包裹着。

经过一个多小时的车程，飞船的三个舱段被运至发射基地的测试厂房。

在整个运输过程中，通过传感器进行力学环境（振动、冲击等）、温度、压力的测量。飞船到达厂房不久，运输试验分队的测试数据就整理出来了。数据说明，飞机运输的环境比火车汽车的环境要好。自此正式确定了以空运作为正样飞船的运输方案。

神舟飞船空运现场

从此以后，神舟飞船都通过空运的方式运送至酒泉发射场。每次运送任务，空军都会选择王牌飞行员、经验丰富的优秀机组，运输当天以最高的优先级以及最好的航段，来配合支持载人航天工程。

根据气象局多年统计，西北某机场下午风况较大，时常出现由于大风天气不能降落的情况。空军每次任务都在运输的前一天就将飞机从驻地调至北京南苑机场，连夜装机，一大早就起飞。飞行员和机组成员凌晨就吃饭出发，经历长达十几个小时的待飞、飞行以及抵达目的地后飞船的卸机，一直坚守在工作岗位上，往往都是到了晚上才下飞机吃饭休息，为的就是保障好飞船的运送任务。

空运进场的方式安全稳妥，二十多年来为任务连续成功提供了坚实的保障，五院飞船团队、后勤保障团队与空军和机场等建立了深厚的合作友谊。

2016年6月，文昌航天发射场正式启用，海上运输部门也开始服务载人航天工程。2017年，我国首艘货运飞船天舟一号从天津出发通过海上运输直接抵达海南文昌航天发射场，此后天舟二号，天和核心舱、问天舱、梦天舱都是采用海上运输。

铁路、空运、海运，无论采用哪种方式，承运单位和相关配套服务的军、地部门及团队都展现了出极高的指挥调度水平和联勤服务保障能力，为载人航天三十年默默奉献、倾情助力。

除了陆海空的运输保障服务，内蒙古阿拉善盟的公安干警队伍也常年默默守护着神舟。

东风航天城地处内蒙古自治区阿拉善盟西北部的茫茫戈壁当中。巴丹吉林沙漠位于阿拉善盟阿拉善右旗北部地区，沙漠腹地是历次神舟飞船逃逸塔残骸的掉落地点。神舟团队与阿拉善盟的公安干警队伍一直保持着良好的合作关系。从神舟一号到神舟十五号，每次执行发射任务期间，阿拉善盟协助集结交管、治安、派出所等警力，对重点区域、路段进行巡逻排查，对逃逸塔和火箭残骸着陆场内的辖区人员进行疏散并开展保密教育，坚持走访每一户牧民，专人把守每一个堵卡点，对整个区域进行全面清查。同时，还协调交警部门对各重要路口进行封控，全力保障回收任务期间道路畅通，民警全程配合航天搜救大队完成搜寻任务，阿拉善边境管理支队的民警经常最先发现并保护火箭残骸。

神舟已经成为大漠警队心中的"图腾"，他们默默陪伴和守护神舟三十载，为中国载人航天事业做出了别样的贡献。

第五章
干出神舟人的精气神

习近平总书记指出："人无精神则不立，国无精神则不强。唯有精神上站得住、站得稳，一个民族才能在历史洪流中屹立不倒、挺立潮头。"载人航天事业发展三十年来，在党中央坚强领导下，在全国人民大力支持下，从无人飞行到载人飞行，从一人一天到多人多天，从舱内实验到太空行走，从太空短期停留到中长期驻留……一次次刷新"中国高度"，一步步迈向航天强国目标。

伟大的事业孕育伟大的精神，伟大的精神推进伟大的事业。在载人航天三十年的发展实践中，培育形成了"四个特别"的载人航天精神。

第一节　爱国无须讨论

祖国至上、人民至上的爱国情怀是刻在神舟人骨子里的情感，爱国就是始终以国家的需要为最高需要，就算有再大的困难、再大的挑战，也会拿出"逢山开路、遇河架桥"的拼劲，践行对祖国和人民的承诺。

国家需要就是航天人的志愿

2021年6月23日，香港理工大学的会场内爆发出热烈的掌声，"最高尚的爱、最伟大的爱，是爱国家。爱这个国家，才能把最宝贵的东西献给国家。"戚发轫的肺腑之言，将"宇宙级天团"的访港演讲推向了高潮，也再一次生动地诠释和展示了神舟团队质朴的爱国情怀。

"爱国不需要讨论，国家需要就是我们的志愿。"载人航天工程立项之初，神舟人就是秉承着这种情怀，投入新的事业、新的挑战中。

1992年，戚发轫被赋予新的重担——神舟飞船首任总设计师。

戚发轫心中十分矛盾。

他反复问自己，搞飞船和搞卫星不一样，有人、没有人差别太大了，自己已经临近花甲之年了，还要像年轻人一般去自己不熟悉的领域学习新东西吗？院长和总设计师两副担子一肩挑，在新的领域还能发起有力的冲锋吗？还能不能不辱使命？他真的有些犹豫，但凡有一点点私心，都应该选择一条能够安安稳稳退休、尽享天伦、颐养天年的平坦道路。

然而，他更清楚这项工作对于国家和航天的重大意义，他更了解我们这个民族千年的渴盼。国家把重任交付给自己，自己就应该竭尽全力，义无反顾地扛起这个重担!

"祖国需要,我就去做!"

就这样,戚发轫走马上任。

与戚发轫一样被委以重任的"老同志"还有不少。

王壮、郑松辉、刘良栋、唐伯昶也先后被任命为飞船系统的副总设计师。

祖国需要,他们就去干,离开自己熟悉的岗位,闯入陌生的领域。

还有陈祖贵、王南华、李惠康、强仁荣、徐济万、林斌、郑延龄、闵志祥、陈瑞海……他们大多年过50,本可以在熟悉的型号上指导年轻人工作,但当祖国的载人航天事业需要他们时,他们选择了义无反顾地奋斗在研制一线。

神舟飞船印上"中国红"

陈祖贵曾经讲过的一席话,代表着许多老同志的内心世界:"我干了一辈子航天,亲手送上天四颗卫星,原想退休后好好歇一歇,因为干卫星责任太重,压力太大,可当领导让我继续从事飞船研制时,我考虑再三,还是答应了。我是国家培养的,当国家需要我时,我没有理由拒绝。"

就这样飞船研制队伍迅速集结起来。然而这支刚刚组建起来的研制队伍还存在着一个"尴尬"现象：介于 30 岁至 45 岁之间的科技人员非常少，多为 50 岁以上的老同志和 30 岁以下的年轻人。也就是一帮老的，还有一帮小的。

那时候社会上有一句"时髦"话，"搞导弹的不如卖茶叶蛋的"。航天五院所在的中关村，当时已经很开放了，科技人员下海、创业、出国，潮流涌动，而航天待遇低，外界诱惑多，走了很多人。

戚发轫说："很多年轻人走了，有错吗？没错，但我心里很痛。但是这个时候也有一部分人他们对航天有感情，愿意拿不如卖茶叶蛋的待遇在这儿干，我很佩服他们！"

这些人始终胸怀航天报国初心，义无反顾地选择了留下，他们要把自己那颗赤诚的心献给祖国的航天事业，献给祖国的载人航天。

面对"猎头"公司几次前来高薪挖人，面对在美国"硅谷"拿着高薪同学的游说，干飞船电总体的杨宏毫未动摇。不为名、不为利，就是"为了给国家做点事"。

在出国月收入 2000 美元和留下来每月 500 元人民币的选择面前，GNC 专业骨干胡军选择了留下来，"就是想做一番事业，将个人想法跟国家需要相结合"。

戚发轫后来经常讲："国家有特殊需要了，虽然待遇很低很苦，但我们能够干，这是我们队伍的一种特别的精神。"

正是这样一种"祖国利益至上"的爱国主义精神，凝聚起一支"特别能吃苦、特别能战斗、特别能攻关、特别能奉献"的载人飞船研制队伍。

"争八保九"就是"军令状"

在我国载人航天工程发展初期的历史上，有一个大家津津乐道的"争八保九"的典故。那么什么是"争八保九"呢，即争取 1998 年、确保 1999 年发射第一艘无人飞船，这是载人航天研制团队向党中央立下的

"军令状"。

载人航天工程是我国继"两弹一星"之后，又一项高科技国家重点工程，它不仅在政治、经济、科技、军事上有着重要意义，更是一个国家国际地位和综合国力的标志和象征。这是祖国的事业，人民的事业，神舟人深知自己肩上的责任和使命！

航天领域有个人人都熟知的口号叫"后墙不倒"，就是要按照时间节点保质保量完成任务，"保九"显然就是研制团队的后墙。

然而20世纪90年代，国内的航天技术与工业技术水平与美俄等航天强国相比差距还比较大，尽管研制队伍夜以继日奋战攻关，"争八保九"的矛盾却越来越突出。

戚发轫回忆："按照常规程序，我们1998年11月才做初样地面试验，暴露出问题后进行改进，然后再生产，送正样上天。从初样地面试验到正样发射只有不到一年时间，是不可能完成的。"

"争八"无论如何也不行了，"保九"也有可能成为泡影。当时一些人对飞船到底能不能研制成功也产生了怀疑，甚至传出了一些921工程要下马的"小道消息"。研制团队承受着前所未有的压力，必须尽早拿出证明自己能力的成果来。

根据以往的惯例，用于发射飞船的新型火箭应结合卫星发射，先进行一次试验发射，以考验火箭的性能与可靠性，而当时并没有合适的卫星发射任务，试射就没有了载荷。那么首枚长征二号F火箭发射什么呢？总不能发射一枚空箭或打一个"铁疙瘩"吧。

对飞船系统来说，似乎搭上长征二号F火箭的首班车已经不现实了，但研制团队没有放弃，谁都不想让"保九"因为飞船系统成为一句空话。尤其两总系统，脑袋成天为这事转着。

这一天，飞船系统副总设计师王壮和郑松辉坐在了一起，俩人谈完本系统的工作，又聊起了火箭试验的事。

"不行，就用咱们的试验船发一个，啥问题都解决了。"不知是谁先提了一句。

"对啊！要用就用电性船改，电性船的仪器设备都经过了严格的考验，虽然不说十拿九稳，但可能性很大。"

两位飞船副总设计师在搞飞船前都是研制返回式卫星的专家，曾有过将初样卫星按正样要求，初正样两个研制阶段融合并行工作，缩短研制周期并取得成功的经历。

于是两人一拍即合，马上兴冲冲地推开了戚发轫办公室的门，谈了他们的想法，大家又一起进一步商量了细节。

戚发轫认为这是个"天赐良机"，如果这个想法得以实现，不仅可以激发和调动广大飞船研制队伍的积极性，还可以让飞船上主要分系统和全工程七大系统都能得到实际考验，飞船许多技术细节在地面难以模拟，提前飞行试验可以尽早暴露和发现问题，尽早加以改进，也可以兑现对党中央的承诺。

但是他们心里也都清楚，虽然电性船的外观看上去与真正的飞船别无两样，性能却相去甚远，如若上天，必须进行正式上天条件下的环境试验。结构、机构等机械件、模拟件必须按照上天产品的要求，寻找替代品或重新投产。

这种改装风险无疑是巨大的。身为总设计师的戚发轫也不敢说他有百分之百的把握，但他心里清楚，国家任务刻不容缓，这是一个难得的机遇，稍纵即逝，必须抓住。

他们很快组织队伍写出了《用电性船改装成试验船的建议》。

1998年1月9日，工程领导经过深入调查与研究，在听取了各承制单位的意见，并做了大量的工作后，组织召开工程指挥、总设计师第15次联席会议。会议正式决定：将初样电性船改装成试验飞船，利用长征二号F火箭发射试验的机会，搭载发射首艘无人试验飞船。目标是"上得去，回得来"，重点考察飞船的返回技术。

就这样，飞船系统为自己争取来了一次试验的机会，然而留给飞船系统的时间却真不多了。考虑到飞船系统的实际困难，中央领导同志不断勉励型号队伍，并指示"只要飞船能够返回中国就是成功"。

决定就是命令，飞船总体首先对试验飞船方案进行了优化设计，按照"有所为，有所不为"的原则——凡是能够保证飞船返回的分系统，无论有多大困难，技术上都要突破，装船；与飞船返回无关的分系统暂不装船。这样将电性船 13 个分系统简化为 8 个分系统。但即使这样，挑战依然非常大。

"虽然我们在返回式卫星方面的实践经验能够提供一些借鉴，但要把用在飞船上的技术摸清，说实在的，时间太紧张了。"回忆起那段时间，"忙"成为戚发轫最大的感触。

由于改装后的试验飞船先天不足，期间遇到的问题也特别多。出场前电测、试验过程中故障不断，但经过艰苦排查、群力攻关，所有的问题都得到了解决，最终具备条件出厂。

时间悄然来到了 1999 年，新中国成立 50 周年大庆、澳门回归、飞船首飞被列为 1999 年的三件国家大事，这次任务事关国家荣誉。对研制团队来讲，实现"争八保九"，不仅仅是工程目标，更是一次只能成功不能失败的政治任务。

为国争光的干劲虽大，但困难也是层出不穷。试验飞船进入发射场后，在技术区电测仍然不顺利，软、硬件接二连三出现故障，推进、环控生保、GNC 等分系统先后发现一些问题。

郑松辉回忆说，当时"争八保九"的压力太大了，所有人都连续作战，他自己平时身体素质比较好，然而连他都感觉透支了，在发射基地发起了低烧，还被怀疑得了重病，好在最后确诊没有什么大问题。

功夫不负有心人，承载着太多使命的神舟一号终于在 11 月 21 日 3

时 41 分，绕地球飞行了 14 圈之后，返回舱成功着陆于内蒙古中部地区，着陆点离预定地点相距不到 10 千米。我国实施载人航天工程的第一次飞行试验取得圆满成功，成功迈出了第一步。

后来有人问戚发轫："按照正常程序，飞船是无法发射的，为什么你们还要冒这个险？"戚发轫是这样回答的："在那个时候，国家有特别的需要，我们就要用特别的精神来完成这个特别使命，这就是载人航天精神。"

"疫"往无前的最美逆行

国家的需要就是神舟人的前进方向，就是神舟人的不竭动力。为了国家需要，他们可以战胜一切困难和挑战。

2003 年，对国际航天来说是充满灾难的一年。2 月 1 日，美国哥伦比亚号航天飞机在结束了为期 16 天的太空任务之后，返回地球，但在着陆前 16 分钟突然发生爆炸，航天飞机解体坠毁，7 名航天员全部遇难。5 月 4 日，俄罗斯联盟号飞船返回时，偏离预定的着陆区域，3 名航天员受伤。8 月 22 日，巴西运载火箭在发射平台上发生爆炸，发射架坍塌，21 名航天同行当场遇难，20 多人受伤。

虽然大家都清楚地知道，航天事业存在着高风险，但接踵而至的灾难，仍然撞击着每一个人的心，大家只能"严上加严、细上加细、慎之又慎、精益求精"，仔细地排查一切可能存在的问题，杜绝一切风险。

然而，就在此时，一场突如其来的"非典"疫情扰乱了飞船研制团队的计划，而北京又是这场瘟疫的重灾区，人人谈"非"色变，各行各业都受到了严重冲击，谁也不知道厄运会不会降临到自己头上。

根据网上调查，在"非典"疫情最严重的时期，全国人民最最关心的问题，就是"非典"什么时候能结束？中国航天员什么时候能上天？

特殊时期人民有特殊的期盼，航天人又义无反顾地站了出来。

为了鼓舞全国人民抗击"非典"的斗志，载人航天工程指挥部在充分调研各系统进度后，在 2003 年 5 月 10 日《人民日报》头版发布了这样一条简短的消息："神舟五号飞船将如期发射。"这是给全国人民的定心丸，但同时也将更多的压力和责任担在了肩上。

为了圆满完成首次载人飞行任务，神舟团队打响了一场前所未有的"战役"，一边防"非典"，一边保进度。当时的口号是，"防'非典'就是保试验，防'非典'就是保成功"。因为大家都深深地知道，这个时候如果研制试验队伍中出现一个"非典"病人，那就不是一个人的事，必将对试验造成很大的影响和损失。

"我就说了，凡是进了航天城，我们管吃管住，但谁也不能回家。外地的不能离开北京，北京的也不能回家。"戚发轫直言自己当时的做法"很残酷""很不人道"，"但，国家特殊需要的时候，要有这么一个特殊措施。"

"非典"时期的航天城，"热闹非凡"，其他的地方都是单独隔离，只有在航天领域是"集体隔离"。因为航天是一个复杂的系统工程，需要集体和团队团结协作，一个人、一个岗位都不能少。

所有研制人员都努力克服着各种困难，没有人抱怨，没有人退缩，谁都不想成为拖后腿的那个人。

就是在这样非常时期，这支非常的团队，采用非常的手段，战胜了疫情的非常考验，迎来了载人航天事业新的跨越。首次载人航天飞行获得圆满成功！

跨越 17 年，历史惊人的相似。

2020 年 1 月 21 日，空间站天和核心舱和新飞船试验队先后抵达海南文昌发射场会师，正当大家摩拳擦掌准备开始开展工作时，武汉传来了新冠肺炎疫情的消息。

当天晚上，试验队进场动员誓师大会结束后，试验队连夜召开第一次临时党委会，航天五院副院长张笃周，型号两总张柏楠、杨宏，试验队临时党委书记崔伟光参加了会议，共同研判疫情发展态势，商讨应对策略。

张笃周判断说，新冠肺炎在全国有蔓延趋势，必须充分关注事态发展，确保试验队员身体健康、思想稳定，确保海南发射场任务圆满成功。

张柏楠和杨宏都经历了"非典"时期奋战神舟五号的日子，但当时只是涉及北京一个地区，神舟五号一个型号，影响都那么大，他们都认为这次更绝对不能掉以轻心，必须全力以赴确保进度。

两支试验队，成立了一个临时党委，队员数量多，疫情防控真是难上加难。

晚上，航天五院主要领导打来电话、发来信息："院里把队伍交给你们了，你们得一个不少地给带回来！""提高队员的防控意识至关重要，不能心存丝毫侥幸！"

压力空前，一丝一毫都不敢放松！

1月22日，试验队召开首次安全专题会，宣贯了防疫要求，明确了管控措施，后勤保障人员立即启动了防疫物资采购工作。大家的足迹遍布了整个文昌市，几乎跑遍了所有药店，体温计买到了、消毒水买到了，但海南几乎买不到一个口罩！怎么办，前后方一起想办法，有的甚至发动家人，发动当地的战友、朋友……

1月23日，试验队研究制定的新飞船、空间站任务试验队预防与控制新型冠状病毒感染的肺炎应急预案正式发布。而就在这一天，武汉宣布封城，防疫物资更加紧张，但试验队已经有了先手优势。

1月26日，大年初二，五院党委主要领导一行，看望慰问春节期间留场的试验队员，对试验队的迅速行动给予了高度肯定，并再次强调一定要确保试验队员身体健康和发射场任务的圆满完成。

口罩等防控物资逐步得到解决。

各级领导的要求得到严格落实。

防控措施逐渐完善科学。

同舟共济、共担风雨的决心和信心高度统一到了五院打好"阻击战"和"攻坚战"两个战役的部署上来。

队员们的防控意识大幅提升……

"疫情蔓延开来，刚开始确实让我们着急了一阵子，但马上就看到了这支队伍过硬的纪律性和行动力、执行力。有这样的队伍，我们还能有什么攻不下来的'山头'和啃不下来的'硬骨头'！"

"非典""新冠"，任何困难都阻挡不了神舟人向成功奔赴的脚步，背负着祖国和人民的重托，他们即使步履维艰，也依然豪迈勇毅！

让五星红旗在太空中飘扬

2008年9月27日16时40分左右，历史将永远铭记这一刻——中国航天员翟志刚顺利打开神舟七号飞船轨道舱舱门，在浩瀚的太空中，挥动着五星红旗向全国人民、全世界人民问好，这是令所有中国人无比自豪和骄傲的时刻。

这一刻，许多神舟人眼角湿润了。

在黑色天幕和白色出舱服的映衬下，五星红旗显得更加色彩鲜红。虽然这不是五星红旗第一次遨游苍穹，但却是第一次在太空中"飘扬"。

实现出舱活动是神舟七号飞行任务的主要目标，是中国载人航天工程第二步战略任务的重大技术突破。这是中国航天的大事，也是中华民族的大事，以什么样的方式把中华儿女的风采镌刻在浩瀚太空，记录下这历史性的辉煌时刻？

出舱展示国旗，是工程决策者和参研试验队员"不商而同"的意见！

为了让这面小小的国旗在失重的太空中"飘"起来，大家动了不少脑筋。标准国旗使用的绸布材料，质地太软，在太空肯定飘不起来，可如果使用的材料太硬，也不会有飘扬的状态。采用什么方案做红旗，成为大家工作之余讨论的热点话题。

一次，大家又在一起聊起国旗的事情，不知谁提了一句最近很流行十字绣，这样无意中的一句话点拨了在座的飞船试验队白明生副总师，他灵机一动地提议说："我们所有试验队员一起绣一面国旗，不是很有意义？"这个创意立刻得到了飞船系统总指挥尚志的赞同和支持。

发射半个月前，中国载人航天工程副总指挥张建启到发射场视察工作，他在听取了几个系统展示出舱国旗的方案后，觉得五院飞船系统绣国旗的方案最有意义，并决定在发射场的载人航天工程各大系统的研制人员都来参与这面国旗的绣制工作。这一决定不仅得到了各大系统的积极响应，同时也极大地鼓舞了参试队员的爱国热情和工作热情。

这面五星红旗与传统的绣品不一样，她是一个出舱的展示品，是一个地地道道的"上天产品"——一个研制周期最短的"上天产品"，也是航天员出舱展示的唯一的上天产品！因此，从国旗的材质、创意、功效的各个方面，都要达到航天品质，满足航天标准。

说干就干！

在飞船试验队临时党委的组织下，试验队里的几位"神舟女将"披挂上阵，拿出攻克航天难题的认真劲儿开始琢磨绣国旗的最佳方法。

当时在发射场的俞进和刘晓震等几名女试验队员分工合作，开始进行前期的论证、设计和准备工作。

她们通过实验发现，一层绣布太薄，在太空失重的情况下，展示效果并不好，而把两块布料正反面合绣到一起就解决了这个问题。她们找来先前在北京定做的，一面按二号国旗同比例缩小的 PVC 板材的国旗作为模子，并买来了专业的绣架，大大提高了工作质量和效率……经过反复的比较和论证，最终决定选用了六股线、十字交叉绣的绣法。

"绣国旗"方案正式确定下来，并转入"正样产品"制作阶段。

9 月 17 日，历史记录下了这一刻。

中国载人航天工程领导以及来自飞船系统、航天员系统、火箭系统、发射场系统、测控系统、回收系统等各大系统的两总和 200 多名试验队员都认真细致地在绣布上绣上了自己的几针，也绣进了自己的一份祝愿和一片热忱……

用什么样的旗杆也有非常科学的考量，设计人员进行了贴心的设计。出舱时段展示国旗，考虑到当时航天员的航天服是充压状态，所以旗杆的直径是与出舱时航天员要使用的各个把手的直径一致；旗杆长度和航天员手套比例适配；选用羽毛球拍上的胶布缠绕旗杆以增大摩擦力；为了避免真空环境下旗子失重漂走的情况，在旗杆的下面增加了一个小钩子，这个钩子和航天员出舱固定绳索的钩子是一样的……所有的设计都适应了航天员出舱携带国旗的工况。

从创意的提出，到最后 19 日完成全部工作，用了不到 10 天的时间，而这段时间恰逢飞船加注的时候，试验队员们就是利用了这难得的机会将自己的满心期待和祝福绣进了这面特制的五星红旗之中。

航天员出舱

如今，这面曾经在太空中舞动的五星红旗被珍藏在北京航天城。"千分情，万分爱，化作金星绣红旗"，一针针，一线线，将永远记录着神舟人的拳拳爱国心、浓浓爱国情。

第二节 竭尽全力就是奉献

神舟人深知自己从事的是前无古人的特殊事业，肩负着国家和民族的特别希望与重托，每一项论证，每一份方案，每一个节点，每一次试验都要全力以赴、不遗余力，都要义无反顾、奋力拼搏，都要优上加优、好上加好！正是每一次竭尽全力地奔跑、追赶，一棒接着一棒，才铸就了载人航天今日的辉煌成就。

感觉真的很好

2011 年，天宫一号目标飞行器与神舟八号飞船顺利完成首次交会对接，国外媒体对这次"天神合体"的盛景给予了极大关注，并给予了高度评价，美国专家评价"飞船对接牵涉一系列广泛的技术能力，标志着真正的技术飞跃——比太空漫步更大的飞跃"。

参试队员为天宫一号送行

这是神舟团队取得的又一个举世震惊的成就，背后是无数神舟人不遗余力地奉献和付出，飞船副总设计师李卫回忆起那段激情燃烧的岁月，依然心绪澎湃，久久不能平静。

李卫说当时团队面临几重压力：神舟八号、神舟九号、神舟十号和天宫一号、天宫二号并行研制的压力；新一代地面集成、验证、测试系统和设备以及外场专用验证设备研制保障的压力；多型号并行交织，多项技术和产品协同推进的压力。

时间紧、难度大、任务重！

但神舟团队真是一支能持续打硬仗、持续打胜仗的队伍，2008年到2011年，三年多的鏖战，他们咬紧牙关，扛住压力，一件件事情干，一个个难题"啃"！李卫说，他任何时候想起那热火朝天的干劲来，都深感骄傲和自豪！

最令他刻骨铭心的事，就是电性船测试、神舟八号初样船和正样船测试与试验，累计系统级集成测试时间达到了3600余小时。

由于测试任务非常紧，当时团队里的人最怕的就是自己生病，每个人都在为别人着想。因为你倒下了，就会给别人增加工作量，让本身紧张的局面更加雪上加霜。

即使这样困难的情况下，研制队伍仍然给自己"加餐"。

神舟八号初样Ⅱ整船集成测试即将结束前夕，一个单机研制单位的负责人满怀歉意地跟李卫申请，他们的产品刚刚完成优化设计，希望能够将原产品替换下来，并追加完成新产品在整船环境下的系统验证。

"终于胜利在望了。"

"可以回家陪陪老婆孩子了。"

"我最想做的就是美美地睡一觉。"

此时，测试队员们已经开始憧憬那难得又短暂的调整期安排了。

摆在李卫面前的是一道艰难的选择题。

这个单机产品确实不在工作计划内，属于分系统自发研制，完全可以拒绝，答应就意味着之前的测试要重新再来一次。

但深入了解了产品的优化情况后，李卫和测试团队的同事们欣然接受了申请。

"只要对飞船好，苦点累点都不算啥"，测试队员们达成了共识，将那些"憧憬"先放在一边，迅即开始加班加点，组织完成了又一轮供电检查、分系统匹配测试和模飞测试。

而这种"加餐"在神舟飞船系统级测试期间，是一种常态。当时大家都习惯了两种"常态"：只要能够获得产品和系统质量的不断提升，多出几十个小时的测试是常态；只要为了保证计划节点的按期完成，"712"工作（每周七个工作日，每天 12 小时以上工作时间）是常态。

神舟团队持续提升能力，一次次地超越自我，不断刷新着集成测试累计时间纪录。

在这一过程中，有不少难言的艰辛，只有干过飞船干过测试的人才能懂，但更多的也是历练和成长。新一代的神舟团队在历练中收获了成功，在奉献中获得了幸福。正如李卫所说："尽心竭力，艰辛历练之后，能进入一种'放空'的境界，'我外无物'，除了型号啥也不想，感觉真的很好！"

这种把艰辛当作历练，将奉献当作幸福的乐观主义精神，是神舟人一代代传承下来的优秀品质。

老一代神舟人也有类似的经历。

那是神舟一号研制的关键时期，而 GNC 分系统被称为短线中的短线。

为了抢进度，1999 年春节刚过，GNC 分系统研制团队便入住了新建的北京空间技术研制试验中心。为了晚上加班方便，他们不住招待所，而是住进了所里安排的宿舍。

为了解决研制中出现的问题，他们总是工作到深夜，有时通宵达旦，常常错过了供热水时间，经常喝不到热水，更没有热水洗澡洗脚，有时干脆和衣而睡，睡几个小时又爬起来工作。

在那段日子里，不少人熬红了眼，累瘦了身体，连说梦话都谈的是型号是工作。

食堂的炊事员说："每天都是你们最晚来吃饭，太辛苦了。"

经过4个多月的奋战，攻克了一个个技术难题，终于具备了出厂条件。

就是这样，从神舟一号到神舟五号，他们将飞船GNC系统不断改进、不断优化，排除了一个个隐患，进行了上百项的复核复算。终于盼到了航天员杨利伟成功返回的那一刻。

GNC分系统副主任设计师王南华回忆说，神舟五号飞船升空的那一刻，她紧张地屏住了呼吸。她不断地对自己说，"不会有问题"，为了这一刻，她和同事们已经拼搏奋斗了十一年，呕心沥血了十一年！

回到久违的家中，一进家门，王南华80多岁的老母亲为她亲手献上了鲜花。那一刻，两人热情相拥。

王南华感慨万分："只有付出过，才知道什么叫收获。只有经历过，才明白什么叫心灵震颤。只有当自己的工作与祖国和人民如此紧密地联系在一起，才懂得什么叫幸福与自豪！"

这种感觉真的很好！

其实干载人航天，无论两总，还是普通技术人员，人人都承受着心理上的巨大压力。成功的喜悦，失利的沮丧，辉煌的顶峰，挫败的低谷，人民的功臣，历史的罪人，希望，失望，亢奋，悲痛，宽容，不解……所有人生的大喜大悲和大悲大喜，被神奇地、剧烈地压缩在一起，成为神舟人独特的情感体验。

戈壁空投十二天

"铁的担当、铁的意志"。在神舟团队中有这样一支铁军，他们负责航天员返回的最后一关——回收着陆。

每次神舟飞船返回时，几乎无人不被大伞打开的那一瞬间所震撼，红白相间的降落伞守护着返回舱，徐徐飘落，惊艳世界。

三十年来，这支铁军研制用于神舟飞船试验和飞行任务的大伞已达千余顶，总展开面积近 30 万平方米。

其中，1200 平方米主伞是目前国内面积最大的，比俄罗斯的"联盟号"飞船降落伞还要大 200 平方米。

设计、选材、裁剪、缝制、质检、包伞、试验，每一个环节、每一步骤都必须做到 100 分，人命关天的事情来不得一丁点马虎。团队成员们常说："航天员把生命交到我们手上，我们就得对生命负责，必须把工作做好。"

下面的场景是他们工作的常态。

选料的时候，棉丝绸被放在灯箱上，加工师傅们在反复地查看，那样子很像是医生在分析病人的 X 光片，就是为了确保材料从外观上没有丁点瑕疵。

加工的现场，工人们拿着卡尺，仔细地测量着每块布的大小、每个针脚的间距。每顶大伞都由 1920 块楔形小布片组成，因为载人航天对精度要求高，不能像以前加工返回式卫星的伞布，在大型机械裁床上加工，只能采用人工剪裁，一层一层地裁，每裁一次都要反复测量，稍不注意就会产生废品。尤其加工到关键环节，精神必须高度集中，一个加工班次下来，加工人员就像参加完一场非常重要的考试般如释重负。

到了包伞的时候，20 多人排成一排，全部跪在地上，听着口号一起向前卷动伞衣。由于大伞太大，一度找不到合适的包伞场，便利用下班后及节假日办公室人少的时间，在楼道里摆开"战场"。跪的时间一长，有的人膝盖磨出了血，有的人腿麻了站不起来，但每顶伞都要这样一连干好几天、跪好几天。

把伞衣装填进伞包时，需要三个人同时操作，一人为主，两人为辅。伞衣折叠后与卷起来的棉被一样粗，装填进伞包既要均匀有序，又要充实饱满，不留空隙，这力度控制全凭借包伞人员双手的感觉。

伞衣和伞绳全部装填进伞包后，需要将伞包的口封住，专业人员管这个叫"封包"。因为伞衣伞绳是在压力包伞机的巨大压力下塞进伞包内部的，封包时需要在压力解除但伞衣还未来得及膨胀的一瞬间进行。整个封包过程持续十几分钟。封包结束，操作人员一般都会甩甩手，缓解一直紧绷的肌肉。"这强度不亚于我在健身房锻炼俩小时。"一个年轻的操作人员介绍。

茫茫戈壁，寸草不生，却铺满了沙石，如果不是有太阳，根本不知道东南西北，这就是试验队员眼中空投试验的外场。

一辆车在戈壁上孤独地行驶着，车内的人无心欣赏窗外的独特景色，全都睡着了。他们是空投试验队队员，每次试验都是连续的作战，所有人也练就了"上车就能睡，下车不疲惫"的技能。

空投试验的酸甜苦辣，只有经历的人才能真正体会。纪明兰曾经亲历了一次空投试验，她把自己十二天中的见闻记了下来：

第一天，到达基地后，马上卸下仪器设备，一直干到晚上八点才回去吃晚饭。

第二天，一早到厂房装舱。在出发之前的试验队预备会议上，带队领导明确了这次试验的目的，要求大家在时间短、任务重的情况下，不能走捷径、省程序，该有的步骤一步不能丢，一定要拿出准确数据。

第三天，天还黑着，队员们带着干粮就出发了。空投准时进行。接到命令后，大家就仰望着天空，不知谁喊了一声"看见了"。

大家立即上车，怀揣着兴奋直奔落点，但看到它摇摇摆摆坠落时，所有人都发现了它的异样，大家的表情顿时凝重起来，心情立马变得十分沉重。

神舟飞船空投试验

回到了空旷的厂房，大家围着伞衣、铺开伞包，里里外外仔仔细细地检查，每个人都把自己的想法和盘端出，最终基本形成了倾向性看法。

戚发轫总师决定，明天带另3具伞返回北京。他就像个定海神针，在大家都焦躁不安时，总是说："别急，别急，总能找出办法。"

第四天，大家带着3具伞又回到了北京。吃完盒饭就一头扎进回收楼。一边是工人师傅、工艺人员在做准备工作，一边是专家们在研究改进方案。会议室里，一会儿是沉默不语，一会儿是争论不休。大家都感觉到了前所未有的压力，一是没有更多的备用伞去做验证，因为来不及加工了；二是进度紧张，没有失败了再重来的时间。

问题定位必须快速、准确。

终于下班之前，在小会议室里做出了决定。但大家心头丝毫没有释重的感觉。

另一边，伞加工组的同志们早就做好了准备，方案一确定，他们便开始夜以继日地赶工。已是深夜了，回收楼里仍是灯火通明，师傅们脸上的汗珠子直往下淌。

第五天、第六天、第七天，无论是年轻人，还是老同志，全都昼夜不分地连轴转。

大家拼了！

终于3具伞全部改装完成。

第八天，中午乘飞机返回基地后，顾不得休息就投入了紧张的战斗，为第二天的试验做准备工作。直到晚上八点，大家还没有来得及吃晚饭。

第九天，六点半吃好早饭准备出发时接到命令：不适宜投放，待命。这"命"就"待"到了厂房里，开始装另一个舱。空投之前要装舱、上飞机，投下来后要回收舱，到了厂房要卸舱，每投一具伞，试验组的同志们就要走这样一个轮回，他们就在这装装吊吊、拆拆卸卸的平凡岗位上一直默默地干着。

第十天，天刚刚放亮，大家又上路了。天空灰蒙蒙、阴沉沉的，一会儿就下起了沥沥细雨，还好，风力不大，空投照常进行。

漫长而揪心地等待过后，终于看见了一个有别于天空的亮点，直到一个完整的伞衣徐徐降落，同志们的脸上才露出了笑容。漂亮的大伞落地后开始不听话起来，随风要跑，如果没有经验，不但制服不了它，还要被它伤害。有老队员讲，伞绳的威力是极可怕的，曾经有不少同志吃过它的亏，甚至骨折。

第十一天，又和往常一样早早地起床，早早地出发了。当大伞飘飘洒洒扑向大地时，大家都兴奋不已，悬着的心终于"复位"了。在1200平方米大伞的包围下，人显得那么小，然而，正是这些"渺小"的人们"战胜"了1200平方米的大伞。

最后一天，也是最后一架次，虽然心里有了底，但也不敢有丝毫的懈怠。又是一次正常分离，正常开伞。大家露出了胜利的喜悦。

空投试验结束了，纪明兰深情地写道："对于我，是难忘的12天；对于试验队员们，却是普通的12天。"

是啊，对回收铁军来说，这些场景可能会一直伴随他们几年、十几年，甚至整个职业生涯。但每一次，他们还是会用挑战自我，永不满足的"归零"心态，认真对待，竭尽全力，做好守护航天员生命的这把"平安伞"！

与时间赛跑的工厂

没有什么困难能抵挡神舟人的步伐，因为他们目标坚定，"不破楼兰终不还"，不到最后决不放弃，他们善于把一切不可能变成可能。

1996 年 9 月，根据总体进度要求，529 厂要在十天内完成飞船返回舱的组合加工任务。

当时厂里有个大宝贝，就是年初引进的双柱加工中心数控设备，这台先进设备的操作，需要事先编好程序，输入计算机内，再由计算机控制机床运行。

当时为了让这个庞然大物能够顺利转起来，厂里各工种的"大师们"真是齐聚一堂。面对着 234 吨的庞然大物，在技术室人员的指导下，一边翻阅着设备说明书，一边摸索着操作。同时认真地记录下各类程序的各种功能。

为了保质保量完成任务，厂里还成立了一支汇集着设计、工艺、数据编程、型号主管调度、检验、组合夹具、机床操作者和车间领导组成的老中青相结合的型号产品攻关队伍。

但面对新任务、新设备，谁都不敢拍着胸脯说："没问题"。

攻关组组长周学平一面鼓励大家一定要做好这次从加工卫星到加工飞船的历史跨越，完成好这个中国航天史上具有里程碑意义的光荣任务，一面积极组织返回舱金属壳体的前期加工准备工作。

攻关组及时召开讨论会，研究出两套加工方案，并准备了 14 个应急措施，以解决加工中可能出现的问题。同时根据工作量的需要，决定实施每天 12 个小时的双班制，做到歇人不歇设备。

9月20日，返回舱体被吊装上设备。由于返回舱金属壳体是薄壁框架式结构，装卡是个难题。工具处的师傅带人用现制作的工装搭成支撑架，同时操作者试着什么地方有缺陷，就随时进行调整。技术室同志密切配合数据编程工作，保证着设备正常运转。加工当天，一切工作顺利，直至深夜1点钟才收工。

9月21日和22日是双休日，但攻关组一直奋战在现场。四位当班的师傅在岗，非当班人员也守在设备旁边不肯离去，"我们回家也不放心，不如在现场踏实，干完了这活儿再说吧。"

加工过程中的难点层出不穷，在加工返回舱体与密封大底连接的密封槽时，因为要求精度很高，没有配套的刀具，只能是自己想办法。老师傅强仁荣以自己多年经验磨制成各式切刀，解决了加工难题。

9月23日，设备出现保险器烧毁现象。动力处派人及时买回了快熔保险器更换，设备正常运转。返回舱的加工进度已完成了三分之二，有望提前完成任务，此刻大家的脸上露出了笑容。

夜晚22点，清扫圆工作台时却突然出现故障，设备不能正常运转，大家心急如焚。

动力处处长立即组织机、电修理人员赶到现场查找故障的原因，一直忙活到第二天的清晨……

9月24日，动力处最终确认，故障是由控制板上的一个可控硅元件的损坏而导致。

当务之急是更换备件，可厂里没有备件怎么办？国外购买也来不及。生产处的同志用长途电话联系了国内十几个省市的有关厂家。

电话拨到齐齐哈尔机床厂，"无货。"

电话拨到重庆，"没有单件产品。"

电话拨到郑州，"没有。"

一个省市又一个省市，一个厂家又一个厂家，都是否定的回答。

一向沉稳的戚发轫也着了急，对高慎斌厂长说："不论花多少钱，费多大劲，也要让设备今晚运转起来。"

这时，有人说："到中关村电子一条街去看看，说不定能买到。"

话音未落，站在旁边急得直搓手的调度洪伟，抓起拆下的那块模块就跑了出去。

他骑上自行车就往中关村奔，情急之下，谁都没想到给他派一辆车。

洪伟赶到中关村时，已是晚上7点多了，临街的所有电子商场都关门了。只有负责看门的值班人员在门口乘凉。

洪伟一家一家挨个问，不管人家乐不乐意，一家一家地跑到柜台前看。

"就是它！"在一家较大的门店柜台里，洪伟终于找到了所要的东西。

看门的大爷说："小伙子，都下班了，柜台的玻璃柜锁着呢，东西拿不出来，你明天再来买吧。"

"大爷，这东西我要得急，请你告诉我柜台老板的电话，我和他联系！"

看门大爷看洪伟焦急的样子，满脸疑惑，想了想还是告诉了他商场总管的电话，通过他又要来了柜台老板的电话。

柜台老板住在东城，不愿意再跑过来，让洪伟明天一早过来。

"不行啊，太急用了，你回来一趟吧。"洪伟再三地请求，老板最后终于答应了。但还是十分不理解，"明天一早和今天晚上有什么区别，再急也不差这一晚上吧。"

晚上9点，洪伟风尘仆仆地把元器件送回了厂里。

深夜11点，机器又重新转动起来。

一直待命的工人师傅们，也开始了又一个不眠之夜。

9月26日，又是一个24小时的人、机连轴转，四名操作者相互轮换着在机床旁休息，设备在不停地运转着……

随着任务的推进，加工的难度越来越大，遇到的问题也越来越多。

大家都自觉地放弃回家，干脆吃、住就在厂里。困了，就靠在椅子上眯瞪一会儿，饿了，就吃袋方便面充饥。大家轻伤不下火线，有的发烧38度不肯下机床，有的每天吃药坚持工作。

9月27日，是中华民族传统的团圆节——中秋节，加工中心旁边坚守着六个车间、处、室的工作人员，仍在紧张、忙碌地工作着。

9月28日5时15分，返回舱体加工任务圆满完成，比预定计划还提前了两天，兴奋的人们再也挺不住了，坐在椅子上进入了梦乡……

与时间赛跑的工厂，与时间赛跑的人们，他们实在太累了，但梦里一定是笑着的。

软件落焊大会战

1999年9月8日凌晨5点30分，警车开道护送的车队准时从酒泉卫星发射中心出发了，他们急速奔赴的地点是兰州，目的是尽快完成软件落焊任务。

什么是软件落焊呢？

就是把软件固化在存储器内，再把存储器落焊在电路板上。神舟一号GNC系统控制计算机软件在酒泉卫星发射中心完成调试工作后，落焊工作本来应该回到北京进行。但由于进度安排，时间紧迫，又没有回京的航班，上级临时决定将落焊地点由北京改为兰州。

考虑到一路上路途遥远，路况复杂，而且还携带了几十件检测设备，为了保证所携带产品、检测设备和参试人员的安全，经指挥部协调，由各系统保安部门和途经地的交警组成车队护送前往。

车队穿行于渺无人烟的戈壁滩。

中午吃饭是在路边小店，西北风味食品虽别具一格，但设计师们任务在身，容不得细细品尝，大家匆匆填饱了饥肠辘辘的肚子，继续赶路。

傍晚，天上下起了蒙蒙细雨，天色黯淡下来。透过车窗只能看到前面开路警车上的警灯忽明忽暗，很多同志已经昏然入睡。

车队行至盘山公路，慢慢停了下来，前面堵塞的车辆一眼望不到头。大家心急如焚，因为对大家来说，时间就是一切！

开路的交警赶快跑到堵塞的地方进行疏导，终于在这崎岖泥泞的盘山公路上开辟了一条道路。

此时不知是谁的肚子饿得叫了起来，咕噜声大家都听得真切，一队人也都确实感到有些饿了。由于凌晨出发时太仓促，只带了一袋点心，而中午为节约时间赶路，也只是随便吃了些。队员们看着那仅有的一袋点心，又都开始推让说不饿，互相谦让起来。

终于，跨越一千多千米，车队于 9 月 9 日凌晨 1 点 30 分到达兰州。

兰州的同志们也没有休息，一直在等着，早已准备好了工作与生活的保障。

短暂调整后，早上 8 点钟，设计师们按预定的计划和流程开始了工作。

由于兰州当时条件有限，许多条件不能完全满足软件落焊要求。大家便一起努力，积极想办法，一一攻克。

软件固化专用设备的安放问题，解决。

存储器落焊和存储器固封的环境问题，解决。

存储器落焊后进行试验的设备问题，解决。

……

设计师们三班倒，24 小时连轴转，几天下来个个累得是筋疲力尽。

这次工作的重要性不言而喻，各级领导都在关注着此次工作完成结果和完成时间。尽管工作量很大，但为保证落焊工作顺利进行，大家毫无怨言，对每一项检查都是一丝不苟。

在检查过程中，发现有一个器件失效，但是在整个兰州市居然都没能买到。

上级领导知道后马上通知北京，协调各单位的物资系统进行调拨。

第二天就派人乘飞机将器件送到了兰州。

酒泉、兰州、北京三地接力保落焊，任务如期圆满完成。

车队开始返程。也许是连日的辛劳再加上高原反应，许多设计师渐渐感到头又晕又疼，浑身无力，非常难受，一路上 20 多个小时粒米未进，中途找了一家店准备吃点饭时，美味的羊羔肉也未能让大家走下车厢。

9 月 17 日早晨 6 点，车队终于抵达酒泉卫星发射中心的厂房，完成了交接工作，同志们的心也终于落了地，脸上终于绽放出了满带疲倦的笑容。

参与这次落焊工作的队员回忆道："当时使命完成了，心情彻底放松了，奇怪的是身体也感觉好些了。多少年后大家聚在一起时，依然津津乐道地谈论着这次特殊的落焊经历中的小故事，共同怀念那段大家相互支持，一起战斗的日子。"

与中华民族千年的飞天梦想相比，个人的苦与累、失与得显得是何等渺小。这次特殊的落焊经历，让每位参与者深深铭刻于心，深深体会到什么是奉献，什么是以苦为乐！

第三节 干好本职就是价值体现

载人航天是一项系统工程，这个工程就好像一部庞大复杂的机器，团队里的每个人，有可能是一个螺丝钉，有可能是一个齿轮，也有可能是个传送带。分工不同，岗位不同，但只有每个人都踏踏实实把自己负责的工作做好了，这个庞大的机器才能够运转正常。无论两总，设计，管理，还是操作，每一个人都兢兢业业地做好本职工作，载人航天事业才能不断向前发展。

工作需要就得去干

载人航天不仅是技术创新，更是工程实践，需要面对和解决具体的问题，需要从众多可能性中找到可行性，更需要解决千头万绪的各种大小事情。往往看似一个小事情，却能影响工程推进，或者影响安全性可靠性。

在飞船研制中，负责飞船总体的人员往往容易遇到这样的事情。因此无论是不是自己专长，只要任务所需，总体就要想尽办法解决问题、达到目的。正如尚志所说："千条理由万条理由不干，但只要工程需要就没有理由不干。"

为了提高飞船平安返回的可靠性，确保上天航天员的安全，尚志、张柏楠接受了一项特殊任务：调研有关气囊的各种情况，拿出切实可行的具体方案来。

两人是飞船队伍的老搭档了，虽然已有多年的型号研制和管理的经验，但谈起气囊，也都感觉这是一块陌生的领域。

汽车上有气囊，这是两人的第一反应，他们立即开始找汽车生产厂家，一汽、二汽、清华大学汽车碰撞实验室……

路牌广告上的一个气囊商标都没逃过他们的火眼金睛，按图索骥找到了锦州的一个生产厂。

但一家一家地看过去，却都不符合飞船上所需气囊能供电、不漏气等复杂要求。好不容易找到的头绪又断了。

两人都食不知味，焦急万分。

一次偶然的机会，尚志开车去办事，路过三元桥时，桥上的广告横幅上写着：航空救生展览。他不由自主地停车走了进去。

展览规模不大，但却让他们了解到直升机弹射座椅上也用了气囊。也让二人联想到了，民航飞机上的救生衣，里面的气囊一拉就充气，不需要充电。

受到启发的两人，又找到了新的努力方向，都非常振奋。他们立即开始联系搞救生材料的研究所。终于找到了一家远在湖北的研究所。

两人立即动身前往，第一次见面得到了研究所同志们的热情接待，研究所按要求用了一个多月的时间就拿出了设计样品。

但是飞船的要求实在太复杂了，春夏秋冬不一样，天上地下不一样，一些技术细节上的难题一时难以解决，考虑到研制风险、生产进度以及其他方面的考虑，这家研究所决定退出研制。

要说自打干载人航天以来，只要一说是为神舟飞船生产配件，几乎走到哪都是一路绿灯，这回却坐了冷板凳。

为了气囊，尚志和张柏楠一个月跑襄樊四五次，弄了这样一个结果，顿时有种走投无路的无力感。

最后，气囊研制任务还是回到了航天自己的研究所。好在，前期所做的工作还可以延续，原来的设计方案也基本可以沿用。

完善好方案后，又开始置办原材料，天津的气瓶、沈阳的橡胶、航空院所的器材……

然后又是生产、试验。一个多月的时间，进行了十几次试验。

产品定型后，又做了十几次的飞船返回舱空投试验，在第13批次空投试验中，又发现气瓶与气囊、气囊与伞舱盖之间存在脱离现象，这会导致气囊根本起不了作用。

又是一轮技术攻关，技术改进……

终于，伴着夏日巴丹吉林沙漠的滚滚热浪，又一次空投试验拉开了序幕。

试验队员无心欣赏戈壁美景，试验结束后，立即着手对试验数据进行判读分析：返回舱气囊工作状态良好，可靠性得到验证，意味着从今天起可以正式投入使用，意味着为此忙碌了一年多的尚志和张柏楠，终于攻下了"软气囊"这个"硬山头"。

类似的情况，在研制工作中并不少见，有的不是自己专业，有的不是自己所长，有的只是辅线工作。但任务就是要求，工作就是责任，总体当然责无旁贷。

比如，航天城工作区建设时，有一项工作就是建设故障对策实验室，主要任务之一就是把神舟一号飞船发射的图像、声音的数据在航天城演示厅播放出来。

虽然是辅线工作，但因为是我国第一次发射飞船，发射时很多人都要到演示厅观看，这就要求必须得干，还要干好。以何宇为首的一批年轻人开始没日没夜地工作。

那时，实验室一无所有，数据处理的软件没有，数据通道没有，投影系统、音响系统也没有，都得自己去集成。

设计方案、集成硬件、编制处理软件，去海关报关、去机场仓库提设备、借叉车运货、钻地沟布线。

真是各种活都干了,各种罪也都受了。

传输信号需配光端机,为了把光端机放在航天指挥控制中心通信站,他们做了大量协调沟通工作。

那年夏天,北京的温度持续高达38摄氏度以上,顶着烈日,他们穿梭于航天城实验室与航天指挥控制中心通信站之间商讨具体细节。没有交通工具,就步行,来回一趟需要将近一个小时,每天至少要走五、六趟。

实验室就是在他们这样的苦干下一点一点地建成了。新建成的实验室,在神舟一号飞控任务中发挥了重要作用,反响良好。

无论在什么岗位,无论负责什么工作,神舟人就是这样的踏踏实实、精益求精,伴随着事业磨砺,伴随着事业一步一步成长。

老同志更不能搞特殊

可以不夸张地说,神舟团队中的每一个成员都是爱岗敬业的典范。而活跃在载人航天工程队伍中的老同志的敬业精神更值得敬佩,更值得学习,更值得传承。

载人航天工程立项时,正值航天队伍青黄不接、受到外部诱惑冲击的阶段,为了祖国的航天技术早日突破,为了使年轻同志能够尽快在岗位上成长,老同志们勇敢地站了出来,挑起了传帮带的重担。

这些老同志,最大的特点就是"不服老"。他们从不因自己的年龄放低工作要求,从不接受团队特殊的照顾,与年轻人并肩拼搏。加班加点时,他们冲在前面;大大小小试验里,他们都扎在一线。

在酒泉卫星发射中心某点号,矗立着一座60多米高的标校塔,在一片茫茫戈壁里显得孤独又醒目。每次对接试验都要把几十台、几百千克的设备人工扛上20多米高的塔顶屏蔽间,然后在狭窄的不到3平方米的空间里展开,进行对接试验。

标校塔内没有电梯,没有厕所,暴晒的天气里,屏蔽室内的温度经常在 35 摄氏度以上，在嗡嗡嗡的设备声音中，稍微待一会儿都会让人觉得缺氧、烦躁。

因为设备加电后本身散发的热量，再加上密闭空间空气无法流通，所以屏蔽室的温度会比外面高许多。老同志们在这样的环境里一待就是一整天，有时为了节省时间，午餐和晚餐都在标校塔上解决。

试验队员们也领教过青岛和江阴站点的湿冷，但比起酒泉戈壁的冬天来，真是小巫见大巫。赶上冬天去对接，零度左右的温度下，干冷的环境中，大家只能一起挤在屏蔽室里，靠设备加电散发的热量来取暖，真是"热的时候赤膊上阵，冷的时候抱团取暖"。

然而就是这样的条件，老同志们从没有一声抱怨。江阴、西安、厦门、喀什、青岛、酒泉……在岗一天，满岗一天，从未缺席。

还有承担回收着陆分系统的一些老同志，几乎是每次试验必亲往大西北的戈壁。

负责总装测试的同志需在装有放射线的测高器和大量危险品的空投模型旁边加电测试，危险源近在咫尺，没有屏蔽防护，这些均已年过 60 岁的老同志不但毫无惧色，还特别爱护年轻人尽量不让他们靠近危险源。

负责装运和回收的同志，则需要坐着大卡车，在戈壁上颠簸几个小时，去百里之外回收。老同志与年轻同志一起，常常是口干唇裂、沙尘满面，累得腰酸腿疼，却无一人叫苦。

冬天的时候，他们同小伙子们一样冒着零下 30 摄氏度的严寒，在内蒙古大草原上守候着飞船的返回，敬业地似乎忘记了寒冷，也忘记了自己早已过了花甲之年。

作为载人航天工程创业的一批人，老同志们深知自己肩上的使命与责任，他们为了工作，经常什么事情都不顾。

干返回式卫星出身的王壮，被任命为神舟一号飞船副总师的时候，已经 56 岁了。飞船成功了，但是他却病倒了。

2003年8月的一天，王壮感到阵阵头痛，眼部发胀，被确诊为青光眼，且左眼已经到了几近失明的程度。连医生都批评他为什么不早点就医，早来的话还能挽救回点视力。王壮只是憨憨地笑了笑，什么也没说。

因为他工作实在是太忙了，即使很多次发现眼睛不舒服，却都没有时间给予太多的重视。手术后一星期，他的身影又出现在办公楼里，大家看到他的眼球上还布满尚未吸收下去的血丝。

神舟团队里还有个"工作狂"，他就是神舟飞船的测控与通信系统的第一代主任设计师余孝昌。

1996年9月，老余到上海进行初样产品验收，因肠胃炎而突发高烧。考虑到其年龄较大，上海的同志力劝他退烧后再回家。可老余怕影响在北京进行的整船桌面联试进度。在验收完产品后，他立即踏上了返京的专列。

因为为了按时开展桌面联试，他和战友们已经两年几乎每天都工作到12点才回家，周六、周日也不休息。有时出现故障，更是要几天几夜地连轴转。老余经常跟同志们说："咱们分系统的电缆网加工量大，不能拖后腿。"

为了飞船研制，所有人都拼了，很多人与王壮、老余一样，轻伤不下火线，不断地挑战自己身体的极限。

初样船桌面联试的时候，主任设计师江泽刚作为指挥，几乎天天工作到晚10点以后才下班，双休日也不休息。

老江有高血压，但电测期间他却从没有看过医生。当桌面联试8个月快要结束时，老江突然说话变得语无伦次，经医生检查，诊断为：脑部长期缺氧而突发脑血栓。

虽经及时治疗，但老江到现在也没有完全恢复如初。试验船进场，有领导邀请他同往，他说："如果是任务需要，我去；但为了参观，那就算了，我不能再给领导和同志们添麻烦了。"

1998 年年底，初样热控船做热平衡试验，59 岁的主任设计师徐济万，一连数天坚持在屏幕前判读、分析大量数据。

1999 年 1 月下旬，在参加完飞船转正样评审会后返途中，老徐的右眼突然什么也看不见了。经医生检查，是因劳累过度、眼底出血所致。

老徐治疗了 3 个月，当右眼刚能辨认物体时，又投入试验船研制任务中。如今，老徐右眼看东西仍似有薄云轻雾"笼罩"，但这仍没能阻止他对热控分系统数据判读的执着。

这样的老同志太多了，这样的神舟人太多了，在岗时这样，延聘时也这样。家人和朋友经常劝阻道："你现在是延聘人员了，六七十岁的老人了，工作上不要再像以前那样过于操心、过于较真了，要多注意一下自己的身体。"

但他们总有自己的一套"价值观"，余孝昌经常说："60 岁前，我在工作岗位上没有出现过失误，如今单位延聘我，更应仔细认真，老同志更不能搞特殊！"

莫道桑榆晚，为霞尚满天。老一辈航天人兢兢业业、默默奉献，不求闻达、只求尽心，他们就是这样扎扎实实地书写着航天生涯中的每一个篇章。过去是，现在是，当祖国的明天需要他们时，相信他们仍然会一如既往这样写下去。

不平凡的坚守

载人航天工程起步时，正是航天人才断层最严重的时期，面对外面的诱惑，许多人还是毅然选择了国家的航天事业，在平凡的岗位上选择了不平凡的坚守。

也正是他们不平凡的坚守，成就了载人航天不平凡的事业。

"我的专业是防热"，这是吴国庭经常说的一句话，他也用这句话拒绝了不少跨国企业向他发出的高薪、但却需要转行的邀请。他还记得戚发轫总师跟他讲过的话，不能走，防热这个专业后续肯定有大用。

什么是防热呢？当流星划过夜空，释放出那一闪而逝的光芒，就是它们以极高速度坠入大气层时，表面被数千摄氏度高温空气加热燃烧所产生的"美丽瞬间"。

而这耀眼的光芒对神舟飞船来说却是非常危险的存在。因此，结构与防热被列为飞船首先接受考验的"四大金刚"之一。为了攻下这个难关，研制团队踏上了艰苦攻关之路。

虽然在返回式卫星结构研制方面积累了一定的经验，但飞船结构与防热的复杂程度和高可靠性要求以及载人的特殊要求，与以往卫星相比，提高了不止一个量级。

比如飞船开孔多，质量还有严格的限制，要同时实施防热与密封，难度非常大。

"我们中国的飞船人敢打难仗硬仗，也善打难仗硬仗。"吴国庭和团队成员非常自信。

他们探索出了一条符合中国国情的总体设计思想，通过大量的分析、计算、试验，拿出了中国方案。

他们对数十种烧蚀材料进行反复筛选、试验，采用完全不同于联盟号的防热机构和材料。

神舟飞船返回舱直径比联盟号大，防热质量却比它轻，还突破了伞舱盖、舷窗、光学瞄准镜窗口热密封等关键技术。在试验方案上，也没有像俄罗斯和美国那样，进行全尺寸亚轨道飞行试验，不仅缩短了研制周期，还节省了大量的经费。

1999年，神舟一号返回舱成功着陆在预定的区域，吴国庭说："其他系统不说，神舟一号结构与防热的综合技术水平超越了联盟号飞船。"

如果说结构与防热的关键词是"难"，那么数管分系统的关键词就是"新"。

　　数管分系统需要较强的计算机基础，刚参加工作不久的新一代大学生成为主力队员。

　　20 世纪 90 年代初，航天单位的收入和外企差距很大，计算机又是个热门的专业，但他们不为当时的商海风潮和高收入诱惑所动，一直坚守在自己岗位和专业上。

　　返回舱主计算机软件不仅实时性要求高而且数据吞吐量极大，在当时是所有数管系统中规模最大的。为完成这项任务，研制团队整天都泡在实验室中，一点点摸索尝试。

　　因为是 3 机嵌入式操作系统，每调试一段新的程序，就要写 3 个单机的芯片。

　　写芯片—安装—调试—拆下来—改程序—写芯片—安装—调试，他们就在这样数不清多少次的循环往复中，将程序调试了出来。

　　程序调试好了，他们一遍又一遍地测试、核对数据。

　　为了让整船测试队伍可以休息一下，以王九龙为首的数管团队主动把软件版本更换的时间都放在了周末，别人休息的时候他们加班。

　　数管分系统是一个公共系统，负责各个分系统的数据收集，任何一个分系统有了异常，都会通过数管分系统表现出来，被戏称为"常在"岗。因为，一出现问题，数管分系统的人就要来到现场，协助开展异常分析，无论是不是自己的问题。

　　对此，他们总是能够充分理解、正确对待，只要任务需要，只要飞船出现异常，他们都积极配合各分系统开展各项工作。

　　神舟四号飞船的测试过程中，一个分系统通过数管总线传输的遥测数据有点问题，他们就一起协助这个分系统，一会儿把总线测试设备从单位实验室搬到船上进行排故，一会儿又把总线设备从船上搬到该分系统实验室。

检查飞船线路

而这是他们工作的常态，不厌其烦，不辞辛苦，不抱怨牢骚。

他们认为每一次排故都是一次宝贵的财富，不仅可以帮助其他分系统解决故障，也可以不断改进自己的设计，再出现故障能够快速定位。

就这样一个芯片一个芯片地积累，一个故障一个故障地历练，数管分系统不仅圆满完成了历次任务，而且培养起一支思想过硬、技术过硬的年轻队伍。

除了系统设计，神舟飞船也需要生产、加工、检验等各类岗位，他们对于飞船研制同样必不可少，非常重要。

比如飞船舱体加工。

神舟飞船舱体大，舱壁薄，对加工精度要求极高，很多技术指标都打破了当时国内的加工纪录，是一件从未干过的型号产品，也是一项只许成功不许失败的艰巨任务。

周期紧，又是新设备、新产品，挑战非常大，即使是操作技能过硬、心理素质过硬的王连友也没有绝对的把握，他不敢有一丝的掉以轻心。

他和战友们一起24小时吃住在机床边，饿了就泡碗方便面充饥，困了就往地上铺块海绵垫倒上去休息一会，分析图纸、制定方案、优化流程、编制程序……终于，圆满完成了我国第一个高精度载人密封舱研制任务。

天宫一号舱体加工时，由于它有超大、超薄的特点，自身的质量就足以导致变形，在上面加工就如同在气球上雕刻，加工中的小小的震颤就可能导致产品报废。他们通过自制柔性支撑元件为"气球"加上了筋骨，完美解决了技术难题。

他们用实际行动诠释了"执着专注、精益求精、一丝不苟、追求卓越"的大国工匠精神。"王连友班组"也成为首批国家级的"技能大师工作室""全国示范性劳模创新工作室"。

神舟团队里有大型舱体数控加工的"鲁班"，也有飞船的"检察官"。

总装检验，是飞船研制工作的最后一道屏障，事关型号成败和航天员的生命安全。

飞船检验并不是一件容易的事，会遇到许多特殊的问题，一些成熟的检验方法有时并不适用。

例如，神舟六号研制时，航天员座椅安装角度的测量就成了让大家棘手的难题。

座椅安装在狭小的返回舱内，周围没有明显的位置基准，但是对其却有严格的安装角度要求。

凭借多年飞船总装检验的工作经验，加上长年累月对型号工作的深入思考，唐长征提出了利用转换基准的方法，巧用地平基准，发明了"飞船座椅安装角度测量装置"。

可别小看这个角度测量装置，它不但稳定可靠，而且精度很高，体积小，舱内使用安全，使舱内其他部位免遭磕碰，测量精度优于总体技术要求60倍。

"检察官"们类似的发明创造还有很多，他们解决了火工分离推杆安装精度测量、复压气瓶直径测量、饮水箱安装孔距测量等一系列载人飞船总装检验测量难题。

宝剑锋从磨砺出，梅花香自苦寒来。能有这样的成绩，源自他们数十年如一日地坚持学习、潜心钻研、打磨技艺，每艘飞船的几百台设备，几百个关键检验点，上千张图纸，他们都熟记于心。

还是唐长征，他平均每年都加班 500 小时以上，撰写了 60 余万字图文并茂的工作日志。2008 年，唐长征获得了"全国五一劳动奖章"，这是对我国劳动者的最高奖励。作为神舟系列飞船的主管检验，他在平凡的岗位上做出了不平凡的贡献，实现了自己所追索的人生价值。

没有平凡的岗位，只要把工作做精，将专业做深，就能够在平凡的岗位上干出一番事业来。

杨利伟飞天前，对关闭舱门的总装技师说了一句话："馆长，明天见！"因为就在刚才，这位师傅为了调节气氛，故意问杨利伟，你知道当年给加加林关舱门的工程师，后来怎么样了呢？杨利伟说不知道，师傅告诉杨利伟，他现在是俄罗斯航天博物馆的馆长，所以才有了这句玩笑。

这位让杨利伟放松了心情的"关门技师"就是孙占海。他热情又爱聊天，关舱门时总是要跟航天员唠叨几句，缓解缓解紧张的情绪，活跃活跃临战的气氛，被航天员们亲切地誉为"神舟飞船舱门守护神"。

"关舱门"可不像关门那么简单，是飞船的必要操作，平时总装工作中也关舱门。关舱门有严格的规范要求，也是个技术活。

关舱门是有个漏率指标要求的，不能超过 3.0。关上舱门后，会用舱门检漏仪进行检测，如果超标，就说明舱门没关好，你就要第二次再打开，然后进行调试或者擦拭后再关。

在发射场的时候，漏率现场就会报出来，如果漏率比较低，比如零点零几，航天员听了也会觉得心里踏实。

所以孙占海常说，关舱门虽说是一个我们操作工人正常的工作，但是他要求自己和徒弟"要严、慎、细、实，严格的流程一点都不能放"。

无论舱内有人无人，是平时测试还是在发射场，一定要一次做对，一次做好。

孙占海和徒弟们还有一个"危险"的工作，就是安装"伽马源"。

"伽马源"是帮助返回舱软着陆的一个重要武器，是一种高放射性的危险物质，只能在点火发射前六小时人工安装。

返回舱内空间狭小，无法穿厚重的防护服，安装放射源是件让人心有顾虑的事儿，"伽马源"的大小接近一支女士口红，安装过程不可逆，只能一次性成功。

为了保证返回舱顺利着陆、航天员平安归来，他们平日里用模拟装置反复训练，练眼力、练手劲儿，还利用工余时间，研究图纸、琢磨方案，改良出一款安装放射性物质的专用工具。

在我国首个 20 吨级航天器——空间站核心舱的总装研制中，小到 20 克、30 克的传感器，大到 700 多千克的机械臂，数不清的零部件，千余台的设备，都被他们——攻克。

尤其是机械臂的总装，因为机械臂是核心舱最重量级的设备，要求很高，误差必须控制在头发丝的十分之三以内。他们边研究边安装，累了就睡在台子下面，一直连轴干了七天。

就是这样，他们一次又一次刷新了我国宇航任务型号的总装工作纪录。

在载人航天工程中，每一个岗位都必不可少，每一个人都有特殊的价值。每一个人的工作可能是平凡的，但每一个人做好每一件事，组合起来就成就了一件不平凡的事。

正如吴国庭在《921 影响了我的一辈子》中所写的："一个人的能力可能微不足道，但个人的价值却可通过这种伟大工程体现出来。个人的能力有大有小，只要把本职工作做好，就体现了自己的价值。"

成功是拼出来的

曾经有德国人问过戚发轫，中国人一年能实现发射两艘飞船，是有什么好办法？戚发轫开玩笑道："第一，我们有保密规定，我不能告诉你；

第二，就算我告诉你，你们德国人也做不到。"德国人不相信，凭什么德国人做不到？戚发轫说："我知道你们星期一、星期五绝对不做精密的、重要的工作——星期五就在计划第二天怎么玩了，注意力不集中；星期一呢，心还沉浸在周末美好回忆中还没收回来呢！而我们是白天干，晚上干，星期六干，星期天也干，过节过年还干！我们中国人凭什么干得又快又好？就凭这么点精神！"

是的，事业的成功，不是等得来、喊得来的，而是拼出来、干出来的。神舟人就有种这样的精气神，在"只能成功，不准失败"的目标下，用十足的韧劲、拼劲、干劲战胜了一道又一道难关。

研制团队里几乎每一个人都有彻夜连轴奋斗的经历，或是攻关、或是试验、或是排故，每每回忆连续加班、连续作战的激情岁月，大家都是满满的感慨与怀念。

神舟六号飞船发射前夕，发射场测试时，发现轨道舱计算机异常复位，这是个概率只有万分之一的偶然性问题。轨道舱计算机只是在轨道舱无人留轨期间工作，即使问题出现也不会危及航天员和飞船的安全。

"既然发现了问题，就要彻底解决问题"，又一场攻坚战开始了。

刚接棒戚发轫担任总设计师的张柏楠和控制系统的同志连夜把设备带回北京，制定了七天七夜每小时的工作计划。

航天五院主要领导坐镇指挥，许多技术人员三天三夜没合眼，一个更完善的软件出来了，5天后，芯片完成修改，7天后装上飞船通过了模拟飞行验证。

但紧张又忙碌的发射场测试工作并没有结束，所有人都满负荷地工作，白天电测，晚上数据比对、质量复查，有时干到凌晨三、四点，有的在最终的复查报告上签完字，手里握着笔就睡着了，有的睡梦中突然笑了，说梦到了被通知明天上班推迟一个小时，可以多睡一会儿了。多睡一个小时，成了所有人心中的一个奢望……

迎接神舟六号返回舱回家

潘腾回忆神舟七号舱门研制攻关的岁月，似乎还能深切地感受到当时的压力和艰难。

他说，那段日子里，没有谁晚上八点前回过家，有时凌晨还被叫到单位解决问题，大家的手机都是 24 小时开着，充电器成了离不开的随身物品……

主管舱门设计的女工程师在紧张的试验期间，刚满七岁的女儿 1 个月接连高烧 4 次，孩子被烧得满嘴是泡，吃不下东西，疼得直哭，天天盼着妈妈早点回来陪她一会。"孩子病时我真的管不上，那段时间只能硬扛！"这位干练爽朗的航天女将说起此事，眼中泛出了泪花。

那段时间，周六周日大家不用问加不加班，都会自觉地按时来到试验现场，私下里有这样一个口头禅："周六保证不休息，周日休息不保证。"

数千次的试验验证，几天几夜的分析排故，正是这样的拼搏精神，才让中国人和中国红炫舞太空！

朱枞鹏回忆一次真空热试验的情形。

那是春节前夕，补加压气机抽气试验时，按要求出口压力应加到 23 兆帕，但加到 10 兆帕时，压力就上不去了，只能暂停试验开展问题排查。

将压气机拆下来后，发现一个排气阀的阀芯上面有个 0.1 毫米的小颗粒，一个只有拿放大镜才能看到的多余物。

"怎么办？发现了一个多余物，是不是就没有别的多余物了？"

"快过春节了，还要不要排查？"

大家你一句我一句讨论着。

但是最终还是下决心"查！"

虽然把这个多余物清除以后，压气机就正常了，但是大家还是觉得不放心。

热真空试验

大家想办法把管路一段一段地拆开，用洁净的高压气体进去吹，拆一段吹一段，拆一段吹一段，就是这样，确保排除那些看不见的可能存在的多余物。

为了这个多余物，很多人春节都没过好，但因此收获了"放心"。大家觉得这甚至比过节更感到舒心，这种感受外人可能不解，但很多干过飞船的人都能有体会，这就是"特别"之处。

神舟八号海上漂浮试验时，试验过程中发现返回舱有点儿渗水。这个试验是用来验证返回舱落在海上时航天员在海上漂浮的生存支持能力，试验用的是旧舱。

当时有人说，这是个旧舱，到时候用新的，就不会有这种问题。而且，返回舱落到海上是发射阶段逃生的备用方案，发生的概率只有十万分之一。

试验负责人王翔没有接受这些意见，他连夜组织人排查、想办法。

从烟台返京后，研制团队又展开了深层次的技术归零工作，做全方位检漏。

他们一定要查出问题的根本原因，是设计问题，还是材料寿命问题，是海水腐蚀，还是其他问题。

同时，他们还做了多次试验，结果发现是应力腐蚀问题，后续生产的舱体在此基础上完善了防护措施和工艺。

他们用连续的战斗换来了此类问题的不再发生，彻底归零。

不放过任何一个疑点，不留下任何缺陷和遗憾，不畏惧任何攻关和挑战，神舟人用踏实、勤奋在平凡的岗位上取得了不平凡的业绩。

正如戚发轫院士所说："不要把爱国看得那么神秘、高不可攀。我们每个人能把自己的岗位工作搞好了，国家就强大了。"

第四节 特殊时期需要特别的精神

2003 年 7 月 22 日，一场别开生面的宣誓大会在北京航天城举行，参试队员面向国旗，庄严宣誓：确保航天员的生命安全，确保神舟五号飞船飞行圆满成功，用卓越铸就辉煌，用成功报效祖国！

这誓言，是神舟人对事业的承诺！

对祖国的承诺！

对人民的承诺！

这不仅是一个承诺，更是神舟人干大事、成大业的精气神，也是神舟人的价值追求、文化向往。

特别的精神挑起时代重担

作为中国共产党人精神谱系的重要组成部分，载人航天精神是中华民族精神的传承与发扬，是对航天人在实施载人航天工程中所表现出的时代精神的高度概括。

实现中华民族千年飞天梦想的旷世伟业，为孕育和生成载人航天精神提供了历史背景和时代依托。

毛泽东同志曾经说过，人是要有一点精神的。载人航天工程是振兴中华、科技强国的宏图伟业，要不辱使命，实现载人航天这一中华民族发展史上的伟大壮举，不仅需要雄厚的经济实力和强大的科技实力作支撑，而且需要强大的精神力量来推动，需要一支具有崇高精神，思想过硬、不怕吃苦、敢打硬仗、甘于奉献的飞船研制队伍。

载人航天工程的特点，为孕育和生成载人航天精神提供了实践需求与时代呼唤。

戚发轫说："载人航天精神的特别之处就在于'特别'二字，'特别'是载人航天精神的核心。什么是'特别'？就是国家有特殊需要的时候，我们要有特殊的精神，挑起重担。"

载人航天工程是一项耗资巨大，系统庞杂，高风险的事业，发展中国家开展载人航天工程，在世界尚无先例。财力有限这一特殊的国情，使我国实施载人航天工程注定要走"在有限的财力条件下，实现技术跨越"的路子，工程研制队伍必须走起点高、投资少、高可靠的中国特色的载人航天道路。

神舟研制团队

"关键技术花钱买不到"，面对国外的严密封锁，研制队伍必须有股精气神，尤其是要自力更生，艰苦奋斗，不向困难低头，依靠自己力量，突破关键技术，实现技术创新。

神舟飞天，激励了一个民族，书写了一部历史，开辟了一个时代。可以说，没有一支具有"四个特别"精神的研制队伍，就不可能有载人航天工程取得的巨大成就；没有载人航天工程实践的培养锻炼，也不可能产生这样一支"四个特别"的研制队伍，是伟大的载人航天精神铸就了伟大的载人航天工程。同时，载人航天精神也已成为鼓舞全国各族人民为实现中华民族伟大复兴而努力奋斗的精神力量。

"特别能吃苦"诠释了神舟人热爱祖国、为国争光的坚定信念。"吃苦是什么呢，为了一个目标，集中全部精力来完成这个目标，所有的精力集中到完成任务这个上来了。这是一种什么能力呢，是一种自己控制自己的能力，能坐冷板凳，坐十年、八年。"戚发轫的话也是广大神舟人的真实写照。落后美俄几十年，中国载人航天事业想要从"追跑"到"并跑"甚至到"领跑"，必然要用最短的时间找到最优解——苦，是吃定了。

在研制队伍中，为了抢进度、保节点，24小时"三班倒""人停机不停"的工作方式是常态，困了，就裹着大衣打个盹，饿了，就泡包方便面，连续奋战十几个昼夜是神舟人的家常便饭；飞沙走石的戈壁、骄阳炙烤的外场、千里奔袭的转运，都留下了神舟人的奋斗足迹。最多的是日复一日守着的试验台，为了提高一个精度、弄清一个参数，成千上万次的试验测试不在话下，耐得住寂寞的坚守更是常态。广大神舟人以苦为荣，苦中作乐，常年超负荷工作，默默承受着常人难以承受的困难和压力，用低头实干、埋头苦干的不断奋斗铸就了载人航天事业的辉煌成就。

"特别能战斗"诠释了神舟人锲而不舍、追求一流的品格作风。神舟人始终把确保成功作为最高原则，依靠科学，尊重规律，精心组织、精心指挥、精心实施，在任务面前斗志昂扬、连续作战，在困难面前坚忍不拔、百折不挠，在成就面前永不自满、永不懈怠，载人航天的每一点进步，无不体现着神舟人追求一流的境界和不停战斗的情怀。

为了提高研制效率，实现精细化管理，神舟人将每一道工序、每一个环节、每一个机件、每一个时间进度节点，都逐一排列出来，制定出的计划流程打印在纸上长度超过 5 米。为了把天上能遇到的问题在地面都能够验证到，把问题尽量暴露在地面，神舟团队克服道道难关，建起了世界最大的电推力振动台做力学试验，建成了亚洲最大的真空罐用于做热真空试验，建成了亚洲最大的电磁兼容实验室做电性能试验。每一次攻关都是竭尽全力，每一次攻关都是一次成功的超越，正是发扬了特别能战斗的精神，神舟人一次次闯关夺隘，将不可能变为可能。

"特别能攻关"诠释了神舟人勇于登攀、敢于超越的进取意识。载人航天工程综合性强、协作面广、技术难度高、风险大，任务十分艰巨。神舟团队知难而进、锲而不舍，勤于探索、勇于创新，在我国载人航天工程比世界航天大国起步晚30多年的情况下，走出了一条起点高、投资少、高可靠的具有中国特色的载人航天道路。

在工程论证、立项时，神舟团队就大胆提出技术大跨越思路，跨过国外从单舱到多舱的40年历程，直接研制国际上第三代飞船，拿出了独具中国特色的"三舱方案"。攻克了从"载人飞船返回控制""返回舱舱窗防热与密封结构""主用特大型降落伞""着陆缓冲"到"空间出舱活动""空间交会对接""在轨加注推进剂""航天员中长期在轨驻留"等众多国际宇航界公认的尖端课题，在一些重要技术领域达到了世界先进水平。戚发轫自豪地说："中国航天火箭上、飞船上的发动机，全是我们自己的。这是逼出来的自力更生。"

"特别能奉献"诠释了神舟人淡泊名利、默默奉献的崇高品质。1995年左右，载人航天正处于初样研制的关键时刻，很多身处退休阶段的技术骨干，主动响应"满足工作需要、本人愿意、身体健康3个要求，就一律工作到把航天员送上天以后再退休"的号召，坚守岗位、持续奉献，将毕生的精力奉献在自己热爱的事业上。

神舟返回舱研制队伍，从飞船进入工程研制后，连续七年没有休息过一个完整的星期天、节假日。戚发轫不顾"三高"带来的不适，每天都坚持与科技人员一起战斗。2000年年底，他老伴患了肺癌，为了不影响工作，他把照顾老伴的任务交给了女儿，自己坚持战斗在型号研制第一线。在攻克载人飞船研制技术难关的征程中，有的人病倒在测试现场，至今仍留下后遗症。有的人放弃了出国深造的机会，有的年轻人顾不上找对象，有的人婚期不得不一推再推……正是由于在神舟人心中祖国的分量最重、人民的利益最大，他们才能始终以成就航天事业、报效祖国为最高荣誉，中国的载人航天之路才能连续铸就辉煌、创造奇迹、孕育精神。

在载人航天工程建设实践过程中，经过几代航天人奋斗拼搏凝聚而成的载人航天精神，是一首彪炳史册的赞歌，是托起飞天梦的精神之翼，更是全体中国人民宝贵的民族精神财富，值得永远学习、铭记和传承。

特色的文化凝聚强大合力

伟大的事业产生优秀的文化。"神舟文化"是广大神舟人在逐梦苍穹、太空筑家的伟大征程中逐步形成的共同理念、价值观念、思维方式、行为自觉、制度规范以及相关物质表现的集中体现，对于事业的发展发挥了培根铸魂、凝心聚力的重要功能。

神舟飞船研制队伍作为载人航天队伍的重要组成部分，承担了整个工程中技术难度最大、自主创新要求最高的飞船系统的研制和攻关。在工作中，他们不畏艰险，顽强拼搏，紧紧瞄准世界载人航天技术前沿，按照国际宇航界第三代载人航天飞船的标准，研制"中华神舟"。在工程实践中，他们大力弘扬"载人航天精神"，呕心沥血，殚精竭虑，不辱使命，取得了以神舟五号飞船载人飞行的圆满成功、载人飞行首次成功出舱、空间交会对接、空间站建成等为代表的重大非凡成就，这些辉煌的成就已载入世界和中华民族的文明史册。与此同时，神舟研制队伍在实现中华民族飞天壮举的实践中，秉承航天五院优良和丰富的文化，孕育形成了独具载人特色的"神舟文化"。2003年12月，航天五院党委制定下发了《关于在全院深入开展总结、提炼和大力倡导"神舟文化"的通知》，对"神舟文化"的内涵进行了进一步确认。

以"祖国利益至上的政治文化，勇攀科技高峰的创新文化，零缺陷、零故障、零疑点的质量文化，同舟共济的团队文化"为核心的"神舟文化"具有十分深厚的历史底蕴和非常丰富的文化内涵。

祖国利益至上的政治文化，真实反映了广大神舟人对祖国的炽热情感，无私奉献的崇高境界，是以"两弹一星"精神、航天精神和载人航天精神为核心内容的人生价值观。它是"神舟文化"中精神层面的理念文化，是核心价值观，是"神舟文化"最本质、最核心的部分，是"神舟文化"之魂。

神舟十号飞船试验队臂章

神舟人始终以国家的需要为最高需要，为了完成党和国家赋予的中国空间技术和产品研发使命，他们无私奉献、忘我工作。在较短的时间里，实现了载人航天技术领域的重大突破，实现了与国外先进水平从跟跑，到以并跑为主、局部领跑的重大跨越，为发出强国声音、做出大国担当做出了重大的贡献。

神舟人始终把"用成功报效祖国"作为最高追求。广大神舟人在三十年的奋斗历程中，始终坚持高标准、高要求，努力用一流的技术开展一流的工作，用一流的工作创造一流的业绩，在载人航天工程的实践中，不辱使命、奋力拼搏，"用卓越铸就辉煌"，终于实现了中华民族的千年的飞天梦想。

神舟人将自己所从事的工作与祖国的荣誉和发展紧紧联系在一起，在创造祖国空间技术新辉煌中实现和提升自我的人生价值。面对繁重的任务和严峻的挑战，广大神舟人立下了"使命因艰巨而光荣，人生因奋斗而精彩"的豪迈誓言。他们充分认识发展航天事业对增强我国综合国力和实现民族振兴的重要意义，正确处理国家、集体和个人的关系，敬业奉献，兢兢业业做好本职工作，为推动空间技术跨越式发展拼搏奋斗。

勇攀科技高峰的创新文化，体现了广大神舟人对空间技术创新的矢志追求，集中反映了中国航天人面对艰险，百折不挠；面对困难，勇于攻关；面对挑战，敢为人先的优秀品质。它是"神舟文化"中最突出、最重要的组成部分。

在强烈的民族自豪感和自信心的驱动下，广大神舟人紧紧瞄准当今世界航天科技发展的前沿，敢于挑战国际宇航领域公认的难题，以"探索宇宙奥秘，造福人类社会"为追求，志存高远、艰苦奋斗，以敢于胜利的大无畏精神走出了一条具有中国特色的空间技术发展道路。

在倒排的时间节点和各种前所未有困难的挑战下，神舟人艰苦奋斗、顽强拼搏、百折不挠、只争朝夕，取得了一个又一个辉煌的成绩。即使遇到暂时的挫折，仍以坚强的意志和惊人的毅力战胜了各种难以想象的困难，用满腔的热血谱写了共和国载人航天事业的壮丽篇章。

在国外技术封锁的情况下，神舟人更加坚定为祖国争光、为民族争气的信念，他们坚持独立自主、自力更生的方针，摒弃技不如人的心态，勇于创造、敢于超越，一批具有世界先进水平的试验设施的相继建成，使航天科研能力和水平实现了跨越式发展；一套具有自主知识产权的核心技术的掌握和载人航天工程标准的建立，使中国人将载人航天高科技发展的命运牢牢地把握在自己手中。

零缺陷、零故障、零疑点的质量文化，体现了广大神舟人视质量为生命和质量第一的质量观，以及对航天产品负责和对祖国航天事业负责的高度政治责任感。它是神舟人在工程研制中的良好作风和习惯，是时刻践行的工作准则。

神舟人始终坚持成功是硬道理，自觉恪守对祖国、对人民庄严承诺的高度政治责任感。牢固树立质量是航天的生命，成功是最大的政治的思想，时刻把工作质量放在首位。

神舟人传承发扬"严慎细实"的作风，坚持"严肃认真、周到细致、稳妥可靠、万无一失"的十六字方针，严格表格化、标准化、规范化管理，在工作中一丝不苟，分秒不差。通过持续的努力，终于实现了"发射场工作零缺陷、测试零疑点、产品零故障"的目标，取得了连战连捷的全胜成绩。

神舟人一直恪守对航天产品负责，对航天事业负责和对航天员生命负责的良好的职业道德。在各项工作中，坚持科学的世界观和严谨务实的工作态度，强调一切产品都要经过试验验证，实现"排查问题不留疑点，降低风险不留遗憾"，确保上天的东西万无一失。

同舟共济的团队文化，充分展示了神舟团队以人为本，精诚团结，荣辱与共，协同共进的思想理念。它是神舟团队用人观、人才观的生动体现，是"神舟文化"得以形成、发展的源泉。

载人航天，以人为本。神舟团队秉承"用精神教育激励人、用事业锻造培养人"的理念，重视人、关心人、激励人，充分调动人的积极性，发挥人的作用。老专家倾囊相授，积极发挥传帮带作用；年轻同志发奋图强，敢为人先，在载人工程的广阔平台上施展才华，实现全面发展。

神舟团队践行系统管理的思想，在内外关系上主动协调、相互配合。在团队内部充分调动各部门、各系统、各岗位的积极性，鼓励创新和积极参与精神，倡导团结和谐的人际关系；在系统和个人遇到问题时，都能自觉站在整体的角度去考虑解决；当型号成功后，团队上下欢欣鼓舞；当型号出现暂时挫折时，大家同舟共济、背水一战。万众一心、精诚团结的浓厚氛围，激励着团队内每一位成员为大力发展祖国的载人航天事业而努力奋斗。

神舟团队积极弘扬社会主义制度下大协作、大团结精神。通过自身的努力，围绕航天器研制，在航天系统内部和全国不同行业之间，真正做到有困难共同承担，有问题共同解决，荣辱与共，团结共进。

神舟文化已成为神舟人的自觉行动指南，时刻激励着神舟人自觉坚持以国家的需要为最高需要，以人民利益为最高利益，视祖国的航天事业为生命，以崇高的追求和执着的信念，恪尽职守、爱岗敬业、以苦为荣、甘于奉献、开拓创新、团结拼搏、顽强奋战，成为神舟人完成型号研制任务、探索未知宇宙奥秘的不竭思想动力。

特殊的方式建构思想保障体系

特殊的任务需要特别的思想政治保障，载人航天任务的艰巨挑战亟待特别的方式来应对。

在载人航天工程任务实施中，五院党委牢牢抓住"人"这一工程任务的主体和核心要素，充分发扬党的优良传统，把思想政治建设作为确保我国载人航天工程建设顺利推进的重要法宝，针对任务技术难度特别大、工程组织特别复杂、风险挑战特别高、研制压力特别大的特点，发挥思想政治保障工作的独特优势，新处着眼、实处落子，在载人航天工程三十年的伟大实践中，逐步探索构建了一条具有载人航天特色的大型试验思想政治工作保障体系。航天五院党委始终坚持哪里有型号任务，就要把党组织建到哪里；型号队伍走到哪里，思想政治工作就跟进到哪里。

在神舟一号任务中，航天五院党委就从任务实际出发，组建试验队临时党委，各分队成立临时党支部。为了加强试验队临时党委政治工作力度，院党委书记亲自挂帅担任载人航天任务试验队临时党委书记，带领队伍创新开展思想政治工作。在执行任务过程中，始终把"载人"意识和形势任务教育作为一项重要工作来抓，结合上级有关指示精神，结合任务面临的形势，把完成任务的重大意义讲清楚，把完成任务的重要性讲透彻，不断提高飞船队伍的政治责任感和历史使命感，持续增强参研参试人员的主动性和自豪感。

深入教育、广泛动员为任务成功打下了坚实的思想基础，使全体参试人员变压力为动力，全力保成功的"载人意识"进一步提升，"严上加严、细上加细、慎之又慎、精益求精"的工作作风持续加强。

伴随着载人航天工程的不断深入，大型试验的思想政治工作日益科学、规范，从"围绕"到"融入"向纵深发展。

在神舟六号任务中，试验队临时党委借鉴科研生产和现代管理的有效形式，对大型试验任务的政治工作采取表格化管理并不断完善，将思想政治工作划分为三类10项，主要包括贯穿试验任务全过程的管理表格、阶段性的管理表格和动态表格，涵盖了试验队党的建设、思想教育、宣传报道、队伍管理、文体活动和后勤保障等工作，还有试验队政工、后勤一周工作表、临时党支部书记例会登记表、积极分子考察表、试验队伙食委员会情况登记表、试验队政工简报表等具体实施项目。不但使工作目标、工作内容一目了然，临时党委对试验任务中涉及政治工作的相关内容及时了解和掌握，有利于思想政治工作的全面覆盖。

此外，航天五院党委还创新了"三早一跟踪"的思想政治保障方法，即从试验任务实际出发，在航天器研制试验后期，就及早策划试验队的政治保障工作，及早组建强有力的政工队伍，及早介入研制试验任务，对研制试验工作实行不间断的跟踪服务。

这一阶段的思想政治保障工作特点还体现在与"两总"系统的"捆绑"、与支部工作的联手、与队员的融合上。通过了解任务的难点和关键点，了解整个队伍的组成情况、队员的思想状况，找到了如何更好地融入任务中的得力"抓手"，让发射场的思想政治工作的思路和目标更加清晰明确，更加有的放矢。

参试队员在神舟旗上郑重签名

党的十八大以来，载人航天任务进入了多型号并行研制、高强密度发射的新阶段，五院党委聚焦工程任务的新特点、新挑战，与时俱进、不断优化、调整思想政治工作的发力点和主攻方向。

"目标牵引，文化凝聚，活动覆盖，细节实施""融入中心、深入人心、打造精品、塑造品牌""保成功，创精品，争先锋"……在载人航天的每次发射任务中，试验队临时党委的思想政治保障工作重点会根据任务实际有所侧重，但是始终都把工作目标、工作思路紧紧锁定在发射场主线任务上。

试验队临时党委以党的政治建设为统领，以坚定理想信念宗旨为根基，强化理论武装，坚持临时党委中心组学习和支部书记例会制度，加强临时党委、各党支部和全体参试队员的信息沟通，尤其是了解参试队员的思想动态、不同阶段的思想变化，及时想办法、找对策指导支部给参试队员减压，做好思想稳定工作。

　　五院党委坚持在任务实施中开展"党员身份亮出来，工作质量干出来，关键时刻站出来，先进形象树起来"党员目标承诺、成立"青年突击队"，各类特色活动鞭策着广大党员始终走在前列，激励着研制团队敢于冲在前面。坚持形势任务进试验队、进班组、进现场、进一线，在任务不同阶段，撰写评论员文章、制作主题展板、创办专刊、拍摄专题片……多措并举，弘扬载人航天精神和神舟文化，营造决战决胜的浓厚氛围，及时把参试队员的思想统一到上级要求和任务的需求上来。

　　融入中心，保障中心，五院思想政治工作逐步探索出了一条具有国家重大工程任务特色的保障体系，形成从"点对点"保障到体系化、系统化流程保障的跃升，构建了以"技术、计划、产品保证、技术安全＋党建、防疫"为主要内容的"4+2"发射场工作流程，以"试验队队员性格特点清、身体状况清、思想状况清、工作状态清、家庭情况清、后顾之忧清；本人和亲属身体状况清、本人和亲属出行轨迹清、疫苗接种清"为内容的"6+3清"档案，打造了"塔架下的道德讲堂""发射场劳动竞赛"等特色品牌。

第六章
载人航天工程实践的启示

　　中国载人航天工程从 1992 年 9 月 21 日立项以来，几代航天人接续奋斗、攻坚克难，取得了 27 次发射任务连战连捷的优异成绩。进入新时代以来，载人航天工程实现一个又一个新的跨越，完成了中国空间站的在轨建造，全面实现了"三步走"战略任务目标。载人航天工程三十年所取得的辉煌成就和系列标志性成果，为建设创新型国家和科技强国提供了航天经验和航天力量，也是加快推进科技自立自强，探索以中国式现代化推进中华民族伟大复兴的有力实践。载人航天三十年工程实践中的诸多启示，更加深刻地体现在连续成功所孕育的丰富哲理中。

听党话、跟党走，才能干大事、干成事

没有中国共产党，哪来中国的航天。党是航天事业的主心骨，更是载人航天发展的定盘星。三十年的载人航天工程实践证明办好中国航天的事情关键在党，三十年的载人航天取得的辉煌成就昭示航天人只有听党话、跟党走，才能干大事、干成事。

从"714"到"863"再到"921"，上不上载人航天，向来是政治决策，不是纯科技问题。从酝酿、启动到逐步实现"三步走"战略目标，载人航天工程"起步晚、起点高"跨越式发展的每一步，都离不开党中央的正确领导和科学决策。

1970年7月14日，党和国家领导人毛泽东、周恩来批准了国防科委的请示报告——"即着手载人飞船的研制工作，并开始选拔、训练航天员"，自此"714"工程，也就是曙光一号开启了中国载人航天的探索。1986年3月3日，王大珩、陈芳允、杨嘉墀和王淦昌四位科学家联合提出《关于跟踪研究外国战略性高技术发展的建议》，两天后邓小平做出重要批示："此事宜速作决断，不可拖延。"1992年，党的第三代领导集体高瞻远瞩，着眼于提高我国综合国力和国防实力，拿出"实在当前财政困难，动用国库存的金子每年出点也得干"的决心，做出了实施载人航天工程"三步走"的伟大战略决策。

党中央敏锐把握世界科技发展大势，果断决定启动载人航天工程，敢于实施跨越式追赶，稳稳把握住了历史主动，充分体现出非凡眼光、宏大气魄和政治智慧。

党的十八大以来，习近平总书记高瞻远瞩做出了建设航天强国的重大战略部署，把航天事业放在"两个一百年"和"中华民族伟大复兴"的历史经纬中擘画，对航天强国建设做出系列重要论述和批示指示。他对载人航天事业高度重视，举旗定向，掌舵领航。他亲赴航天五院参加主题团日活动并听取载人航天等重大工程实施情况汇报；他视察航天发射场为航天员送行，多次与航天员进行"天地对话"；每次载人航天任务成功他都发来贺电贺信，在新年贺词中也一再提起载人航天。2022年5月2日，习近平总书记又给建造中国空间站的青年团队回信，提出殷切期望……他的一句句嘱托和鼓励激励航天人攻坚克难、勇攀高峰，更为我国航天事业发展提供了根本遵循，指明了前进方向。

2022年11月3日，中国空间站梦天实验舱顺利完成转位，空间站"T"字基本构型在轨组装完成，11月29日神舟十五号飞船发射成功，30日成功与空间站天和核心舱对接，至此中国空间站关键技术验证和建造阶段规划的12次发射任务全部圆满完成。我国载人航天技术的发展实现了从追赶到并跑，再到部分领先，跨入了国际先进行列。我们可以骄傲地说，我们无愧于祖国，无愧于人民，无愧于时代。

三十年来，我们始终"听党话，跟党走"，毫不动摇地坚决贯彻落实党中央的决策和指示，坚定不移走中国特色载人航天道路，不负党和人民重托，战胜无数艰难险阻，取得了连战连捷的辉煌成就。我们突破了载人航天、多人多天、舱外活动、交会对接等重大关键技术，取得了多项自主创新技术成果；锻炼和形成了一支具有"四个特别"载人航天精神和神舟文化底蕴的科研队伍，为我国载人航天工程任务的实施提供了人才支撑和精神动力。

党的二十大报告提出了加快建设航天强国的目标。在新的历史起点上，中国航天正在以新的伟大奋斗开启新的伟大征程。载人航天工程是建设航天强国的重要内容，我们要始终坚持党的绝对领导，始终坚持航天作为人民事业的根本底色，以习近平新时代中国特色社会主义思想为指引，深入贯彻落实党的二十大精神，深刻认识"两个确立"的决定性意义，增强"四个意识"，坚定"四个自信"，坚决做到"两个维护"，心怀国之大者，恪守初心使命，把"听党话、跟党走"融于血脉之中，化为自觉行动。我们坚信，在中国共产党的坚强领导下，我们一定可以夺取一个又一个新的胜利，创作一个又一个新的辉煌，建设航天强国的目标一定可以在我们手中早日实现。

依靠自己的力量，干自己的事

一部载人航天事业的发展史，就是一部依靠自己的力量，干成自己事业的奋斗史。三十年的实践证明：独立自主、自力更生是推动载人航天事业发展的不竭动力，是载人航天事业不断取得成功的重要法宝。

邓小平同志说过，"中国的事情要按照中国的情况来办，要依靠中国人自己的力量来办。独立自主，自力更生，无论过去、现在和将来，都是我们的立足点"。习近平总书记强调，"自力更生是中华民族自立于世界民族之林的奋斗基点"。纵观世界航天发展历史，没有一个国家能依赖外部力量而走向航天大国，也没有一个国家可以靠跟在他人后面亦步亦趋而建成航天强国。独立自主、自力更生是中国航天事业不断突破超越的根本途径，是航天精神一以贯之的重要内核。

军工事业的创业者聂荣臻曾经多次强调"尖端技术是买不来的"。"高新技术，一定要独立自主搞，必须要自力更生，谁也不能靠。"回忆起新中国的航天发展史，神舟飞船首任总设计师戚发轫语重心长，"我们老航天人一辈子的体会是靠别人不行，只能靠自己。"载人航天是国家工程，是事关国家安全的战略性技术，靠进口是靠不住的，走引进仿制也注定走不远。

中国在 20 世纪曾提出申请与美国进行空间站方面的合作研究，但被美国拒绝。美方甚至在国内立法禁止与中国开展航天合作，该法案还进一步限制了中国在国际市场中向其他国家提供发射服务。而这几年，当我们的空间站建设如火如荼，而国际空间站面临退役之际，美国转而向中方提出了合作利用中国空间站的相关申请。事实证明，在国家竞争中，要想在一些关键领域不受制于人，唯有尽早抛弃幻想，以自力更生的实际行动，敢想敢干，埋头苦干，尽早拿出实实在在的东西来才行，正如戚发轫院士所讲："你的技术没达到那一个水平，外国人是不会与你谈合作交流的。"

在高新尖端技术领域，我们没有别的选择，非走自力更生、自主创新的道路不可。三十年来，研制队伍弘扬载人航天精神，凭借不屈的骨气和非凡的智慧，结合国情，求真务实，既没有走不切实际盲目追求性能指标的弯路，也没有走照搬照抄重复国外的老路，而是确定了以空间站为目标，以载人飞船起步的"三步走"战略，走出了一条中国特色的载人航天发展道路。立足自主研制，不断创新，独立掌握了具有自主知识产权的载人航天技术，神舟飞船全部单机产品都是我国自主研制，性能指标不断提高，部分产品性能居国际领先水平。

参加一期工程的老同志们回忆，在神舟飞船研制初期，虽然有研制卫星的经验积累，也借鉴了一些国外载人航天领域的研制经验，但是从"0"到"1"真正研制出一艘飞船来是非常艰难的。为确保航天员安全返回，必须首先突破返回再入控制技术、返回舱防热与密封技术、特大型降落伞及着陆缓冲技术，这是立项之后前三年关键技术攻关的重点。而这些关键核心技术没有一项可以直接要来、拿来或买来，都是靠我们自己一点点设计方案、一步步实验验证出来的。

1998 年"争八保九"的关键时期，出于确保圆满成功的稳妥考虑，决定将神舟飞船 GNC 等关键技术设计方案拿到国外请外方专家评审。在与外方专家的谈判会上，老一辈神舟人亲身体会了"花 165 万美元学费也只能买来外方一个'Yes'或一个'No'"的复杂况味，从而激发了大家"一定要争一口气"的满腔斗志。核心技术和关键产品是讨不来、买不来的，航天发展依靠别人是不行的，要想把发展的主动权握在自己手中，必须自力更生、自主创新。

第一代飞船研制队伍有不少老同志亲历过当年研制东方红卫星那段"苦难而辉煌"的历程，当时国外对技术、设备、原材料等全方位封锁，研制队伍只能因陋就简、土法上马研制卫星并最终取得成功。用"土办法"解决问题就是一种自力更生的精神体现。2002年，为了进行飞船着陆冲击试验，吃透着陆缓冲技术，专题攻关小组在试验所用的"配方土"因雨受潮后，硬是从"试验床"里将几吨重的配方土重新挖起来，支起大铁板生上火，"一锅一锅"地将这些"宝贝土"进行翻炒直到"达标"为止，也是用"土办法"解决了难题，保证了节点。

载人航天三十年的历史证明，发展我国空间事业必须始终把立足点放在独立自主、自力更生的基点上，立足国内，按照我国的国情制定发展战略和规划，充分发挥研制队伍的积极性和创造性。同时也要正确处理好自力更生与国际合作、学习先进经验与发挥独创精神的关系。我国已经迈入世界航天大国的行列，中国的空间技术在国际上占有了十分重要的位置，但是与世界航天强国相比还有一段距离。要在坚持自力更生的基础上，具备全球视野，把握时代脉搏，不断学习先进经验，重视利用有利的国际条件，开展国际合作与交流，从而增强自力更生能力。

历史只会眷顾坚定者、奋进者、搏击者，而不会等待犹豫者、懈怠者、畏难者。依靠自己的力量，干成自己的事，这条道路，是在载人航天三十年艰苦卓绝的奋斗中摸索出来的，是被实践证明了的正确道路。"奋斗者胜，自立者强。"习近平总书记指出，科技自立自强是国家强盛之基、安全之要。我们必须完整、准确、全面贯彻新发展理念，深入实施创新驱动发展战略，把科技发展的命脉牢牢掌握在自己手中。我们要把中国航天自己的事情做扎实，才能一步一个脚印地实现建设航天强国的伟大梦想。

只有持续创新，才能持续成功

创新是一个民族进步的灵魂。中国航天是靠创新"吃饭"的，纵观六十多年的航天史，三十年的载人航天史，创新是贯穿始终、推动发展的根本所在。

2016年12月20日，习近平总书记在会见天宫二号和神舟十一号载人飞行任务参研参试人员代表时指出："星空浩瀚无比，探索永无止境，只有不断创新，中华民族才能更好走向未来。我们正在实施创新驱动发展战略，这是决定我国发展未来的重大战略。航天科技是科技进步和创新的重要领域，航天科技成就是国家科技水平和科技能力的重要标志。航天科技取得的创新成果极大鼓舞了中国人民的创新信念和信心，为全社会创新创造提供了强大激励。"总书记对空间技术创新提出了要求、寄予了厚望，也充分体现了"只有持续创新，才能持续成功"的恒久重要性和永远的紧迫性。

载人航天的三十年是持续创新的三十年，是从无到有，从有到优的三十年，研制队伍本着少花钱多办事的原则，坚持原始创新、连续创新、不断创新，从1999年11月20日发射神舟一号试验飞船开始，每一次发射都是一次新的跨越，每一次的成功都是基于上一次任务的创新，并成为下一次创新的起点。我们用4次无人飞行验证了载人航天的基本技术，第5次飞行就成功地突破了载人航天基本技术，第6次飞行就突破了多人多天技术，第7次飞行就突破出舱活动技术，第8次飞行就突破交会对接技术，第9次飞行就实现载人交会对接，航天员成功进驻空间实验室；第10次飞行就开始载人应用性飞行……中国用相对较少的时间走完了发达国家几十年走过的路程。

总体设计的创新是神舟飞船研制初期，解决"从无到有""从0到1"的关键，要拿出一个中国特色的飞船总体设计方案来。飞船总体技术方案设计具有鲜明的系统创造性，是一个不断优化的过程，要统筹技术基础、投资强度、研制周期、基础设施等约束条件，做到既满足任务要求，又满足因载人提出的高可靠、高安全等特殊要求。飞船总体设计方案设计要注意尽量采用成熟技术，适度采用新技术，通过合理的总体综合设计，构建新的技术集成体，同时也要综合考虑经济、社会、管理等非技术要素。实践表明，神舟飞船总体设计与优化是成功的，神舟飞船总体方案是先进的、可行的、经济的。

技术创新是载人航天工程创新的核心部分。载人航天工程不同于一般工程项目，是典型的现代高技术工程项目。其中神舟飞船是系统复杂、技术先进的全新的航天器，研制神舟飞船所涉及的高新技术门类多、数量多，虽然继承了返回式卫星的部分成熟技术，但需要攻克的关键技术仍然较多，有的甚至是国际宇航界公认的技术难题。研制过程中，我们刻苦攻关，艰苦努力，先后攻克和掌握了舱段分离、制导导航与控制、液体回路热控、大型降落伞、应急救生、返回舱升力控制与过载控制技术、交会对接、大型组合体等核心关键技术，形成了一大批具有自主知识产权的新技术成果。我们既要重视各项关键技术的攻关与突破，又要重视各种技术的综合集成，在充分利用成熟技术和研发关键技术的同时，对飞船各种技术进行综合集成。这是技术层次上的更深入、更关键的技术开发和创造，通过各种技术综合集成构建出了全新的飞船系统。

在关键技术创新的过程中，还要正确处理好突破性创新和渐进性创新的相互关系。我国用 11 年的时间研制出了神舟五号载人飞船，走过了苏联／俄罗斯近 40 年的载人飞船研制路程。神舟五号充分继承了前 4 艘无人飞船的技术和经验，经历了简化型飞船、基本型飞船、改进型飞船和完善型飞船，形成不断跨越、紧密衔接的渐进性的工程创新过程。通过大量关键技术攻关和系统集成，以及充分的地面验证试验，4 艘无人飞船先后在较短时间内取得圆满成功。在 4 艘无人飞船成功研制的基础上，经过进一步改进和完善，我国第一艘载人飞船神舟五号取得首发成功。正确处理量变和质变，掌握渐进性创新积累到突破性创新的变化规律，有效地推进了工程创新的进程，这是载人航天工程创新的基本路径，也体现了我国载人航天工程积极稳妥、循序渐进的发展策略。

管理创新是载人航天工程创新的重要内容。我们首次引入项目管理，综合考虑技术、进度、质量、成本、风险等因素，实施了全要素管理和集成管理相结合。针对工程规模大、系统复杂、技术跨度大、可靠性安全性要求高、风险大、涉及面广等难点，在飞船研制过程中进行了工程管理创新，系统地探索并实施了神舟飞船工程项目管理。运用系统科学、系统思维、系统方法研究解决问题，加强顶层设计，坚持重点突破。实行了总指挥（即项目经理）负责制，建立了强有力的系统工程管理体系和研制工作体系，进行矩阵式项目管理，加强了研制全过程的质量控制，尊崇和践行"零缺陷、零故障、零疑点"的质量文化。

三十年的经验告诉我们，只有坚持持续创新，只有掌握了核心关键技术，才能持续为工程未来的发展储备技术和方略。现在中国空间站已经建成，探索浩瀚宇宙，建设航天强国，走向更远的深空，要求我们必须瞄准下一个"百年"的奋斗目标，主动践行党的二十大关于"加快实施创新驱动发展战略"，继续为高水平的科技自立自强探索一条具有航天特色的中国道路，为人类和平利用太空、推动构建人类命运共同体贡献更多中国智慧、中国方案、中国力量。

既要下好先手棋，更要全国一盘棋

习近平总书记关于下好"科技创新"这个"先手棋"有一段精辟的论述："推进科技自主创新，必须超前谋划，下好先手棋，打好主动仗。如果只是跟在别人后边追赶，不能搞出别人没有的一招鲜，最终还是要受制于人。国际竞争历来就是时间和速度的赛跑，谁见事早、动作快，谁就能掌控制高点和主动权。"

实施载人航天工程，是举全国之力，聚成拳头、重点攻关的生动写照。技术的每一次突破，任务的每一次成功，既要主动创新、先干一步，下好先手棋，更要大力协同、形成合力，做到全国一盘棋。

为了下好先手棋，神舟团队怀着"一切为载人，全力保成功"的豪情壮志和使命担当，经过长期严谨、细致、艰苦的探索，先后攻克了13项国际宇航界公认的技术难题，掌握了一大批具有自主知识产权的核心技术。这些核心技术的创新突破，使神舟系列飞船深深打上了"中国制造""中国创造"的烙印。

中国的国情和载人航天工程的特点决定了我们只有先手棋是不行的，更要做到全国一盘棋。工程立项的过程表明，在发展中国家要搞载人航天，如果等一切条件都具备了、成熟了再开始干，那么恐怕要永远停留在纸上谈兵了。早在"863-2"计划论证时就有一种意见认为，搞载人航天投资大，风险大，认为国家还不富裕，还有许多人连吃饭问题都没有解决，这种条件下怎么能去搞载人航天呢。那时候在航天队伍中也存在"应该用有限的经费，加大应用卫星投入"的意见。

遇到重大困难时，我们中国特色社会主义制度集中力量办大事的制度优势就显现出来了。对此，习近平总书记在2016年5月30日召开的全国科技创新大会、两院院士大会上作了阐释："我们最大的优势是我国社会主义制度能够集中力量办大事。这是我们成就事业的重要法宝。过去我们取得重大科技突破依靠这一法宝，今天我们推进科技创新跨越也要依靠这一法宝，形成社会主义市场经济条件下集中力量办大事的新机制。"

无论是从决策层面，还是从工程组织实施层面来看，新型举国体制的制度优势，社会主义大协作的组织优势，可以最大限度地集中各种资源，统一决心，统一意志，统一目标，统一行动，下好全国一盘棋，才能"有条件要上，没有条件创造条件也要上"，共同克服困难，共同解决难题，才能拉起中国载人航天事业扬帆起航的纤绳。

作为当今世界高新技术最密集、最尖端、最具标志性的宏大工程，载人航天涉及的领域可谓包罗万象：航天、航空、电子、机械、化工、生物等。没有团结协作的意识，庞大的工程根本无法运转。据统计，在载人航天工程中，汇集了全国3000多个单位、几十万科技大军，各条战线树立了"一盘棋、一股劲、一条心"的全局思想，考虑问题、提出建议、决定事项，都从国家整体利益出发，从工程全局出发，自觉做到局部服从全局，部分服从整体，当前服从长远，自觉在大局下行动，形成了"全力保成功，一切为载人"的强大合力。

载人航天工程立项初期，飞船研制所需环境模拟实验室的建设迫在眉睫。在中央的统一领导和北京市的大力支持下，1997年我们在北京航天城建成一座建筑面积10余万平方米的空间技术研制试验中心，拥有总装与综合电测、力学环境测试、空间环境模拟试验等各类测试设备，建立了八大实验室，从而解决了飞船研制过程中地面试验测试所需的设备设施，为"争八保九"、飞船首飞成功，做出了重要贡献。这是在中央的正确领导下，国防科工委、航天工业总公司、航天五院、大量协作单位以及北京市、驻地老百姓和施工建设大军共同努力的结果。正如当年五院航天城建设指挥部的同志们所讲："这种超大规模的基建技改赶上了重大型号的研制进度，是航天史上光荣的一页，体现了社会主义制度集中优势力量办大事的优越性。"

实施载人航天工程第一步时，工程本身就涉及包括航天员、空间应用、飞船、火箭、发射场、测控通信、着陆场七个大系统，这还不包含公安、空军、公路、铁路等外围参与运输、保障安全的单位。参加过早期飞船研制任务的老同志对此有深刻的体会——工程能在比较短的时间里取得历史性突破，靠的是集体的智慧、集体的力量、集体的奋斗。各系统、各参研参试单位自觉服从大局，服从统一指挥调度，有困难共同克服，有问题共同解决，有风险共同承担。大家一起经历了"火箭被撞了一下腰"的惊险，一起创造了"低温下的发射奇迹"，当特殊情况需要大总体支持时，指挥部给予高度关注，想方设法尽快协调解决，甚至做到了"缺零件就调一班飞机及时送到"。这种万众一心、众志成城的强大合力，为工程连续成功提供了重要保证。

飞船十三个分系统的各参研单位、各参试队伍，也是同舟共济、精诚协作的典范，做到"有问题共同商量，有余量共同掌握"，大家"协力共闯'火焰关'""联手搭建'船架子'""集同攻坚'船中枢'"，形成了一幅千军万马集智攻坚，群策群力保成功的壮丽画面。大家回忆，当研制工作遇到难题时，五院集各方力量协同攻关，院相关单位抽出专家现场研究和解决问题；当条件保障出现困难时，院相关部门、参研参试单位都在人力、物力和其他资源等方面给予优先保证和大力支持；每次试验队进发射场，院和各总体单位、后勤保障部门还抽调出精兵强将进试验队组成政工组、后勤组提供思想政治保障和综合管理服务。

工程实施以来，相继攻克了多项系统级关键技术，突破了一大批具有自主知识产权的核心技术。这一项项的重大成果，都是在党中央集中统一领导、工程总体的统一指挥调度下，全国、全航天、全院各有关部门大力协作和密切配合的结果。当时焊制 KM6 真空试验大罐，急需一流的焊接工人，五院向上级反映情况后，国家出面将核工业部门正在建设大亚湾核电站的焊接工人，直接调到北京来参加 KM6 的焊制工作。回头看这些历程，如果没有中央的集中统一领导，没有工程总体的调度指挥，仅仅依靠某一家单位、某一支队伍的力量是不可能完成的，既不可能完成"争八保九"任务，也不可能取得 27 次任务的连续成功。

既要下好先手棋，更要全国一盘棋，是新型举国体制的应有之义，是我们夺取载人航天事业胜利的重要法宝。三十年的工程实践证明，依托举国体制，坚持发挥集中力量办大事的制度优势，才能最大限度地集中资源，最大限度地调动方方面面的积极性和创造性，努力实现人力、物力、财力的最佳组合，形成统一的决心、统一的意志、统一的目标和统一的行动，做到"团结一条心，拧成一股绳，下好一盘棋"。

重大工程能够锻炼人、成就人

2013 年 6 月 11 日，习近平总书记来到酒泉卫星发射中心，他在听取天宫一号和神舟十号载人飞行任务有关情况汇报时指出："发展航天事业，建设航天强国，是我们不懈追求的航天梦。"他说："党中央作出实施载人航天工程重大战略决策以来，航天战线的同志们秉持航天报国的理想和追求，艰苦奋斗，自强不息，开拓进取，取得了举世瞩目的伟大成就。同志们为祖国航天事业建立的卓越功勋，党和人民永远不会忘记。"

人才是航天的发动机，航天是人才的推进器。建设航天强国，核心是创新，关键在人才。早在载人航天工程立项时中央领导就强调过："没有实际的东西培养不了接班人。这个事业要培养人才，使之后继有人。"

载人航天事业是人才成长的沃土。中国载人航天三十年的发展史，既是人才成就事业的历史，也是事业造就人才的历史。在飞船研制中，研制队伍发扬载人航天精神，祖国至上，勇攀高峰，同舟共济，追求卓越，战胜各种困难，攻克各种难关，实现了出成果、出精品、出人才。袁家军、尚志、张柏楠、杨宏、潘腾、葛玉君、张庆君、金勇、张书庭、王翔、白明生、何宇、马晓兵、贾世锦、胡军……一代代在五院从事或从事过神舟飞船研制工作的"神舟人"，他们勇挑型号研制重担，克服重重困难，为中国载人航天事业的发展做出了不可磨灭的贡献，也在各自的岗位上逐渐成长为不可多得的航天专才、将才、帅才，有的已经走上了领导岗位，有的成长为 921 工程大总体的两总，有的成长为中国工程院院士……

注重依托重大科技工程，在实践中培养人，在实事上锻炼人，坚持几十年来长期培养，个人也要做到坚持不懈。"刀要在石上磨、人要在事上练，不经风雨、不见世面是难以成大器的"，坚持把重大工程任务作为核心人才施展才华、提升能力的实践平台，为他们创造在实践中学习、在工作中锻炼成长的机会。1992年，杨宏在航天五院获得硕士学位后调入五院载人飞船总体室成为载人航天团队的第一批队员。三十年来，他与中国载人航天工程一起成长，参与了工程"三步走"的每一步，从神舟飞船"桌面联试"的试验员逐步成长为中国空间站的总设计师、中国工程院院士。

敢于使用新人，这是三十年来神舟团队培养队伍的一个显著特点。在遴选骨干人才的时候，坚持不唯年龄、资历，大胆选拔政治过硬、能力突出的年轻人委以重任。善于把有潜力的好苗子，放到关键岗位、吃劲的项目上进行多岗位锻炼，以工程实践平台赋能人才培养，注重在重大技术攻关中培养选拔人才，在重大工程的主战场识别、培养、托举人才，对年轻的将才、帅才苗子，打破论资排辈，促其超前快速成长。袁家军33岁担任神舟一号飞船常务副总指挥，38岁担任神舟二号总指挥，王翔38岁担任空间站系统总指挥，何宇41岁担任神舟九号飞船总指挥，现任飞船总设计师贾世锦首次担任总设计师时44岁……

坚持传帮带，鼓励老带新是神舟团队的优良传统。"新枝高于旧竹枝，全凭老干为扶持"，从1992年开始，除了成功发射飞船的任务外，飞船队伍一直关注实现新老交替，培养一批有实际经验、有专业能力的年轻总设计师。"航天人才的年轻化，也是国家兴旺发达的标志。"在飞船研制过程中，依靠飞船总设计师戚发轫院士等一批德高望重、学富五车的老专家的同时，还着眼于我国载人航天工程和空间事业发展的需要，大胆地将一大批青年人推到飞船研制的前台，通过重要任务关键岗位锻炼，老同志传帮带等手段，加大了技术骨干的培训力度。注重发挥院士和专家群体的带动作用，在工程的实施中安排有经验的专家指导新人，传授经验和知识，让青年人才在传承和创新过程中少走弯路，达到事半功倍的效果。1992 年载人航天工程立项时，神舟飞船队伍的构成情况是：一大批对卫星研制有着丰富经验的老专家带着为数不多的年轻人。通过 10 多年以老带新、加强培训、关键岗位锻炼，打造了一支技术、作风过硬、纪律严明的神舟团队，培养出一大批中青年技术和管理骨干。

注重加强青年人才队伍建设，有意识地将大量的青年科技人才安排到型号一线，承担实际产品的研制工作，边工作边学习，使他们在第一时间了解工程项目的状态、特性、原理，在这个过程中积累经验、增长才干、迅速成长。同时，不断探索人才的选拔、评价和激励机制，着力培训科技人才、管理人才和技能人力。完善的培养机制和使用机制，营造了人才成长的良好环境，搭建出人才成长的良好平台，使一大批的青年技术人员在飞船研制中建功成才。

注意培养鼓励创新、宽容失败的氛围。敢于放手使用青年人才，不是放手不管，而是放手使用，这关键是要提前做好充分的组织工作保障。一名青年人才的背后必须有整个团队的专业支持，对制度、工作流程设计等进行监督，对每个环节严格审核把关。这些保障机制的设计使得青年科技人才在工程中的创新风险得到有效控制，避免因个人出错而使工程任务受到影响。从而给予青年人充分理解、足够宽容，为其思想减压、心理减负，鼓励他们轻装上阵、全力攻关。如今，年轻一代的神舟人，坚守理想、勇于创新、敢于担当，为实现中国载人航天新的突破积蓄了新的强大力量。

崇尚精神力量，注重用精神感召人、塑造人。强烈的事业情怀是航天人才成长的重要动力。在中国航天事业创新发展的历程中，在每一项辉煌的成就背后，都有一群热爱祖国、无私奉献的航天英才。载人航天人才的培养尤其注重精神的弘扬和传承，航天精神是航天人才队伍的"根"和"魂"。三十年来，一代代神舟人在接续奋斗中铸就了"四个特别"

的载人航天精神，这些精神根植于我们党的优良传统和作风，与民族精神和时代精神一脉相承，汇聚于新时代共产党人的精神谱系。以载人航天精神铸魂育人，核心要义是树立国家利益高于一切的理念和价值观，用建设航天强国、实现伟大复兴的使命感、责任感、荣誉感塑造人，引领队伍满怀对航天事业非比寻常的热爱和追求，能够在理想与现实的矛盾中始终认准方向、阔步前行，即使在遭受挫折时依然百折不挠，心甘情愿地为航天事业发展奉献毕生精力。

坚持尊重劳动、尊重知识、尊重人才、尊重创造。"用心、用情"温暖人才，"用智、用力"呵护人才，注重营造浓浓"人情味"。对航天科技人才，在管理上尊重、技术上授权，把人才的关爱落实、落小、落细。将专家称号、政治荣誉向一线人才倾斜，研制队伍中多个个人、集体先后获得国家科技进步奖、全国劳动模范、中国青年五四奖章等重大奖项。构建了充分体现知识、技术等创新要素价值的收入分配机制，重奖突出贡献者，重奖巨大牺牲者。全面掌握队伍实际情况，采取有效措施，切实解决后顾之忧，关爱身心健康，激发饱满的工作热情。

三十年来，我们真心爱才、悉心育才、精心用才，在工程实践中把优秀人才集聚到了载人航天事业中来，打造了一批一流科技领军人才和技术创新团队，造就了一支空间事业的优秀工程师队伍。未来，我们要积极呼应培育国家战略人才力量的号召，注重培育"生态优、人才聚、事业兴"的良好成长氛围，努力建设一支爱党报国、敬业奉献、具有突出技术创新能力、善于解决复杂工程问题的新时代的载人航天人才队伍。

奋斗从哪里开始，精神就从哪里产生

"伟大的事业孕育伟大的精神，伟大的精神推进伟大的事业。"载人航天工程天生具备伟大事业的"气质"，神舟人具有造就伟大精神的"气概"。

2013 年 7 月 6 日，习近平总书记指出，在载人航天事业发展进程中，我们取得了连战连捷的辉煌战绩，使我国空间技术发展跨入了国际先进行列。我们培养造就了一支特别能吃苦、特别能战斗、特别能攻关、特别能奉献的高素质人才队伍，培育铸就了伟大的载人航天精神。广大航天人展现出了坚定的理想信念、高昂的爱国热情、强烈的责任担当、良好的精神风貌，不愧是思想过硬、技术过硬、作风过硬的英雄团队。

载人航天是当今世界高新技术发展水平的集中展示，是衡量一个国家综合国力的重要标志。三十年来几代航天人接续奋斗、攻坚克难，取得举世瞩目的成就。进入新时代以来，载人航天工程实现了一个又一个跨越式发展，取得了一个又一个历史性成就，完成中国空间站在轨建造，全面实现了"三步走"发展战略任务目标，积淀丰富了载人航天精神，极大激发了全社会创新创造活力，充分展示了伟大的中国道路、中国精神、中国力量，坚定了全国各族人民实现中华民族伟大复兴中国梦的决心和信心。

使命因艰巨而光荣，人生因奋斗而精彩。1992 年 9 月 21 日，党中央正式批准实施中国载人航天工程。从那天开始，中国载人航天事业在极其艰苦和困难的条件下悄然起步。此时，苏联已发射了三代飞船，建设了"礼炮"号和"和平"号空间站，美国则完成了飞船向航天飞机的跨越。面对晚于国外的现状，白手起家，成千上万的科研人员开始昼夜攻关；面对野草丛生、荒郊野岭的唐家岭，边做方案、边出图纸、边施工，建成了空间技术研制试验中心，建起了世界最大的电推力振动台做力学试验，亚洲最大的真空罐用于做热真空试验，亚洲最大的电磁兼容实验室做电性能试验；面对测试发射没有工作流程的窘境从零起步，十几个人组成的课题组全国奔波调研 2000 多个日夜，设计出全新的测试发射工艺流程……再大的困难都吓不倒航天人，他们以苦为荣、埋头苦干，一次次向艰难险阻发起进攻，一次次向生理和心理极限发起挑战。

特别能吃苦、特别能战斗、特别能攻关、特别能奉献的载人航天精神主要表现为：热爱祖国、为国争光的坚定信念，广大航天人始终以发展航天事业为崇高使命，以报效祖国为神圣职责，表现出了强烈的爱国情怀和对党对人民的无限忠诚；勇于登攀、敢于超越的进取意识，广大航天人知难而进、勇于创新，攻克了一系列国际宇航界公认的尖端课题，形成了一套符合我国载人航天工程要求的科学管理理论和方法，创造了对大型工程建设进行现代化管理的宝贵经验；科学求实、严肃认真的工作作风，广大航天人始终坚持把确保成功作为最高原则，坚持把质量建设作为生命工程，以提高工程安全性和可靠性为中心，依靠科学、尊重规律，精心组织、精心指挥、精心实施，创造了一流的工作业绩；同舟共济、团结协作的大局观念，全国数千个单位、十几万科技大军自觉服从大局、保证大局，有困难共同克服，有难题共同解决，有风险共同承担，凝聚成一股气势磅的强大合力；淡泊名利、默默奉献的崇高品质，广大航天人不计个人得失，不求名利地位，以苦为乐，无怨无悔，用自己的青春、智慧、热血和生命铺就了通往太空的成功之路。

载人航天精神作为一种精神积淀，生长在工程研制和实施过程中每一个平凡的工作细节里，植根于飞船每一次关键的技术攻关中，在一个个平凡或不平凡的瞬间，这种精神如清澈泉水般汩汩流淌，一路欢唱，讲述着神舟人的感人故事，滋润着中国空间事业的参天大树枝繁叶茂，培育形成了"祖国利益至上的政治文化，勇攀科技高峰的创新文化，零缺陷、零故障、零疑点的质量文化，同舟共济的团队文化"的神舟文化。

奋斗从哪里开始，精神就从哪里产生。三十年来的实践证明，在航天重大工程任务实施过程中，人才的价值追求产生了重要的历史意义，产生了强大而持久的精神力量，并反过来不断推进整个事业向前发展，为我国载人航天事业迈向更加灿烂辉煌明天提供了重要的思想文化保证。中国实施载人航天工程三十年来，以令人惊叹的速度一路追赶、并跑、超越，跨越了发达国家半个多世纪的发展历程，而它所孕育和承载的载人航天精神是中国航天人在建设科技强国、航天强国征程上树立的又一座精神丰碑。

当前，世界之变、时代之变、历史之变正以前所未有的方式展开，新一轮科技革命大势喷薄奔涌，大国竞争更加聚焦"高、精、尖、缺"，空间事业竞争、角力更为激烈、迅猛。航天强国建设进入新时代，国家空间实验室建成，空间站建设将转入全面运营发展阶段，中国载人航天工程、中国神舟人仍然任重道远。

展望未来，中国空间站将进入为期十年以上的应用与发展阶段。在此期间，我国计划每年发射两艘载人飞船、两艘货运飞船，掌握新一代近地天地往返工具可重复利用技术，实现载人航天天地往返运输系统的升级换代；未来，根据任务需要，还可择机发射具备节点舱功能的多功能舱段，形成"十"和"干"字型构型组合体，满足空间科学研究与应用的发展需求。

展望未来，航天员将长期在轨驻留开展空间科学实验、技术实验和空间站维护工作，持续深化人类对基础科学的认知。目前，瑞士、波兰、德国、意大利等17个国家的科学实验项目被确定入选中国空间站，我国将依托空间站，围绕空间科学实验、空间站舱段研制，开展空间科学国际合作实验，在太空领域推动构建人类命运共同体。

展望未来，在空间站长期运营的同时，我国还将进一步深化载人登月方案论证，逐步开启载人月球探测任务登月阶段任务，研制新一代载人飞船，逐步实现载人登陆月球；组织开展关键技术攻关，夯实载人探索开发地月空间基础，探索建设月球科研试验站，逐步积累载人登陆火星能力，不断迈向浩瀚宇宙的深处。

参考文献

[1]《当代中国的航天事业》编辑委员会. 当代中国的航天事业 [M]. 北京：中国社会科学出版社，1986.

[2] 杨照德，熊延岭. 钱学森中国星 [M]. 上海：上海交通大学出版社，2012.

[3] 中国航天科技集团公司. 钱学森的航天岁月 [M]. 北京：中国宇航出版社，2012.

[4] 杨照德，熊延岭. 杨嘉墀院士传记 [M]. 北京：中国宇航出版社，2014.

[5] 梁东元. "曙光号" 全解密 [M]. 北京：当代中国出版社，2010.

[6] 李鸣生. 千古一梦 [M]. 南昌：江西人民出版社，2009.

[7] 邓宁丰. 天河梦圆 [M]. 北京：中国宇航出版社，2004.

[8] 兰宁远. 中国飞天路 [M]. 长沙：湖南科技出版社，2020.

[9] 兰宁远. 挺进太空 [M]. 郑州：河南文艺出版社，2018.

[10] 杨宏. 载人航天器技术 [M]. 北京：北京理工大学出版社，2018.

[11] 袁志发，刘林宗. 中国飞天记 [M]. 北京：光明日报出版社，2003.

[12] 沙志亮，崔伟光. 神州 "神舟" [M]. 南昌：江西人民出版社，2003.

[13] 徐晓延. 大漠问天 [M]. 北京：军事谊文出版社，2011.

[14] 总装备部政治部宣传部.“神舟”纪事——中国首次载人航天飞行新闻作品选 [M]. 北京：解放军出版社，2004.

[15]《中国航天事业的 60 年》编委会.中国航天事业的 60 年 [M]. 北京：北京大学出版社，2016.

[16] 中国空间技术研究院.天街明灯 [M]. 北京：中国宇航出版社，2008.

[17] 殷瑞钰，汪应洛，李伯聪，等.工程哲学（第三版）[M]. 北京：高等教育出版社，2018.

[18] 时旭，迟翔远.梦圆天外天 [M]. 北京：作家出版社，2003.

[19] 刘纪原.中国航天事业发展的哲学思想 [M]. 北京：北京大学出版社，2013.

[20] 袁家军.神舟飞船系统工程管理 [M]. 北京：机械工业出版社，2016.

[21] 中国航天系统科学与工程研究院.脊梁：献给钱学森和他的战友们 [M]. 北京：中国书店，2016.

[22] 赵雁.中国飞天梦 [M]. 北京：解放军文艺出版社，2014.

[23] 邱小林，张传军.筑梦太空 [M]. 南昌：江西高校出版社，2016.

[24] 中国航天科技集团公司企业文化部.中国飞天记——首次中国载人航天飞行大揭秘 [M]. 北京：光明日报出版社，2003.

[25] 张传军，朱晴.航天拓荒者——中国航天空间环境工程的开拓者黄本诚 [M]. 北京：中央编译出版社，2008.

[26] 武轩.热镜头聚焦“神舟” [M]. 南昌：江西人民出版社，2003.

[27] 石磊.放飞神舟 [M]. 北京：机械工业出版社，2003.

[28] 中共中央宣传部宣传教育局.中华民族自强不息的壮丽诗篇 [M].

北京：北京学习出版社，2003.

[29] 国防科工委"两弹一星"精神研究课题组．弘扬两弹一星精神自主创新勇攀高峰 [M]．北京：党建读物出版社，2006.

[30] 朱晴．王希季院士传记 [M]．北京：中国宇航出版社，2016.

[31] 赵小津．精神的力量——航天精神引领中华民族探索浩瀚宇宙 [M]．北京：人民出版社，2022.

后记

2022年是中国载人航天工程实施三十周年，也是我国空间站在轨建造任务的收官之年。

为了回顾载人航天走过的三十年的辉煌历程，总结宝贵经验，展望未来发展，航天五院党委组织召开了纪念载人航天工程实施三十周年老同志座谈会。参会的老同志一致认为载人航天是中国航天的一个典型代表，对三十年的历程进行回顾和总结很有意义。会后，老同志们从工程立项、技术创新、科技管理、配套协作、精神文化等方面撰写了20余万字的回忆稿件。

当看到老同志这些饱含深情和深思的滚烫文字时，一种感动和敬畏之情油然而生。院党委希望能用好老同志的稿件素材，编写一本纪念载人航天工程三十年的优秀图书。随后院迅速抽调精干力量组建编写组，在吃透原稿的前提下，进行了二次创作，形成了这本《神舟记忆》。

全书由六章组成。第一章"中国特色的飞天路"，由刘畅编写，主要回顾921工程立项始末，讲述党中央审时度势作出战略决策的历程。第二章"关键技术买不来"由郭兆炜编写，主要回顾了研制过程中研制团队自力更生、自主创新、追求卓越的典型事件。第三章"全力以赴为载人"由庞博编写，讲述载人航天系统工程管理方式和"保质量就是保生命""不放过任何疑点"的管理理念。第四章"集中力量办大事"由冯昊编写，主要讲述同舟共济、团结协作是航天事业的宝贵品质，阐述中国特色社会主义举国体制的制度优势。第五章"干出神舟人的精气神"由王晓晨编写，主要讲述"四个特别"的载人航天精神和以"祖国利益至上的政治文化"为核心神舟文化。第六章"载人航天工程实践的启示"由武蓬勃编写，总结了坚持党的领导、践行自力更生、注重持续创新、依托举国体制、做好人才培养、弘扬精神文化等方面的启示。

本书是基于五院部分老同志的回忆，书中所提到的人和事也仅仅是研制队伍的一部分代表。因此对航天八院和航天医学工程研究所承担的分系统的研制历程没有专门着以笔墨，甚至五院各分系统参加研制的同志及其事迹也不能一一写到。在这里向兄弟单位的战友们，向为载人航天事业做出贡献的广大研制人员致以崇高的敬礼。

本书的编写得到五院李大明院长、赵小津书记极大的鼓励和支持。神舟飞船首任总设计师戚发轫院士给予了关心和指导，并为本书作序。

本书基本素材来自五院柯受全、刘济生、张汝范、郑松辉、唐伯昶、余孝昌、吴国庭、娄汉文、陈月根、李卫、黄本诚、陈祖贵、王南华、刘良栋、于家源、范如鹰、黄明宝、钟明章、葛巧溢、于志军、鞠基敏、王文祥、熊非、李颐黎、林斌、南勇等老同志的图文稿件，肖向娟、常朴怀、王璐、于晓兰、周旭英作了汇编整理，在此向他们致以诚挚的感谢。

本书在编写过程中还参考引用了航天方面的一些图书、报刊和相关文章，在此向作者和出版社表示感谢。

五院钱学森空间技术实验室、总体设计部、508所、512所、514所、神舟投资公司、康拓红外公司等单位党委对本书编写工作给予了大力支持，在此表示感谢。

五院离退休工作战线的同志们为本书的编写进行了大量的组织协调保障工作，在此表示感谢。

　　中国宇航出版社的同志为本书顺利出版发行付出了辛勤的劳动，在此表示感谢。

　　由于我们掌握的材料和采编创作水平有限，书中难免有错误和不足之处，恳请广大读者批评指正。

本书编委会

2022 年 12 月